世界数学
精品译丛

The Cauchy–Schwarz Master Class
An Introduction to the Art of Mathematical Inequalities

柯西-施瓦茨大师课：
不等式的艺术

□ J. Michael Steele 著

□ 欧阳顺湘 译

高等教育出版社·北京

图字：01-2021-6501号

柯西－施瓦茨大师课：
不等式的艺术

Kexi-Shiwaci Dashike:

Budengshi de Yishu

图书在版编目 (CIP) 数据

柯西－施瓦茨大师课：不等式的艺术 / （美）J. 迈克尔·斯蒂尔（J. Michael Steele）著；欧阳顺湘译. —北京：高等教育出版社，2022.10

书名原文：The Cauchy-Schwarz Master Class: An Introduction to the Art of Mathematical Inequalities

ISBN 978-7-04-057640-5

Ⅰ.①柯… Ⅱ.①J… ②欧… Ⅲ.①不等式–研究 Ⅳ.①O178

中国版本图书馆 CIP 数据核字 (2022) 第 019786 号

策划编辑　李　鹏	责任编辑　和　静	封面设计　李小璐	版式设计　王艳红
责任校对　高　歌	责任印制　耿　轩		

出版发行　高等教育出版社	开本　787mm×1092mm　1/16
社址　北京市西城区德外大街4号	印张　16.5
邮政编码　100120	字数　360千字
购书热线　010-58581118	版次　2022年10月第1版
咨询电话　400-810-0598	印次　2022年10月第1次印刷
网址　http://www.hep.edu.cn	定价　69.00元
http://www.hep.com.cn	
网上订购　http://www.hepmall.com.cn	本书如有缺页、倒页、脱页等质量问题，
http://www.hepmall.com	请到所购图书销售部门联系调换
http://www.hepmall.cn	版权所有　侵权必究
印刷　固安县铭成印刷有限公司	[物 料 号 57640-00]

前言

在美术、钢琴等艺术中, 大师课是一门学生与教练一起工作的课程, 目的是支持高水准的技艺, 创造卓越. 本书的目的正是希望借鉴大师课的精神, 对读者进行问题 (尤其是数学不等式方面的问题) 求解训练.

为从本书获益, 最重要的条件是读者有掌握发现与证明技艺的意愿. 基本的要求不高. 任何有坚实的微积分基础的读者足以阅读几乎全部内容, 约有一半的内容甚至不需要有微积分知识. 尽管如此, 本书仍展示了大量少见的结果, 即使是有经验的读者也能在本书中找到有挑战性、有价值的材料.

它旨在培训读者掌握最基本的不等式. 本书从柯西 – 施瓦茨不等式讲起, 带领读者研究解决一系列引人入胜的问题. 问题的解答以它们可能被历史上著名数学家甚或读者们可以解决的方式展现. 问题着重于优美与出人意料, 并使读者可以系统地了解平方的几何、凸性、幂平均之梯、控制、舒尔凸、指数和, 以及包括赫尔德不等式、希尔伯特不等式和哈代不等式在内的经典不等式.

解题是一项非常个人的活动, 如何最好地引导我们去发现最初的解法, 仍是一大谜团. 不过, 正如波利亚和其他人教给我们的, 问题求解有法可依. 通过练习和良好的指导, 我们可以提高解题能力. 类似于歌手、演员或画家, 我们也有更深入地掌握我们的技艺的方法.

致谢

我需要特别感谢 Herb Wilf 和 Theodore Körner, 他们的热心推动使得本项目得以成功. 他们值得我特别感谢. 多年来, 许多人给予了实质性的帮助. 特别是, Cynthia Cronin-Kardon 提供了不可替代的图书馆方面的协助, Steve Skillen 细心地将几乎所有图片转换为 PSTricks 格式. Don Albers, Lauren Cowles 和 Patrick Kelly 提供的明智的编辑建议也全都被接受了. Patricia Steele 割让了大部分家庭空间给大量笨重的文献, 同时在其他许多方面提供了帮助.

我要感谢蔡天文 (Tony Cai), Persi Diaconis, Dick Dudley, J.-P. Kahane, Kiran

Kedlaya, Hojoo Lee, Lech Maliganda, Zhihua Qiao, Bruce Reznick, Paul Shaman, Igor Sharplinski, Larry Shepp, Huili Tang, John Washburn 和 Rick Vitale 对我的问题的回答以及对本书某些部分的评论. 还有许多人非常友善地为我们提供了预印本、重印本或提供他们自己或其他人的工作的线索.

我也要感谢 Cengiz Belentepe, Claude Dellacherie, Jirka Matoušek, 孟晓犁和 Nicholas Ward 对本书 (有时不止一个版本) 的充分评论.

我还要感谢许多读者为我提供勘误. 他们是 Robin Chapman, David Hoaglin, Ronald Infante, 李文博, David Odell 及其儿子, Ingram Olkin, Byron Schmuland, Peter G. Strand, Li Zhou.

目录

第一章　从柯西不等式讲起

实数情形的柯西不等式指的是

$$a_1b_1 + a_2b_2 + \cdots + a_nb_n \leqslant \sqrt{a_1^2 + a_2^2 + \cdots + a_n^2}\sqrt{b_1^2 + b_2^2 + \cdots + b_n^2}.$$

毫无疑问, 这个不等式是数学中应用最广泛、最重要的不等式之一. 本课程——或说大师课——的中心目的是提供一条掌握该不等式及其推广与 (从最基本到最广泛的) 应用的路径.

典型方法

一般来说, 本课程的每一章都围绕求解少量挑战问题来展开. 有的问题来自世界知名数学竞赛, 但更多时候, 一个问题被选取是因其能被用来说明有广泛应用的数学技巧.

不过我们的首个挑战问题却是一个例外. 这个问题的确可以训练一些重要技巧, 但其不寻常之处在于要解答一个你之前很可能见过的问题. 尽管如此, 问题是真实的: 几乎所有人都不易对熟悉的问题产生新的想法.

问题 1.1　证明柯西不等式. 如果你已经知道一个证明方法, 试给出另外一个证明!

怎样开始

如何找到解决问题的新方法呢? 显然没有任何可以放之四海而皆准的方法. 但还是有些总是有用的想法. 其中最好的一种想法是使用特殊原理或者特殊技巧.

用我们这里的例子来说, 我们可以只用代数, 或几何, 或三角学, 或微积分的方法来证明柯西不等式. 令人十分称奇的是, 柯西不等式绝妙可证, 使用其中任何一种方法都能成功地得到结论.

从原理开始

冷静观察柯西不等式, 可从中发现它本身暗示了另一原理. 不论何时, 面对一个依赖于整数 n 的结论, 总可能用数学归纳法来证明. 由于标准的代数或分析教材不会用这样的方法来证明柯西不等式, 这个原理的好处是它给我们提供了一条通向 "原始" 证明的道路——当然, 前提是我们的确能找到一个证明.

易见 $n = 1$ 时的柯西不等式显然为真. 有了它, 我们就可以开始应用数学归纳法. 但它不能带给我们任何洞察. 倘若希望寻求可行的想法, 需要考虑 $n = 2$ 的情形. 此时, 柯西不等式为

$$(a_1b_1 + a_2b_2)^2 \leqslant (a_1^2 + a_2^2)(b_1^2 + b_2^2). \tag{1.1}$$

这是一个简单的结论, 你或许一眼就可以看出来它为什么正确. 为了理解证明方法, 我们假设这个不等式不是如此明显. 那么怎样系统地找到一个证明呢?

显然, 没有比直接展开上述不等式的两边更加系统的方法了. 由此可得如下等价不等式:

$$a_1^2b_1^2 + 2a_1b_1a_2b_2 + a_2^2b_2^2 \leqslant a_1^2b_1^2 + a_1^2b_2^2 + a_2^2b_1^2 + a_2^2b_2^2.$$

自然消去相同项, 并将所有项都放到一边, 可知不等式 (1.1) 也等价于如下结论:

$$0 \leqslant (a_1b_2)^2 - 2(a_1b_2)(a_2b_1) + (a_2b_1)^2. \tag{1.2}$$

这个等价不等式解答了我们的问题. 由熟知的分解 $x^2 - 2xy + y^2 = (x - y)^2$ 可以得到

$$(a_1b_2)^2 - 2(a_1b_2)(a_2b_1) + (a_2b_1)^2 = (a_1b_2 - a_2b_1)^2, \tag{1.3}$$

该项的非负性表明不等式 (1.2) 成立. 由我们的等价链可知不等式 (1.1) 亦成立, 从而 $n = 2$ 情形的柯西不等式得证.

归纳步骤

我们已经证明了柯西不等式的一个非平凡情形, 现在来考察归纳步骤. 用 $H(n)$ 表示柯西不等式对 n 为真这一假设, 我们需要证明从 $H(2)$ 和 $H(n)$ 可以推出 $H(n + 1)$. 按照这个计划, 很快我们就可想到, 首先应用假设 $H(n)$, 然后利用 $H(2)$ 来连接剩余的两部分内容. 具体而言, 我们有

$$
\begin{aligned}
& a_1b_1 + a_2b_2 + \cdots + a_nb_n + a_{n+1}b_{n+1} \\
& = (a_1b_1 + a_2b_2 + \cdots + a_nb_n) + a_{n+1}b_{n+1} \\
& \leqslant (a_1^2 + a_2^2 + \cdots + a_n^2)^{\frac{1}{2}} (b_1^2 + b_2^2 + \cdots + b_n^2)^{\frac{1}{2}} + a_{n+1}b_{n+1} \\
& \leqslant (a_1^2 + a_2^2 + \cdots + a_n^2 + a_{n+1}^2)^{\frac{1}{2}} (b_1^2 + b_2^2 + \cdots + b_n^2 + b_{n+1}^2)^{\frac{1}{2}},
\end{aligned}
$$

这里, 我们在第一个不等式处使用了归纳假设 $H(n)$, 而在第二个不等式处使用了如下形式的 $H(2)$:

$$\alpha\beta + a_{n+1}b_{n+1} \leqslant (\alpha^2 + a_{n+1}^2)^{\frac{1}{2}} (\beta^2 + b_{n+1}^2)^{\frac{1}{2}},$$

其中

$$\alpha = (a_1^2 + a_2^2 + \cdots + a_n^2)^{\frac{1}{2}}, \quad \beta = (b_1^2 + b_2^2 + \cdots + b_n^2)^{\frac{1}{2}}.$$

证明中的唯一难点在最后一步: 我们需要看出如何使用 $H(2)$. 在这个例子中这很容易, 但可以想象, 在更复杂的问题中, 这一步将会相当难. 实际应用柯西不等式并不难, 其挑战总是来自判断应当在哪里使用柯西不等式, 以及能够得到什么.

定性推断原理

数学的发展依赖于层出不穷的新问题. 然而, 产生这样的问题的过程却可能显得很神秘. 无疑, 任何深刻的原创问题都普遍带有这样的神秘性, 但许多新问题直接来自业已明确建立的原理的应用. 这些原理中产出最丰富的一个便是: 关注问题的定性推断来加深拓广对其定量结果的理解.

几乎从每一个有意义的定量结果都能得到定性推论. 在很多时候, 这些推论可以独立地得到, 而无须借助那些首先揭示它们的结果. 我们由此得到的新的推导方法常能使我们对问题的本质看得更清楚. 另一方面, 超乎人们想象的是, 定性方法甚至能产生新的定量结果. 下面的挑战问题就展示了这些粗略的原理是如何在实践中应用的.

问题 1.2 柯西不等式的一个最直接的定性推论是如下简单事实:

$$\sum_{k=1}^{\infty} a_k^2 < \infty \quad \text{及} \quad \sum_{k=1}^{\infty} b_k^2 < \infty \quad \text{推出} \quad \sum_{k=1}^{\infty} |a_k b_k| < \infty. \tag{1.4}$$

请不用柯西不等式证明该命题.

当我们考虑这个问题时, 很快就可意识到我们需要证明当 a_k^2 和 b_k^2 很小时 $a_k b_k$ 也很小. 如能证明存在常数 C, 使得

$$\text{对任何实数} x, y, \quad xy \leqslant C(x^2 + y^2)$$

成立, 我们即可确定这个推论. 幸运的是, 一旦我们写下这样的不等式, 就有好的机会意识到为什么这是对的. 我们可以由此联系到熟知的分解

$$0 \leqslant (x - y)^2 = x^2 - 2xy + y^2.$$

这个观察足以使我们得到如下不等式:

$$\text{对任何实数} x, y, \quad xy \leqslant \frac{1}{2}x^2 + \frac{1}{2}y^2. \tag{1.5}$$

应用此不等式于 $x = |a_k|, y = |b_k|$, 并对所有的 k 求和, 就得到如下有趣的可加不等式

$$\sum_{k=1}^{\infty} |a_k b_k| \leqslant \frac{1}{2} \sum_{k=1}^{\infty} a_k^2 + \frac{1}{2} \sum_{k=1}^{\infty} b_k^2. \tag{1.6}$$

这个不等式为我们验证定性结论 (1.4) 的正确性提供了不同方法. 因此, 它通过了一项重要检验. 但还有其他检验.

强度检验

每当见到一个新的不等式, 应当检验一下其强度. 在这里, 我们所要做的就是讨论新的可加不等式与柯西不等式给出的定量估计在多大程度上相接近.

可加不等式 (1.6) 的右边有两项, 而柯西不等式只有一项. 为此, 作为第一步, 我们可以设法将 (1.6) 的右边两项加以合并. 自然的想法是将序列 $\{a_k\}$ 和 $\{b_k\}$ 进行归一化使得右边之和为 1.

如果两个序列都不全为零, 可以引入新的变量

$$\hat{a}_k = a_k \Big/ \Big(\sum_j a_j^2\Big)^{\frac{1}{2}} \quad \text{和} \quad \hat{b}_k = b_k \Big/ \Big(\sum_j b_j^2\Big)^{\frac{1}{2}},$$

它们是归一化的, 即有

$$\sum_{k=1}^{\infty} \hat{a}_k^2 = \sum_{k=1}^{\infty} \Big\{a_k^2 \Big/ \Big(\sum_j a_j^2\Big)\Big\} = 1$$

和

$$\sum_{k=1}^{\infty} \hat{b}_k^2 = \sum_{k=1}^{\infty} \Big\{b_k^2 \Big/ \Big(\sum_j b_j^2\Big)\Big\} = 1.$$

应用不等式 (1.6) 于序列 $\{\hat{a}_k\}$ 和 $\{\hat{b}_k\}$, 可得看起来比较简单的不等式

$$\sum_{k=1}^{\infty} \hat{a}_k \hat{b}_k \leqslant \frac{1}{2}\sum_{k=1}^{\infty} \hat{a}_k^2 + \frac{1}{2}\sum_{k=1}^{\infty} \hat{b}_k^2 = 1.$$

使用原始序列 $\{a_k\}$ 和 $\{b_k\}$ 来表示, 可得

$$\sum_{k=1}^{\infty} \Big\{a_k \Big/ \Big(\sum_j a_j^2\Big)^{\frac{1}{2}}\Big\}\Big\{b_k \Big/ \Big(\sum_j b_j^2\Big)^{\frac{1}{2}}\Big\} \leqslant 1.$$

最后去分母, 我们就发现了我们的老朋友柯西不等式——不过, 这一次它还涵盖了无穷序列的情形:

$$\sum_{k=1}^{\infty} a_k b_k \leqslant \Big(\sum_{j=1}^{\infty} a_j^2\Big)^{\frac{1}{2}} \Big(\sum_{j=1}^{\infty} b_j^2\Big)^{\frac{1}{2}}. \tag{1.7}$$

可加不等式 (1.6) 为柯西不等式提供了快捷、简单、有趣的证明. 同时, 它还联系到一个更大的主题. 归一化给出了一个从可加不等式过渡到可乘不等式的系统方法, 这也是后文中我们常常需要使用的途径.

相等情形

我们在探究如何推导和运用不等式的过程中得到了一个永恒的法则: 知道不等式何时最优或者近似最优可以带来许多好处. 多数情况下, 它依赖于发现等号成立的条件.

对于柯西不等式, 这个原理告诉我们要找出

$$\sum_{k=1}^{\infty} a_k b_k = \left(\sum_{k=1}^{\infty} a_k^2\right)^{\frac{1}{2}} \left(\sum_{k=1}^{\infty} b_k^2\right)^{\frac{1}{2}} \tag{1.8}$$

成立时, 序列 $\{a_k\}$ 和 $\{b_k\}$ 之间必然存在的关系. 考虑非平凡的情形, 即两个序列都不恒为零且等式 (1.8) 右端的两个和式都是有限的, 那么不等式 (1.7) 推导的每一步都是可逆的. 因此等式 (1.8) 可以推出等式

$$\sum_{k=1}^{\infty} \hat{a}_k \hat{b}_k = \frac{1}{2} \sum_{k=1}^{\infty} \hat{a}_k^2 + \frac{1}{2} \sum_{k=1}^{\infty} \hat{b}_k^2 = 1. \tag{1.9}$$

从两项不等式 $xy \leqslant (x^2 + y^2)/2$ 出发, 我们还可以知道

$$\hat{a}_k \hat{b}_k \leqslant \frac{1}{2} \hat{a}_k^2 + \frac{1}{2} \hat{b}_k^2, \quad k = 1, 2, \ldots. \tag{1.10}$$

由此我们发现只要上述不等式对某个 k 严格成立, 则等式 (1.9) 就不成立. 这个发现告诉我们等式 (1.8) 对非零序列成立仅当对所有 $k = 1, 2, \ldots$, 有 $\hat{a}_k = \hat{b}_k$. 由这些归一化了的值的定义, 我们有

$$a_k = \lambda b_k, \quad k = 1, 2, \ldots, \tag{1.11}$$

其中常数 λ 为

$$\lambda = \left(\sum_{j=1}^{\infty} a_j^2\right)^{\frac{1}{2}} \Big/ \left(\sum_{j=1}^{\infty} b_j^2\right)^{\frac{1}{2}}.$$

可注意到上面的论证过程非常直接, 因此我们的问题算不上多大的挑战. 然而, 这个结果仍是一个小小的奇迹; 从等式 (1.8) 可以推出无穷多个等式, 即对任何 $k = 1, 2, \cdots$, 等式 (1.11) 都成立.

好记号的益处

从印刷、排版的角度来看, 柯西不等式中的求和记号勉强可行. 但若增加更多东西, 则显得相当笨重. 因此, 引入如下简写记号将是有益的, 即设

$$\langle \mathbf{a}, \mathbf{b} \rangle = \sum_{j=1}^{n} a_j b_j, \tag{1.12}$$

其中 $\mathbf{a} = (a_1, a_2, \ldots, a_n)$, $\mathbf{b} = (b_1, b_2, \ldots, b_n)$. 利用这个记号, 可以简洁地将柯西不等式写成如下形式:

$$\langle \mathbf{a}, \mathbf{b} \rangle \leqslant \langle \mathbf{a}, \mathbf{a} \rangle^{\frac{1}{2}} \langle \mathbf{b}, \mathbf{b} \rangle^{\frac{1}{2}}. \tag{1.13}$$

简洁是好事. 但若对该记号给出更抽象的解释, 则可以获得更深刻的益处. 设 V 为实向量空间 (如 $\mathbb{R}^d$), $V \times V$ 上有二元函数 $(\mathbf{a}, \mathbf{b}) \mapsto \langle \mathbf{a}, \mathbf{b} \rangle$, $\mathbf{u}, \mathbf{v}, \mathbf{w}$ 为 V 中的任意向量, α 是任意实数, 如果 $(V, \langle \cdot, \cdot \rangle)$ 有如下五个性质:

(i) $\langle \mathbf{v}, \mathbf{v} \rangle \geqslant 0$,

(ii) $\langle \mathbf{v}, \mathbf{v} \rangle = 0$ 当且仅当 $\mathbf{v} = \mathbf{0}$,

(iii) $\langle \alpha \mathbf{v}, \mathbf{w} \rangle = \alpha \langle \mathbf{v}, \mathbf{w} \rangle$,

(iv) $\langle \mathbf{u}, \mathbf{v} + \mathbf{w} \rangle = \langle \mathbf{u}, \mathbf{v} \rangle + \langle \mathbf{u}, \mathbf{w} \rangle$,

(v) $\langle \mathbf{v}, \mathbf{w} \rangle = \langle \mathbf{w}, \mathbf{v} \rangle$,

那么我们称 $\langle \cdot, \cdot \rangle$ 为内积, 称 $(V, \langle \cdot, \cdot \rangle)$ 为内积空间.

易验证由 (1.12) 所定义的求和函数具有上述性质. 还有不少其他有用的内积. 例如, 给定由正实数组成的集合 $\{w_j : j = 1, 2, \ldots, n\}$, 易由如下加权和定义 $\mathbb{R}^n$ 上的一个内积:

$$\langle \mathbf{a}, \mathbf{b} \rangle = \sum_{j=1}^{n} a_j b_j w_j. \tag{1.14}$$

可以验证 $\langle \mathbf{a}, \mathbf{b} \rangle$ 也满足内积的所有性质. 这个例子只是冰山一角; 在浩如烟海的数学文献里还有许许多多有用的内积.

下面是一个特别有用的内积: 考虑有界区间 $[a, b]$ 上所有实值连续函数的集合 $V = C[a, b]$, 在 V 上定义 $\langle \cdot, \cdot \rangle$:

$$\langle f, g \rangle = \int_a^b f(x) g(x) \, dx. \tag{1.15}$$

或更一般地, 若 $w : [a, b] \to \mathbb{R}$ 为连续函数, 且对所有的 $x \in [a, b]$, $w(x) > 0$, 则可以由

$$\langle f, g \rangle = \int_a^b f(x) g(x) w(x) \, dx$$

定义 $C[a, b]$ 上的一个内积. 我们将很快回到这些例子, 先让我们抓住一个不容错失的机会.

机遇挑战

我们现在面临一个令人兴奋的时刻, 即由好的记号揭示好的定理. 引入内积是为用简单的方法表述柯西不等式的基本形式 (1.7), 我们发现这个记号引出了一个有趣的猜想: 不等式 $\langle \mathbf{v}, \mathbf{w} \rangle \leqslant \langle \mathbf{v}, \mathbf{v} \rangle^{\frac{1}{2}} \langle \mathbf{w}, \mathbf{w} \rangle^{\frac{1}{2}}$ 是否在任何内积空间都成立? 这个猜想确实是正确的. 更严谨的表述, 就是我们下面的挑战问题.

问题 1.3   设 $(V, \langle \cdot, \cdot \rangle)$ 为任意内积空间, 对 V 中所有的 $\mathbf{v}$ 和 $\mathbf{w}$ 有

$$\langle \mathbf{v}, \mathbf{w} \rangle \leqslant \langle \mathbf{v}, \mathbf{v} \rangle^{\frac{1}{2}} \langle \mathbf{w}, \mathbf{w} \rangle^{\frac{1}{2}}; \tag{1.16}$$

同时, 对非零向量 $\mathbf{v}$ 和 $\mathbf{w}$,

$$\langle \mathbf{v}, \mathbf{w} \rangle = \langle \mathbf{v}, \mathbf{v} \rangle^{\frac{1}{2}} \langle \mathbf{w}, \mathbf{w} \rangle^{\frac{1}{2}} \qquad \text{当且仅当} \qquad \mathbf{v} = \lambda \mathbf{w},$$

其中 λ 是非零常数.

与以往一样, 你可能会试图用事先掌握的教科书上的证明来解决这一问题, 但在这里我们不应当这样做. 问题 1.3 很重要, 应该有新的证明方法——或至少有相对新的方法.

例如, 考虑是否可以使用我们在证明基本柯西不等式时使用的可加性方法的变体. 可加性方法利用了从 $(x - y)^2 \geqslant 0$ 可以推出 $xy \leqslant x^2/2 + y^2/2$ 这个事实, 我们猜测类似的方法在抽象情形中也会奏效.

此时我们自然需要使用内积的性质. 在内积的定义列表中寻找 $(x - y)^2 \geqslant 0$ 的类比, 我们可能会想到使用性质 (i), 即

$$\langle \mathbf{v} - \mathbf{w}, \mathbf{v} - \mathbf{w} \rangle \geqslant 0.$$

借助内积 $\langle \cdot, \cdot \rangle$ 的其他性质展开这个不等式, 可得

$$\langle \mathbf{v}, \mathbf{w} \rangle \leqslant \frac{1}{2}\langle \mathbf{v}, \mathbf{v} \rangle + \frac{1}{2}\langle \mathbf{w}, \mathbf{w} \rangle. \tag{1.17}$$

这是可加不等式的完美类比, 它给出了基本柯西不等式的第二个证明, 剩下的都是 "技术问题".

回顾——可加不等式的转换

我们很幸运地发展了将两个关系疏远的对象联系起来的技术, 即将可加不等式变为可乘不等式的归一化方法. 归一化在不同的地方有不同的含义, 参考之前的分析, 要做的就是用相关的项替换 $\mathbf{v}$ 和 $\mathbf{w}$ 使得不等式 (1.17) 的右边变为 1.

当 $\mathbf{v}$ 或 $\mathbf{w}$ 等于 $\mathbf{0}$ 时, 不等式 (1.16) 显然成立, 不失一般性, 我们可以假设 $\langle \mathbf{v}, \mathbf{v} \rangle$ 和 $\langle \mathbf{w}, \mathbf{w} \rangle$ 两者都非零, 因而可以定义如下归一化变量

$$\hat{\mathbf{v}} = \mathbf{v}/\langle \mathbf{v}, \mathbf{v} \rangle^{\frac{1}{2}} \quad \text{和} \quad \hat{\mathbf{w}} = \mathbf{w}/\langle \mathbf{w}, \mathbf{w} \rangle^{\frac{1}{2}}. \tag{1.18}$$

用这些值替换不等式 (1.17) 中的 $\mathbf{v}$ 和 $\mathbf{w}$, 我们可得 $\langle \hat{\mathbf{v}}, \hat{\mathbf{w}} \rangle \leqslant 1$. 使用原始变量 $\mathbf{v}$ 和 $\mathbf{w}$, 就有 $\langle \mathbf{v}, \mathbf{w} \rangle \leqslant \langle \mathbf{v}, \mathbf{v} \rangle^{\frac{1}{2}} \langle \mathbf{w}, \mathbf{w} \rangle^{\frac{1}{2}}$, 这恰是我们所需要证明的结论.

最后, 为确定等号成立的条件, 我们只需反向检查我们的推导. 设抽象柯西不等式 (1.16) 对非零向量 $\mathbf{v}$ 和 $\mathbf{w}$ 等号成立, 则归一化变量 $\hat{\mathbf{v}}$ 和 $\hat{\mathbf{w}}$ 是有定义的. 利用归一化变量, $\langle \mathbf{v}, \mathbf{w} \rangle$ 和 $\langle \mathbf{v}, \mathbf{v} \rangle^{\frac{1}{2}} \langle \mathbf{w}, \mathbf{w} \rangle^{\frac{1}{2}}$ 相等意味着 $\langle \hat{\mathbf{v}}, \hat{\mathbf{w}} \rangle = 1$, 由此可得 $\langle \hat{\mathbf{v}} - \hat{\mathbf{w}}, \hat{\mathbf{v}} - \hat{\mathbf{w}} \rangle = 0$. 因而有 $\hat{\mathbf{v}} - \hat{\mathbf{w}} = \mathbf{0}$; 换句话说, $\mathbf{v} = \lambda \mathbf{w}$, 其中 $\lambda = \langle \mathbf{v}, \mathbf{v} \rangle^{\frac{1}{2}}/\langle \mathbf{w}, \mathbf{w} \rangle^{\frac{1}{2}}$.

科学的步伐——推广的历程

1821 年, 柯西 (Augustin-Louis Cauchy, 1789 − 1857) 的《代数分析教程》出版. 这本书或许是世界上最早的严格的微积分教材. 书的末尾有两份关于不等式的注记. 第

二份包含了他的著名不等式. 奇怪的是, 除了在一些练习中, 柯西并没有在其教材里应用这个不等式. 这个不等式的最早应用出现在 1829 年, 那是柯西在研究用牛顿法来计算代数与超越方程的根的时候. 这个八年空隙为科学的步伐提供了一个有意思的度量. 现如今, 每个月都有数百甚至数千以这样或那样的方式应用了柯西不等式的学术论文发表.

柯西不等式的大部分应用依赖于它的一个自然类比, 即用积分代替求和:

$$\int_a^b f(x)g(x)\,dx \leqslant \left(\int_a^b f^2(x)\,dx\right)^{\frac{1}{2}} \left(\int_a^b g^2(x)\,dx\right)^{\frac{1}{2}}. \tag{1.19}$$

最早出现这个不等式的出版物是布尼亚科夫斯基 (Victor Yacovlevich Bunyakovsky, 1804 − 1889) 著, 由圣彼得堡皇家科学院在 1859 年出版的 *Mémoire*. 布尼亚科夫斯基曾在巴黎追随柯西学习, 对柯西有关不等式的工作很熟悉. 在撰写他的 *Mémoire* 时, 布尼亚科夫斯基放心地称有限和形式的经典柯西不等式为熟知的. 布尼亚科夫斯基也没有详细考虑极限过程, 只用了一行就从有限和形式的柯西不等式过渡到其连续类比 (1.19). 巧合的是, 这个类比在布尼亚科夫斯基的 *Mémoire* 里被标号为不等式 **(C)**, 似乎布尼亚科夫斯基头脑里想到的就是柯西.

布尼亚科夫斯基的 *Mémoire* 虽然是用法文写的, 却似乎并未在西欧得到广泛传播. 1885 年, 哥廷根的数学家们似乎不知道它, 当时施瓦茨 (Hermann Amandus Schwarz, 1843 − 1921) 正在研究他有关极小曲面理论的基础工作.

施瓦茨在工作中需要一个类似于柯西不等式的二维积分类似物. 他需要证明, 如果 $S \subset \mathbb{R}^2$ 且 $f : S \to \mathbb{R}, g : S \to \mathbb{R}$, 那么二重积分

$$A = \iint_S f^2\,dxdy, \quad B = \iint_S fg\,dxdy, \quad C = \iint_S g^2\,dxdy$$

必满足

$$|B| \leqslant \sqrt{A} \cdot \sqrt{C}, \tag{1.20}$$

施瓦茨还需要知道该不等式是严格的, 除非函数 f 和 g 成比例.

有几个原因导致用柯西不等式来证明这个结果的方法行不通, 原因之一是在过渡到积分的极限过程中, 可能失去离散不等式的严格性. 因此, 施瓦茨需要考虑其他方法. 面对这样的需求, 他发现了一个魅力历久不衰、经得起时间考验的证明.

施瓦茨的证明基于一个不平凡的观察. 具体而言, 他注意到实多项式

$$p(t) = \iint_S \left(tf(x,y) + g(x,y)\right)^2 dxdy = At^2 + 2Bt + C \tag{1.21}$$

总是非负的, 同时, 除非 f 和 g 成比例, $p(t)$ 是严格正的. 根据二次方程的求根公式, 其系数必定满足 $B^2 \leqslant AC$. 此外, 除非 f, g 成比例, 实际上有严格不等式 $B^2 < AC$. 因此, 从代数观点来看, 施瓦茨找到了他所需要的全部.

施瓦茨的证明需要有想到辅助多项式 $p(t)$ 的智慧, 但一旦有了这一步, 其证明就相当轻快. 同时, 从习题 1.11 中可见, 施瓦茨的论证可以几乎不加修改地用于证明内积形式的柯西不等式 (1.16), 在那里, 由施瓦茨的论证方法甚至很快就可以确定等式成立的条件. 因此, 没有理由对施瓦茨的证明成为教科书的最爱感到奇怪, 虽然它需要变一个戏法: 像从帽子中掏出来兔子一样想出辅助多项式.

数学名词, 特别是不等式的命名

根据布尼亚科夫斯基在施瓦茨之前的工作的清晰历史, 将 (1.19) 称为施瓦茨不等式的这一普遍做法似乎不公平. 然而, 按照现代标准, 布尼亚科夫斯基和施瓦茨能将他们的名字与数学分析中如此基本的工具联系起来, 二人都可称得上幸运. 除了一些特殊情形, 现在人们基本上不可能因为做了一个离散不等式的连续类比或者反之而获得声誉. 实际上, 许多现代问题求解者喜欢在离散与连续的类比中上下探索以解决感兴趣的问题.

总的来说, 不等式的命名方法有很多. 有的名称纯粹是描述性的, 比如很快就要遇到的三角不等式. 更常见的是, 一个不等式的名称与一位数学家的名字相关, 但即使这样, 也没有固定的规则. 有时, 不等式用最早发现者的名字命名, 但也可能使用其他规则——例如, 不等式最终形式的确定者, 或最为人所知的应用的提出者.

若要坚持统一用最早发现者的名字来命名的原则, 则赫尔德不等式将变为罗杰斯不等式, 而延森不等式则变为赫尔德不等式, 这只会造成巨大的混乱. 最实用的原则——也是我们这里所用的——就是使用传统名称. 不过, 考察传统名称的来源, 常常可增广我们的见闻.

练习

习题 1.1 (1 技巧与分裂技巧) 证明对任一实数列 $a_1, a_2, \ldots, a_n$ 有

$$a_1 + a_2 + \cdots + a_n \leqslant \sqrt{n}(a_1^2 + a_2^2 + \cdots + a_n^2)^{\frac{1}{2}} \tag{a}$$

以及

$$\sum_{k=1}^{n} a_k \leqslant \left(\sum_{k=1}^{n} |a_k|^{2/3} \right)^{\frac{1}{2}} \left(\sum_{k=1}^{n} |a_k|^{4/3} \right)^{\frac{1}{2}}. \tag{b}$$

这个简单练习所揭示的两个技巧将贯穿于我们的课程. 我们会在不计其数的情形中碰到它们, 它们的推理有时相当精细.

习题 1.2 (平均的乘积与乘积的平均) 设 $p_j \geqslant 0$, $j = 1, 2, \ldots, n$ 且 $p_1 + p_2 + \cdots + p_n = 1$. 设 a_j 和 b_j 为非负实数且对任何 $j = 1, 2, \ldots, n$, $1 \leqslant a_j b_j$, 证明其平均有如下

总的下界:

$$1 \leqslant \left(\sum_{j=1}^{n} p_j a_j \right) \left(\sum_{j=1}^{n} p_j b_j \right). \tag{1.22}$$

人们常在 $b_j = 1/a_j$ 时应用这个优雅的不等式. 它也是后面的习题 5.8 的一个精细补充.

习题 1.3 (何不考虑三项或更多项?)   柯西不等式给出了两两乘积之和的上界, 有信心猜测三项或更多项的乘积之和也有上界. 在本习题中请你证明两种基本推广的雏形. 如果不过多考虑 (实际上值得多加思考), 第一个确实很容易, 第二个也不太难:

$$\left(\sum_{k=1}^{n} a_k b_k c_k \right)^4 \leqslant \left(\sum_{k=1}^{n} a_k^2 \right)^2 \sum_{k=1}^{n} b_k^4 \sum_{k=1}^{n} c_k^4, \tag{a}$$

$$\left(\sum_{k=1}^{n} a_k b_k c_k \right)^2 \leqslant \sum_{k=1}^{n} a_k^2 \sum_{k=1}^{n} b_k^2 \sum_{k=1}^{n} c_k^2. \tag{b}$$

习题 1.4 (来自对称性的帮助)   很多时候柯西不等式与对称性的结合可以产生相当漂亮的结果. 下面是许多优美结果中的两个例子.

(a) 证明对任意正数 x, y, z 有

$$S = \left(\frac{x+y}{x+y+z} \right)^{1/2} + \left(\frac{x+z}{x+y+z} \right)^{1/2} + \left(\frac{y+z}{x+y+z} \right)^{1/2} \leqslant 6^{1/2}.$$

(b) 证明对任意正数 x, y, z 有

$$x + y + z \leqslant 2 \left(\frac{x^2}{y+z} + \frac{y^2}{x+z} + \frac{z^2}{x+y} \right).$$

习题 1.5 (晶体不等式和一条信息)   我们知道 $f(x) = \cos(\beta x)$ 满足等式 $f^2(x) = \frac{1}{2}(1 + f(2x))$. 设对任意 $1 \leqslant k \leqslant n, p_k \geqslant 0$ 且 $p_1 + p_2 + \cdots + p_n = 1$, 证明

$$g(x) = \sum_{k=1}^{n} p_k \cos(\beta_k x) \quad 满足 \quad g^2(x) \leqslant \frac{1}{2} \{ 1 + g(2x) \}.$$

该不等式被称为 Harker–Kasper 不等式, 它在晶体学中有深远应用. 对不等式理论来说, 它也揭示了另外一条重要信息: 给定一个函数等式, 至少可以对一类更广的相关函数 (如这里使用的混合类) 考虑可能存在的类似不等式.

习题 1.6 (倒数变换 (反演) 不等式之和)   设对任何 $1 \leqslant k \leqslant n, p_k > 0$ 且 $p_1 + p_2 + \cdots + p_n = 1$. 证明

$$\sum_{k=1}^{n} \left(p_k + \frac{1}{p_k} \right)^2 \geqslant n^3 + 2n + 1/n,$$

并确定等式成立的充要条件. 后面 (习题 13.6) 将看到, 对指数不为 2 的幂也有类似结果.

习题 1.7 (**各种二次型**)　　证明对任意实数 x, y, α 和 β, 有

$$
\begin{aligned}
(5\alpha x + \alpha y + \beta x &+ 3\beta y)^2 \\
&\leqslant (5\alpha^2 + 2\alpha\beta + 3\beta^2)(5x^2 + 2xy + 3y^2).
\end{aligned} \tag{1.23}
$$

更确切地, 若能为此问题设计一个特殊的内积 $\langle\cdot,\cdot\rangle$, 则可证明不等式 (1.23) 是柯西–施瓦茨不等式 (1.16) 的直接推论.

习题 1.8 (**求和**)　　柯西不等式的有效应用常依赖于对其中一个上界和的合理估计. 验证下列四个实数序列的经典上界:

$$
\sum_{k=0}^{\infty} a_k x^k \leqslant \frac{1}{\sqrt{1-x^2}}\left(\sum_{k=0}^{\infty} a_k^2\right)^{\frac{1}{2}}, \qquad 0 \leqslant x < 1, \tag{a}
$$

$$
\sum_{k=1}^{n} \frac{a_k}{k} < \sqrt{2}\left(\sum_{k=1}^{n} a_k^2\right)^{\frac{1}{2}}, \tag{b}
$$

$$
\sum_{k=1}^{n} \frac{a_k}{\sqrt{n+k}} < (\log 2)^{\frac{1}{2}}\left(\sum_{k=1}^{n} a_k^2\right)^{\frac{1}{2}}, \tag{c}
$$

$$
\sum_{k=0}^{n} \binom{n}{k} a_k \leqslant \binom{2n}{n}^{\frac{1}{2}}\left(\sum_{k=0}^{n} a_k^2\right)^{\frac{1}{2}}. \tag{d}
$$

习题 1.9 (**改进显然的界**)　　数学分析中的许多问题依赖于发现比直接应用柯西不等式能得到的不等式更强的不等式. 为说明此类可能错过的机会, 证明对任意实数 a_j, $j = 1, 2\ldots, n$, 有

$$
\left|\sum_{j=1}^{n} a_j\right|^2 + \left|\sum_{j=1}^{n} (-1)^j a_j\right|^2 \leqslant (n+2)\sum_{j=1}^{n} a_j^2.
$$

直接应用柯西不等式得到的系数是 $2n$ 而非 $n+2$, 因此对充分大的 n, 可以做得更好: 相差一个近似为 2 的因子.

习题 1.10 (**舒尔引理——R 和 C 不等式**)　　证明对任何矩阵 $\{c_{jk} : 1 \leqslant j \leqslant m, 1 \leqslant k \leqslant n\}$ 和任何一对数列 $\{x_j : 1 \leqslant j \leqslant m\}$ 与 $\{y_k : 1 \leqslant k \leqslant n\}$, 有不等式

$$
\left|\sum_{j=1}^{m}\sum_{k=1}^{n} c_{jk} x_j y_k\right| \leqslant \sqrt{RC}\left(\sum_{j=1}^{m} |x_j|^2\right)^{1/2}\left(\sum_{k=1}^{n} |y_k|^2\right)^{1/2}, \tag{1.24}
$$

其中 R 和 C 是如下定义的行和最大值与列和最大值:

$$
R = \max_{j} \sum_{k=1}^{n} |c_{jk}| \quad \text{和} \quad C = \max_{k} \sum_{j=1}^{m} |c_{jk}|.
$$

这个不等式被称为舒尔 (Schur) 引理. 它或许是以这个名字命名的第二著名的结果. 尽管如此, 该不等式无疑是对二次型确定上界的最常用的工具. 注意在 $n = m$, $c_{jk} = 0$, $j \neq k$ 以及 $c_{jj} = 1$, $1 \leqslant j \leqslant n$ 的特殊情形, 舒尔引理恰好包含了柯西不等式.

习题 1.11 (内积空间上的施瓦茨论证)   设 $\mathbf{v}$ 和 $\mathbf{w}$ 为内积空间 $(V, \langle \cdot, \cdot \rangle)$ 中的元素, 考虑 $t \in \mathbb{R}$ 的二次多项式

$$p(t) = \langle \mathbf{v} + t\mathbf{w}, \mathbf{v} + t\mathbf{w} \rangle.$$

注意到这个多项式非负, 利用你所知的二次方程的解来证明柯西不等式的内积版本 (1.16). 同时, 通过检查你的证明步骤来确定等号成立的条件. 验证施瓦茨的论证 (第 8 页) 可以几乎不加改变地用来证明一般内积形式的柯西不等式.

习题 1.12 (自推广的例子)   令 $\langle \cdot, \cdot \rangle$ 为内积空间 V 上的内积, 并设 $\mathbf{x}_1, \mathbf{x}_2, \ldots, \mathbf{x}_n$ 和 $\mathbf{y}_1, \mathbf{y}_2, \ldots, \mathbf{y}_n$ 为 V 中的序列. 证明如下向量情形的柯西不等式:

$$\sum_{j=1}^{n} \langle \mathbf{x}_j, \mathbf{y}_j \rangle \leqslant \left(\sum_{j=1}^{n} \langle \mathbf{x}_j, \mathbf{x}_j \rangle \right)^{\frac{1}{2}} \left(\sum_{j=1}^{n} \langle \mathbf{y}_j, \mathbf{y}_j \rangle \right)^{\frac{1}{2}}. \tag{1.25}$$

注意, 若取 $n = 1$, 则上述不等式就是内积空间上的柯西–施瓦茨不等式; 若 n 为一般情形, 但将向量空间 V 特殊化为 $\mathbb{R}$, 内积为平凡的 $\langle \mathbf{x}, \mathbf{y} \rangle = xy$, 则不等式 (1.25) 就是基本柯西不等式.

习题 1.13 (应用柯西不等式到矩阵)   设 $\{a_{jk} : 1 \leqslant j \leqslant m, 1 \leqslant k \leqslant n\}$ 为实矩阵, 证明

$$m \sum_{j=1}^{m} \left(\sum_{k=1}^{n} a_{jk} \right)^2 + n \sum_{k=1}^{n} \left(\sum_{j=1}^{m} a_{jk} \right)^2 \leqslant \left(\sum_{j=1}^{m} \sum_{k=1}^{n} a_{jk} \right)^2 + mn \sum_{j=1}^{m} \sum_{k=1}^{n} a_{jk}^2.$$

同时, 证明等号成立当且仅当存在 α_j 和 β_k 使得对所有的 $1 \leqslant j \leqslant m$ 和 $1 \leqslant k \leqslant n$, 有 $a_{jk} = \alpha_j + \beta_k$.

习题 1.14 (柯西三元组与 Loomis–Whitney 不等式)   下面是柯西不等式的推广. 离散 Loomis–Whitney 不等式是其推论. 其连续情形是用集合在低维空间的投影的体积给出这个集合的体积的上界. 离散 Loomis–Whitney 不等式 (1.27) 是最近才提出的, 它在信息论和算法理论上都有应用.

(a) 证明对任何非负的 a_{ij}, b_{jk}, c_{ki}, $1 \leqslant i, j, k \leqslant n$, 有三重积不等式

$$\sum_{i,j,k=1}^{n} a_{ij}^{\frac{1}{2}} b_{jk}^{\frac{1}{2}} c_{ki}^{\frac{1}{2}} \leqslant \left(\sum_{i,j=1}^{n} a_{ij} \right)^{\frac{1}{2}} \left(\sum_{j,k=1}^{n} b_{jk} \right)^{\frac{1}{2}} \left(\sum_{k,i=1}^{n} c_{ki} \right)^{\frac{1}{2}}. \tag{1.26}$$

(b) 设 A 为 $\mathbb{Z}^3$ 中的有限点集, A_x, A_y, A_z 分别为 A 在垂直于 x, y 或 z 轴的坐标平面上的投影. 用 $|B|$ 表示集合 $B \subset \mathbb{Z}^3$ 的基数, 证明投影给出了 A 的基数的一个上界:

$$|A| \leqslant |A_x|^{\frac{1}{2}} |A_y|^{\frac{1}{2}} |A_z|^{\frac{1}{2}}. \tag{1.27}$$

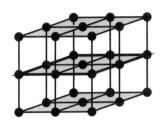

在这里我们有一基数为 $|A| = 27$, 投影满足 $|A_x| = |A_y| = |A_z| = 9$ 的集合 A.

图 1.1　离散 Loomis–Whitney 不等式说的是对 $\mathbb{R}^3$ 中的任意点集 A, 有 $|A| \leqslant |A_x|^{\frac{1}{2}} |A_y|^{\frac{1}{2}} |A_z|^{\frac{1}{2}}$. 这里所示的立方排列显示了不等式中等号成立的情形.

习题 1.15 (**在统计理论中的应用**)　设对任何 $k \in D$ 和 $\theta \in \Theta$, 有 $p(k;\theta) \geqslant 0$, 且

$$\sum_{k \in D} p(k;\theta) = 1 \tag{1.28}$$

对所有 $\theta \in \Theta$ 成立, 则对任何 $\theta \in \Theta$, 可以将 $\mathcal{M}_\theta = \{p(k;\theta) : k \in D\}$ 视为一个概率模型, 其中 $p(k;\theta)$ 表示当 θ 为真时我们"观察到 k"的概率. 如果函数 $g : D \to \mathbb{R}$ 满足

$$\text{对任何 } \theta \in \Theta, \qquad \sum_{k \in D} g(k)p(k;\theta) = \theta, \tag{1.29}$$

则称 g 为参数 θ 的一个无偏估计. 设 D 有限且 $p(k;\theta)$ 为 θ 的可微函数, 证明存在下界

$$\sum_{k \in D} (g(k) - \theta)^2 p(k;\theta) \geqslant 1/I(\theta), \tag{1.30}$$

其中 $I : \Theta \to \mathbb{R}$ 由下列和式定义:

$$I(\theta) = \sum_{k \in D} \left\{ p_\theta(k;\theta)/p(k;\theta) \right\}^2 p(k;\theta), \tag{1.31}$$

上式中的 $p_\theta(k;\theta) = \partial p(k;\theta)/\partial\theta$. 不等式 (1.30) 左边定义的量称为无偏估计 g 的方差, 而 $I(\theta)$ 称为模型 $\mathcal{M}_\theta$ 中 θ 的 Fisher 信息. 不等式 (1.30) 称为克莱姆–劳下界, 它在数理统计中有广泛的应用.

第二章 柯西第二不等式: AM–GM 不等式

我们对柯西不等式的讨论一开始是围绕着如下基本不等式的应用来展开的:

$$对任何 \ x,y \in \mathbb{R}, \qquad xy \leqslant \frac{x^2}{2} + \frac{y^2}{2}. \tag{2.1}$$

可能有人会想, 从 $(x-y)^2 \geqslant 0$ 这样一个平凡观察出发, 为什么能得到如此有价值的结论呢? 是否有更深刻的物理或几何意义来解释这个基本不等式 (2.1) 的有效性呢?

对任何两个非负数 x 和 y, 不等式 (2.1) 的逐项解释只不过是说, 边长为 x 和 y 的长方形的面积不会大于边长分别为 x 和 y 的两个正方形的面积的平均. 这样的解释是有趣的, 但稍做变化, 就可做得更好. 首先用 x 和 y 的平方根替换它们自己, 则由不等式 (2.1) 可得

$$对任何非负实数 \ x \neq y, \qquad 4\sqrt{xy} < 2x + 2y. \tag{2.2}$$

这个不等式有更丰富的内涵.

考虑所有面积为 A, 边长分别为 x 和 y 的长方形的集合. 因为 $A = xy$, 不等式 (2.2) 告诉我们, 在所有面积为 A 的长方形中, 边长为 $s = \sqrt{xy}$ 的正方形有最小周长. 换言之, 从这个不等式可知, 在所有周长为 p 的长方形中, 边长为 $s = p/4$ 的正方形面积最大.

因此, 不等式 (2.2) 不过是著名的圆的等周性的长方形版本. 圆的等周性指的是, 在所有周长为 p 的平面区域中, 周长为 p 的圆的面积最大. 现在, 我们可以更加清楚地看到, 为何 $xy \leqslant x^2/2 + y^2/2$ 是有力的工具: 它是众多联系着对称性与最优性的结果中的一部分.

从正方形到 n 维立方体

用等周性来解释 $\sqrt{xy} \leqslant (x+y)/2$ 的一个好处是它可以增强我们的直观. 人类对几何具有天生的感知力, 可以轻易地猜到 $\sqrt{xy} \leqslant (x+y)/2$ 在 2 维、3 维或更高维情形下的合理类比.

在所有这样的类比中, 最自然的类比可能是断言在 $\mathbb{R}^3$ 中所有表面积给定的 "盒子"

(即长方体) 里, 立方体的体积最大. 这个直观的结果可由习题 2.9 得到. 我们当前的目标是稍微不同的推广, 它有许多应用.

$\mathbb{R}^n$ 中的一个盒子有 2^n 个角, 每个角是盒子的 n 条边的交点. 设这些边的长度分别为 $a_1, a_2, \ldots, a_n$, 正方形和立方体情形下都使用过的等周性直观暗示: 在所有 $a_1 + a_2 + \cdots + a_n = S$ 的盒子中, 边长为 S/n 的 n 维正立方体有最大的体积. 下一个挑战性问题就是为这个直观断言找一个可靠的证明. 问题同时也用算术平均 (Arithmetic Mean, 缩写为 AM) 和几何平均 (Geometric Mean, 缩写为 GM) 这样更一般的分析语言重新表述了上述几何猜想.

问题 2.1 (算术平均 – 几何平均不等式, AM–GM 不等式)　　证明对任意非负实数列 $a_1, a_2, \ldots, a_n$, 有

$$(a_1 a_2 \cdots a_n)^{1/n} \leqslant \frac{a_1 + a_2 + \cdots + a_n}{n}. \tag{2.3}$$

从猜想到证实

对于 $n = 2$, 不等式 (2.3) 可以直接由我们刚刚讨论过的基本不等式 $\sqrt{xy} \leqslant (x+y)/2$ 得到. 接着我们只需要一点小小的运气就会注意到 (就像很久之前柯西所做的) 可以应用同样的不等式两次来得到

$$(a_1 a_2 a_3 a_4)^{\frac{1}{4}} \leqslant \frac{(a_1 a_2)^{\frac{1}{2}} + (a_3 a_4)^{\frac{1}{2}}}{2} \leqslant \frac{a_1 + a_2 + a_3 + a_4}{4}. \tag{2.4}$$

这个不等式证明了猜想 (2.3) 在 $n = 4$ 的情况, 新的不等式 (2.4) 可以和 $\sqrt{xy} \leqslant (x+y)/2$ 一起用来发现

$$(a_1 a_2 \cdots a_8)^{\frac{1}{8}} \leqslant \frac{(a_1 a_2 a_3 a_4)^{\frac{1}{4}} + (a_5 a_6 a_7 a_8)^{\frac{1}{4}}}{2} \leqslant \frac{a_1 + a_2 + \cdots + a_8}{8},$$

这就证明了猜想 (2.3) 在 $n = 8$ 时的情况.

显然, 我们面前是一马平川了. 不必迟疑, 可以重复上述步骤 k 次 (或者使用归纳法) 以推导出

$$(a_1 a_2 \cdots a_{2^k})^{1/2^k} \leqslant (a_1 + a_2 + \cdots + a_{2^k})/2^k, \qquad k \geqslant 1. \tag{2.5}$$

最重要的事实是我们已经证明目标不等式对任何 $n = 2^k$ 都成立, 我们需要做的只是设法填补 2 的各次幂之间的空隙.

自然的计划是找一个 $n < 2^k$ 并设法用 n 个数 $a_1, a_2, \ldots, a_n$ 来构造更长的数列 $\alpha_1, \alpha_2, \ldots, \alpha_{2^k}$, 从而应用 (2.5). 找到合适的序列 $\{\alpha_i\}$ 需要一点探索, 但或许我们很快就可以想到对任何 $1 \leqslant i \leqslant n$, 取 $\alpha_i = a_i$, 同时设

$$\alpha_i = \frac{a_1 + a_2 + \cdots + a_n}{n} \equiv A, \qquad n < i \leqslant 2^k;$$

换句话说, 简单地用足够多的平均数 A 延长原始序列 $\{a_i : 1 \leqslant i \leqslant n\}$ 以得到长度为 2^k 的序列 $\{\alpha_i : 1 \leqslant i \leqslant 2^k\}$.

平均数 A 在延长的序列 $\{\alpha_i\}$ 中出现了 $2^k - n$ 次, 所以, 应用不等式 (2.5) 到 $\{\alpha_i\}$, 可得

$$\left\{ a_1 a_2 \cdots a_n \cdot A^{2^k - n} \right\}^{1/2^k} \leqslant \frac{a_1 + a_2 + \cdots + a_n + (2^k - n)A}{2^k} = \frac{2^k A}{2^k} = A.$$

把 A 的幂移到右边, 就有

$$(a_1 a_2 \cdots a_n)^{1/2^k} \leqslant A^{n/2^k},$$

同时, 对上述不等式的两边取 $2^k/n$ 次幂, 便精确地得到了目标不等式

$$(a_1 a_2 \cdots a_n)^{1/n} \leqslant \frac{a_1 + a_2 + \cdots + a_n}{n}. \tag{2.6}$$

自推广的断言

AM–GM 不等式 (2.6) 具备富有启发意义的自推广性. 几乎不需要任何帮助, 它就能通过自举法自推广到一个新结果, 且包含原始结果未涉及的结论. 通常, 这样的推广显得太容易而不值得当作挑战问题, 但最终结果太重要, 不妨将之当作挑战问题.

问题 2.2 (有理数加权的 AM–GM 不等式) 假设 $p_1, p_2, \ldots, p_n$ 是和为 1 的非负有理数, 证明对任意非负实数 $a_1, a_2, \ldots, a_n$ 有

$$a_1^{p_1} a_2^{p_2} \cdots a_n^{p_n} \leqslant p_1 a_1 + p_2 a_2 + \cdots + p_n a_n. \tag{2.7}$$

有理数 p_i 的有理性起什么作用呢? 答案很快就会出现. 我们可以找到整数 M, 并对每一个 j, 有整数 k_j 使得 p_j 可写为 $p_j = k_j/M$. 把 AM–GM 不等式的原始版本 (2.3) 应用到一个长为 M, 有多个重复项的序列, 就可以得到 AM–GM 不等式的一个显然推广 (2.7). 我们只要对每一个 $1 \leqslant j \leqslant n$, 取有 k_j 个重复 a_j 的数列, 然后应用一般的 AM–GM 不等式 (2.3); 至少在严格限于目标问题的情况下, 这就是全部, 一点也不多.

然而, 还有更深刻的观察. 一旦得到了 p_j 为有理数情形的结果 (2.7), "只要取极限" 就可以得到 p_j 为实数的相同不等式. 具体而言, 首先取一列数 $p_j(t)$, $j = 1, 2, \ldots, n$ 和 $t = 1, 2, \ldots$, 使之满足

$$p_j(t) \geqslant 0, \quad \sum_{j=1}^{n} p_j(t) = 1 \quad \text{和} \quad \lim_{t \to \infty} p_j(t) = p_j.$$

然后把不等式 (2.7) 应用到 n 维数组 $(p_1(t), p_2(t), \ldots, p_n(t))$ 上, 最后令 t 趋于无穷以得到一般结果.

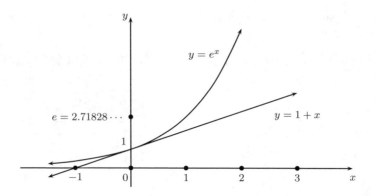

图 2.1　直线 $y = 1 + x$ 和曲线 $y = e^x$ 在点 $x = 0$ 处相切, 而且对任意 $x \in \mathbb{R}$, 直线都在曲线的下方. 所以, 对任意 $x \in \mathbb{R}$, 有 $1 + x \leqslant e^x$. 除 $x = 0$ 之外, 不等号严格成立. 图中的 y 轴已作尺度变化以使单位长度为 e, 因此, 这两个函数发散速度比图像所显示的更快.

先对有理数情形证明不等式再推广到实数情形的技术常常是有用的, 但它有一些不足. 比如, 严格的不等式在取极限后可能不再是严格的不等式. 因此这个方法可能使我们无法对不等式中等号成立的条件有透彻的理解. 有时这种损失并不重要, 但对一般的 AM–GM 不等式这样基础的工具, 等号成立的条件是重要的. 我们更喜欢可一次性得到不等式的所有特征的证明方法, 实际上也有一些令人满意的替代有理数逼近的方法.

波利亚的梦与重新发现之路

AM–GM 不等式有许多证明. 柯西富有想象力的向前向后归纳证明是世界数学遗产中的无价之宝, 但一些其他证明也同样受到人们的喜爱. 其中一个特别引人入胜的证明是乔治·波利亚 (George Pólya) 在梦中想到的. 多年之后, 当波利亚被问及这个证明时, 他回复道, 那是他曾梦到过的最好的数学.

和柯西一样, 波利亚从对一个非负函数的简单观察开始他的证明, 不同的是波利亚使用函数 $x \mapsto e^x$ 而非 $x \mapsto x^2$. 图 2.1 中 $y = e^x$ 的图像阐明了函数 $y = e^x$ 的性质, 这是波利亚的证明的关键点; 由图可见切线 $y = 1 + x$ 位于曲线 $y = e^x$ 的下方, 所以

$$\text{对任意 } x \in \mathbb{R}, \qquad 1 + x \leqslant e^x. \tag{2.8}$$

自然, 这个不等式有分析证明; 例如, 习题 2.2 就建议了一种证明方法, 用到了归纳法. 我们走向下一个挑战问题所需的全部知识都呈现在图 2.1 中了.

问题 2.3 (**一般 AM–GM 不等式**)　根据探究指数不等式所得到的启发, 尝试独立发现波利亚的证明; 也就是说, 证明不等式 (2.8) 可以推出

$$a_1^{p_1} a_2^{p_2} \cdots a_n^{p_n} \leqslant p_1 a_1 + p_2 a_2 + \cdots + p_n a_n \tag{2.9}$$

对任意非负实数 $a_1, a_2, \ldots, a_n$ 与总和为 1 的正实数序列 $p_1, p_2, \ldots, p_n$ 成立.

AM–GM 不等式 (2.9) 的左边为一些项的乘积, 利用解析不等式 $1 + x \leqslant e^x$ 可以得到一个和的指数来控制这个乘积. 有两种应用这个解析不等式的方法. 我们可以将乘项 a_k 写成 $1 + x_k$ 的形式, 然后利用解析不等式 (2.8), 也可以修改不等式 (2.8) 使得它能够直接应用到 a_k 上. 实际应用中, 这两种方法都可以尝试, 我们暂时把重点放在第二种方法上.

利用变量代换 $x \mapsto x - 1$, 可将指数不等式 (2.8) 改写为

$$\text{对任何 } x \in \mathbb{R}, \qquad x \leqslant e^{x-1}. \tag{2.10}$$

将这个不等式应用到 a_k 上, 其中 $k = 1, 2, \ldots$, 可得

$$a_k \leqslant e^{a_k - 1} \quad \text{和} \quad a_k^{p_k} \leqslant e^{p_k a_k - p_k}.$$

通过连乘, 可得几何平均 $a_1^{p_1} a_2^{p_2} \cdots a_n^{p_n}$ 的上界

$$R(a_1, a_2, \ldots, a_n) = \exp\left(\left\{\sum_{k=1}^{n} p_k a_k\right\} - 1\right). \tag{2.11}$$

我们很高兴地看到几何平均 $G = a_1^{p_1} a_2^{p_2} \cdots a_n^{p_n}$ 被上界 R 控制, 但只有在弄清楚 R 和算术平均

$$A = p_1 a_1 + p_2 a_2 + \cdots + p_n a_n$$

的关系之后, 问题才完全解决. 这正是这个问题有意思的地方.

矛盾

当我们自问 A 和 R 之间有什么关系时, 答案很快就会浮出水面. 从不等式 $A \leqslant e^{A-1}$ 可以发现 R 也是算术平均 A 的一个上界, 因此, 综合这两个不等式, 可得双重不等式

$$\max\left\{a_1^{p_1} a_2^{p_2} \cdots a_n^{p_n},\ p_1 a_1 + p_2 a_2 + \cdots + p_n a_n\right\}$$
$$\leqslant \exp\left(\left\{\sum_{k=1}^{n} p_k a_k\right\} - 1\right). \tag{2.12}$$

这个不等式给我们提出了或多或少有点自相矛盾的任务. 当我们只知道两个量中最大者的上界时, 真有可能建立它们之间的不等式吗?

迎接挑战

或许我们暂时感到有些气馁, 但不应该这么快就放弃. 我们至少应当思考足够长的时间以注意到: 当不等式 (2.12) 左边两项之一与不等式右边相等时, 不等式 (2.12) 给出了 A 与 G 的特殊关系. 或许可以探索这个观察.

一旦说清了这一点, 很可能又会想起熟悉的概念——归一化. 用比例来定义新的变量 α_k, $k = 1, 2, \ldots, n$,

$$\alpha_k = \frac{a_k}{A}, \qquad \text{其中 } A = p_1 a_1 + p_2 a_2 + \cdots + p_n a_n.$$

同时, 将不等式 (2.12) 应用到这些新变量上, 可得

$$\left(\frac{a_1}{A}\right)^{p_1} \left(\frac{a_2}{A}\right)^{p_2} \cdots \left(\frac{a_n}{A}\right)^{p_n} \leqslant \exp\left(\left\{\sum_{k=1}^{n} p_k \frac{a_k}{A}\right\} - 1\right) = 1.$$

将上式稍做整理, 将 A 的幂移到右边, 并利用 $p_1 + p_2 + \cdots + p_n = 1$, 就可得一般 AM–GM 不等式 (2.9).

首次回顾

回顾 AM–GM 不等式 (2.9) 的证明, 我们发现它的一个好处是它为我们提供了一条找到等号成立条件的合适途径. 检查第一步, 可见除非 $\frac{a_k}{A} = 1$, 否则

$$\frac{a_k}{A} < e^{(a_k/A) - 1}, \tag{2.13}$$

而且总是有

$$\frac{a_k}{A} \leqslant e^{(a_k/A) - 1},$$

可见, 除非对所有 $k = 1, 2, \ldots, n$, 有 $a_k = A$, 否则

$$\left(\frac{a_1}{A}\right)^{p_1} \left(\frac{a_2}{A}\right)^{p_2} \cdots \left(\frac{a_n}{A}\right)^{p_n} < \exp\left(\left\{\sum_{k=1}^{n} p_k \frac{a_k}{A}\right\} - 1\right) = 1. \tag{2.14}$$

换句话说, AM–GM 不等式 (2.9) 的等号成立当且仅当

$$a_1 = a_2 = \cdots = a_n.$$

回顾证明, 可见 (2.13) 和 (2.14) 这两行就完全证明了一般 AM–GM 不等式. 甚至有好的理由说, 真正需要的全部证明只是 (2.13) 这一行.

再次仔细回顾

识别到 AM-GM 不等式等号成立的条件看起来似乎仅仅是为了让式子更整齐从而带来某种便利, 实际上其中有更多内涵. 我们可以通过理解一个不等式何时最有效来获得真实的力量. 我们已从两个例子中看到了探讨不等式等号成立的条件所释放的能量.

比较利用不等式 $1 + x \leqslant e^x$ 证明 AM–GM 不等式的方法和利用不等式 $xy \leqslant x^2/2 + y^2/2$ 证明柯西不等式的方法, 我们或许会震惊于归一化所起的有效作用——尽管归一化有多种不同的类型. 是否有更深刻的原理隐藏其中, 抑或仅仅是一个小小的巧合?

这个问题不止一个答案, 但看起来比较恰当的一个解释是, 归一化经常使我们关注不等式在它最有效的那个点 (或者区域) 上的应用. 例如, 在不等式 $1 + x \leqslant e^x$ 推出 AM–GM 不等式的过程中, 归一化让我们在最后一步关注到点 $x = 0$, 而这正是 $1 + x \leqslant e^x$ 的最优点. 类似地, 在内积形式的柯西不等式的证明的最后一步, 归一化至关重要地将我们引导到两变量不等式 $xy \leqslant x^2/2 + y^2/2$ 在 $x = y = 1$ 的情形, 这也恰好是这个不等式的最优点.

它们不是孤立的例子. 事实上, 它们指向了不等式理论中一个最常见的主题. 若想把一些基础不等式应用到新的问题, 需要把问题转化, 使得不等式能够应用在最优或者近似最优的条件下, 这种转化问题的能力经常决定了不等式应用的成败.

在目前所遇到的情形中, 归一化可将问题转化, 使得基本不等式的应用更为有效, 但有时需要尽力使不等式得到最有效的应用. 下一个挑战问题揭示了数学文献中对这种用法的最美展示之一. 它启发了一代又一代数学家.

波利亚的训练与卡莱曼不等式

1923 年, 作为一个更大项目的第一步, 卡莱曼 (Torsten Carleman, 1892 − 1949) 证明了一个非凡的不等式. 久而久之, 它逐渐成了许多新思想、新方法的基石. 1926 年, 波利亚巧妙地仅用 AM–GM 不等式就证明了卡莱曼不等式.

波利亚的证明背后的秘密是他信奉的一般原理——设法把不等式用在它最有效的地方. 下一个挑战问题让你来研究卡莱曼不等式, 看看你是否也能根据一些提示发现波利亚的证明.

问题 2.4 (**卡莱曼不等式**)　证明对每一列正实数 $a_1, a_2, \ldots$ 有不等式

$$\sum_{k=1}^{\infty} (a_1 a_2 \cdots a_k)^{1/k} \leqslant e \sum_{k=1}^{\infty} a_k, \tag{2.15}$$

其中 e 表示自然常数 $2.71828\cdots$.

从处理数列形式柯西不等式的经验中可以获得一个用来证明类似于不等式 (2.15) 这样的定量结果的有用方法, 即先考虑稍简单的定性问题, 如证明

$$\sum_{k=1}^{\infty} a_k < \infty \quad \Rightarrow \quad \sum_{k=1}^{\infty} (a_1 a_2 \cdots a_k)^{1/k} < \infty. \tag{2.16}$$

我们自然地会对上式右边的和式应用 AM–GM 不等式, 经过可靠的计算, 并期待好运的降临. 用这个方法可得到不等式

$$\sum_{k=1}^{n} (a_1 a_2 \cdots a_k)^{1/k} \leqslant \sum_{k=1}^{n} \frac{1}{k} \sum_{j=1}^{k} a_j = \sum_{j=1}^{n} a_j \sum_{k=j}^{n} \frac{1}{k},$$

然而, 不出所料, 此法并不奏效. 当 $n \to \infty$ 时, 上界发散, AM–GM 不等式的简单应用让我们徒劳而返.

自然地, 既然这个挑战问题是打算用来阐释最大效力原理的, 即我们力图在最优条件下使用我们的不等式工具, 那么失败也就是意料之中了. 因此, 为直面问题, 我们需要知道 AM–GM 不等式为何不奏效以及我们要怎样做才能克服这个困难.

寻求原则

推理 (2.16) 左边的假设是和式 $a_1 + a_2 + \cdots$ 收敛, 这个小小的事实暗示了问题的源头. 收敛意味着在任意有限长序列 $a_1, a_2, \ldots, a_n$ 中必定有一些项是 "高度不相等的", 从而可知, 在这种情况下 AM–GM 不等式是非常无效的. 能否找到更有效地应用 AM–GM 不等式的方法? 更确切地说, 可否将 AM–GM 不等式直接应用在一些有着更加相近的项的序列上?

因为对每一项知之甚少, 所以无法确切地知道要做什么, 但或许很快就能想到给每一个 a_k 乘上一个修正因子 c_k. 一旦透彻地理解了什么是必要的, 就可以设法完全确定每个 c_k. 粗略地说, 我们的目标是找到 c_k 使得乘积序列 $c_1a_1, c_2a_2, \ldots$ 比原始序列有更加相近的项. 然而, 启发式的思考只能把我们带到这里, 毕竟只有诚实的计算才是唯一可以信赖的指南.

只要简单地重复先前的计算过程, 同时期望修正因子能给我们带来方便. 因此, 像之前那样凭着感觉计算, 会发现

$$\sum_{k=1}^{\infty} (a_1 a_2 \cdots a_k)^{1/k} = \sum_{k=1}^{\infty} \frac{(a_1 c_1 a_2 c_2 \cdots a_k c_k)^{1/k}}{(c_1 c_2 \cdots c_k)^{1/k}}$$
$$\leqslant \sum_{k=1}^{\infty} \frac{a_1 c_1 + a_2 c_2 + \cdots + a_k c_k}{k(c_1 c_2 \cdots c_k)^{1/k}}$$
$$= \sum_{k=1}^{\infty} a_k c_k \sum_{j=k}^{\infty} \frac{1}{j(c_1 c_2 \cdots c_j)^{1/j}}, \tag{2.17}$$

至此要深吸一口气. 从上式可见, 如果能找到因子 $c_k, k = 1, 2, \ldots$, 使得和式

$$s_k = c_k \sum_{j=k}^{\infty} \frac{1}{j(c_1 c_2 \cdots c_j)^{1/j}}, \qquad k = 1, 2, \ldots \tag{2.18}$$

成为有界数列, 则定性猜测 (2.16) 将得证.

必要性、可能性与舒适性

有多种寻求合适的 c_k 的途径, 但无论选择哪个方向, 最终都需要估计和式 s_k. 要使这一步尽可能简单. 或许是幸运, 只有为数不多的几个容易计算其尾和的级数. 实际上, 几乎所有这些级数都来自裂项相消恒等式: 设 $\{b_j : j = 1, 2, \ldots\}$ 为实单调序列且 $b_j \to \infty$, 则

$$\sum_{j=k}^{\infty}\left\{\frac{1}{b_j}-\frac{1}{b_{j+1}}\right\}=\frac{1}{b_k}.$$

在这个恒等式所提供的可能性中, 最简单的选择无疑是

$$\sum_{j=k}^{\infty}\frac{1}{j(j+1)}=\sum_{j=k}^{\infty}\left\{\frac{1}{j}-\frac{1}{j+1}\right\}=\frac{1}{k}, \tag{2.19}$$

同时, 通过比较 (2.18) 和 (2.19), 可见若用隐式递归

$$(c_1c_2\cdots c_j)^{1/j}=j+1,\qquad j=1,2,\ldots \tag{2.20}$$

来定义修正因子, 则 s_k 就有可能化成最简单的形式. 这个选择给出了 s_k 的一个简短的公式

$$s_k=c_k\sum_{j=k}^{\infty}\frac{1}{j(c_1c_2\cdots c_j)^{1/j}}=c_k\sum_{j=k}^{\infty}\frac{1}{j(j+1)}=\frac{c_k}{k}. \tag{2.21}$$

接下来所需要做的就是估计 c_k 的大小.

试验的终结

幸运的是, 这个估计并不难. 对 c_j 运用两次隐式递归 (2.20), 可得

$$c_1c_2\cdots c_{j-1}=j^{j-1}\quad 和\quad c_1c_2\cdots c_j=(j+1)^j,$$

二者相除可得显式公式

$$c_j=\frac{(j+1)^j}{j^{j-1}}=j\left(1+\frac{1}{j}\right)^j.$$

由这个公式和原先的不等式 (2.17), 可得

$$\sum_{k=1}^{\infty}(a_1a_2\cdots a_k)^{1/k}\leqslant\sum_{k=1}^{\infty}\left(1+\frac{1}{k}\right)^k a_k, \tag{2.22}$$

这个不等式使得卡莱曼不等式 (2.15) 在我们的掌握之中. 实际上, 不等式 (2.22) 甚至比卡莱曼不等式还要强一点, 因为在熟知的解析不等式 $1+x\leqslant e^x$ 中令 $x=1/k$ 可以推出

$$\left(1+1/k\right)^k<e,\qquad k=1,2,\ldots.$$

有效性与等号成立的条件

波利亚对卡莱曼不等式的证明非常巧妙, 这不仅是偶然, 要注意别忘了追寻其中最核心的想法. 值得琢磨的一点是, 在某些情况下只要对问题进行简单的重组, 使得不等式应用在等号近似成立的情形下, 就有可能大大提高不等式的有效性. 波利亚对卡莱曼

不等式的证明以独特的魅力说明了这个想法, 在许多简单的情况下它同样能有很好的效果.

乔治·波利亚小传

乔治·波利亚 (George Pólya, 1887 − 1985) 是 20 世纪最具影响力的数学家之一, 但他最不朽的遗产或许是他教给我们的关于教与学的深刻见解. 波利亚把解决问题的过程看作一项令人兴奋的、充满创造力的、饱含对生活的热爱的人类基本活动. 他竭力思索一个人如何能成为一个更高效的数学问题解决者, 同时思考如何培训他人成为这样的人.

波利亚把他的想法总结在几本书里, 其中最出名的一本是《怎样解题》. 波利亚书中的一个中心假设是人们常能通过提出一些一般常识问题而获得进展. 对问题解决者或者其他任何人来说, 波利亚的很多问题看起来或许很显然, 但是时间证明这些问题颇具智慧.

波利亚的建议里的丰富内涵或许可以概括为一个看似相互矛盾的问题:"你不能解决的最简单的问题是什么?" 当然, 这里事先假定在你的脑海中有一些特别的问题, 所以这个建议最好理解为至少包含下列问题在内的多个问题的概括:

- "你能否解决你的问题的一个特殊情形?"

- "你能否把你的问题和一个相近的已经被完全解决的问题联系起来?"

- "你能否把和你想要计算的相关联的东西完全计算出来?"

我们鼓励读者在练习时尝试波利亚的方法. 这种训练或许有助于提高解题效率.

练习

习题 2.1 (从向前向后归纳法获取更多)   柯西的向前向后归纳法能证明的问题不只是 AM–GM 不等式. 例如可以用这个方法从 $n = 2$ 时的柯西不等式出发推导出一般的柯西不等式. 用两次 $n = 2$ 情形的柯西不等式, 有

$$
\begin{aligned}
a_1 b_1 &+ a_2 b_2 + a_3 b_3 + a_4 b_4 \\
&= \{a_1 b_1 + a_2 b_2\} + \{a_3 b_3 + a_4 b_4\} \\
&\leqslant (a_1^2 + a_2^2)^{\frac{1}{2}} (b_1^2 + b_2^2)^{\frac{1}{2}} + (a_3^2 + a_4^2)^{\frac{1}{2}} (b_3^2 + b_4^2)^{\frac{1}{2}} \\
&\leqslant (a_1^2 + a_2^2 + a_3^2 + a_4^2)^{\frac{1}{2}} (b_1^2 + b_2^2 + b_3^2 + b_4^2)^{\frac{1}{2}},
\end{aligned}
$$

这是 $n = 4$ 时的柯西不等式. 请将上述讨论加以拓展, 证明柯西不等式对所有 $n = 2^k$ 都成立, 进而证明柯西不等式对所有 n 都成立. 这可能是柯西发现他这个著名的不等式时所用的方法, 虽然他选择在他的书里给出一个更难的证明.

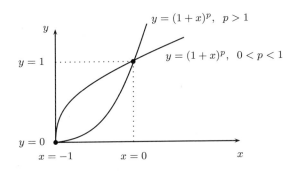

图 2.2 $y = (1+x)^p$ 的图像表明了很多关系, 每一个关系都由 x 的取值范围和 p 的大小所决定. 这些关系中最有用的或许是伯努利不等式 (2.25), 也就是 $p \geqslant 1$ 且 $x \in [-1, \infty)$ 的情形.

习题 2.2 (伯努利和指数不等式) 波利亚对 AM–GM 不等式的证明使用了解析不等式:

$$对任何 \ x \in \mathbb{R}, \qquad 1 + x \leqslant e^x. \tag{2.23}$$

这个不等式和雅各布·伯努利 (Jacob Bernoulli, 1654 − 1705) 的一个不等式很相近:

$$对任何 \ x \in [-1, \infty) \ 和任何 \ n = 1, 2, \ldots, \qquad 1 + nx \leqslant (1+x)^n. \tag{2.24}$$

用归纳法证明伯努利不等式并利用它来证明对任何 $x \in \mathbb{R}$, $1 + x \leqslant e^x$. 最后, 通过计算或者其他方法证明如图 2.2 所示的更一般的伯努利不等式. 比如, 证明

$$对所有 \ x \geqslant -1 \ 和所有 \ p \geqslant 1, \qquad 1 + px \leqslant (1+x)^p. \tag{2.25}$$

习题 2.3 (纯幂不等式) 在数学分析中, 人们经常借助 AM–GM 不等式来用更简单的纯幂之和去控制乘积或者乘积之和. 证明对正的 x, y, α 和 β 有

$$x^\alpha y^\beta \leqslant \frac{\alpha}{\alpha + \beta} x^{\alpha + \beta} + \frac{\beta}{\alpha + \beta} y^{\alpha + \beta}. \tag{2.26}$$

此外, 作为经典的推论, 证明不等式 $x^{2004}y + xy^{2004} \leqslant x^{2005} + y^{2005}$.

习题 2.4 (加拿大挑战题) 2002 年加拿大数学奥林匹克竞赛的参赛选手被要求证明不等式

$$a + b + c \leqslant \frac{a^3}{bc} + \frac{b^3}{ac} + \frac{c^3}{ab}$$

并确定等号成立的条件. 你能接受这个挑战吗?

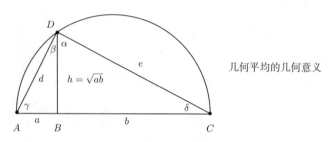

图 2.3   欧几里得可能想到过的 AM–GM 不等式. 图中的圆的半径为 $(a+b)/2$, 三角形的高 h 不超过半径. 因此, 若能证明 $h = \sqrt{ab}$, 则可得到 $n = 2$ 时的 AM–GM 不等式的几何证明.

习题 2.5 (**差的不等式**)   证明对任意非负数 x 和 y 以及正整数 n 有

$$n(xy)^{(n-1)/2} \leqslant \frac{x^n - y^n}{x - y} \quad (x \neq y). \tag{2.27}$$

习题 2.6 (**几何平均的几何意义**)   几何平均这一定义的背后确实有几何意义. 虽然没有证据表明欧几里得考虑过任何不等式, 但其中的要点已为欧几里得所知. 参考图 2.3 所示几何意义, 证明 $h = \sqrt{ab}$, 因而有 $\sqrt{ab} \leqslant (a+b)/2$.

习题 2.7 (**从一个乘积不等式推出另一个乘积不等式**)   证明对非负数 x, y 和 z 有如下命题:

$$1 \leqslant xyz \implies 8 \leqslant (1+x)(1+y)(1+z). \tag{2.28}$$

你能给出一个推广吗?

习题 2.8 (**乘积与和的最优原理**)   给定正数 $\{a_k : 1 \leqslant k \leqslant n\}$, 以及正数 c 和 d, 考虑最大值问题 P_1:

$$\max\{x_1 x_2 \cdots x_n : a_1 x_1 + a_2 x_2 + \cdots + a_n x_n = c\}$$

以及最小值问题 P_2:

$$\min\{a_1 x_1 + a_2 x_2 + \cdots + a_n x_n : x_1 x_2 \cdots x_n = d\}.$$

证明这两个问题的最优条件为

$$a_1 x_1 = a_2 x_2 = \cdots = a_n x_n. \tag{2.29}$$

这些最优化原理特别有用, 它们即使不能被直接应用, 也可以提供有益的引导.

习题 2.9 (立方体的等周不等式) 证明在所有给定表面积的长方体中, 立方体具有最大的体积. 因为边长为 a, b, c 的长方体的表面积为 $A = 2ab + 2ac + 2bc$, 表面积为 A 的立方体的边长为 $(A/6)^{1/2}$, 所以需证明

$$abc \leqslant (A/6)^{3/2},$$

并证明等号成立当且仅当 $a = b = c$.

习题 2.10 (Åkerberg 的加强) 证明对任意非负实数 $a_1, a_2, \ldots, a_n$, $n \geqslant 2$, 有不等式

$$a_n \left(\frac{a_1 + a_2 + \cdots + a_{n-1}}{n - 1} \right)^{n-1} \leqslant \left(\frac{a_1 + a_2 + \cdots + a_n}{n} \right)^n. \tag{2.30}$$

不等式 (2.30) 的迭代立刻能推出 AM–GM 不等式. 因此, 在某种程度上, 这个关系式是 AM–GM 不等式的加强. 欲证递推式 (2.30), 可以先证明

$$y(n - y^{n-1}) = ny - y^n \leqslant n - 1, \qquad y \geqslant 0.$$

之后的关键就是选择合适的 y.

习题 2.11 (几何平均的超可加性) 证明对非负的 a_k 和 b_k, $1 \leqslant k \leqslant n$, 有

$$\left(\prod_{k=1}^n a_k \right)^{1/n} + \left(\prod_{k=1}^n b_k \right)^{1/n} \leqslant \left(\prod_{k=1}^n (a_k + b_k) \right)^{1/n}. \tag{2.31}$$

闵可夫斯基 (H. Minkowski) 的这个不等式表明几何平均是参数向量的超可加函数. 利用 AM–GM 不等式证明这个不等式并确定等号成立的条件.

一般提示: 考虑两边同时除以右边的量. 常常令人惊喜的是, 将一个不等式化成"标准形式" (即给定的代数量以 1 为上界) 之后, 这个不等式往往会变得显然.

习题 2.12 (AM–GM 不等式的等号近似成立) 如果非负实数 $a_1, a_2, \ldots, a_n$ 都近似等于常数 λ, 那么很容易验证算术平均 A 与几何平均 G 近似相等. 构造这个命题的逆命题有多种方法, 在这个习题里我们考虑由乔治·波利亚首先提出的巧妙方法.

证明如果有不等式

$$0 < \frac{A - G}{A} = \epsilon < 1, \tag{2.32}$$

就有不等式

$$\rho_0 \leqslant \frac{a_k}{A} \leqslant \rho_1, \qquad k = 1, 2, \ldots, n, \tag{2.33}$$

其中 $\rho_0 \in (0, 1]$ 和 $\rho_1 \in [1, \infty)$ 是方程

$$\frac{x}{e^{x-1}} = (1 - \epsilon)^n \tag{2.34}$$

的两个根. 如图 2.4 所示, 证明的关键是注意到映射 $x \mapsto x/e^{x-1}$ 在 $[0, 1]$ 上单调增, 在 $[1, \infty)$ 上单调减

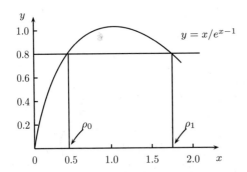

	ρ_0	ρ_1
0.80	$0.471\cdots$	$1.824\cdots$
0.90	$0.608\cdots$	$1.531\cdots$
0.95	$0.712\cdots$	$1.355\cdots$
0.99	$0.864\cdots$	$1.148\cdots$

图 2.4   曲线 $y = x/e^{x-1}$ 可用于确定当 AM–GM 不等式两端的比例接近 1 时, 两个平均值项被挤压到一起的程度. 例如, 如果 $y \geqslant 0.99$, 则 $0.865 \leqslant x \leqslant 1.149$.

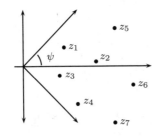

复平面右半平面中
任意 n 个点被包含在
中心角为 2ψ 的对称锥中,
其中 $0 \leqslant \psi < \pi/2$.

图 2.5   复数情形的 AM–GM 不等式给出了乘积 $|z_1 z_2 \cdots z_n|^{1/n}$ 的非平凡上界, 其中 z_j 是右半平面的内点, $j = 1, 2, \ldots, n$. 不等式的系数依赖于包含这些点的锥形的中心角.

习题 2.13 (**复数的 AM–GM 不等式**)   考虑 n 个复数 $z_1, z_2, \ldots, z_n$ 的集合 S, 其极坐标形式 $z_j = \rho_j e^{i\theta_j}$ 满足约束条件

$$0 \leqslant \rho_j < \infty \quad \text{且} \quad 0 \leqslant |\theta_j| < \psi < \pi/2, \qquad 1 \leqslant j \leqslant n.$$

如图 2.5 所示, 点 $z_j \in S$ 散布在位于右半平面上一个中心角为 2ψ 的对称锥中. 证明对这些数有不等式

$$(\cos \psi)|z_1 z_2 \cdots z_n|^{1/n} \leqslant \frac{1}{n}|z_1 + z_2 + \cdots + z_n|. \tag{2.35}$$

应当注意到, 如果 z_j 都是实数, $j = 1, 2, \cdots, n$, 那么可以令 $\psi = 0$, 这时不等式 (2.35) 变回一般形式的 AM–GM 不等式.

习题 2.14 (向前向后归纳法的杰作)   用柯西的向前向后归纳法证明对任何非负实数 $x_1, x_2, \ldots, x_m$ 及任何整数 $n = 1, 2, \ldots$ 有不等式

$$\left(\frac{x_1 + x_2 + \cdots + x_m}{m}\right)^n \leqslant \frac{x_1^n + x_2^n + \cdots + x_m^n}{m}. \tag{2.36}$$

这是将在第八章中详细介绍的幂平均不等式的一个特殊情形, 但此处的重点是掌握方法. 这道习题引出了读者有可能遇到的柯西方法的应用之一.

第三章 拉格朗日恒等式与 闵可夫斯基猜想

柯西不等式的归纳证明利用了多项式恒等式

$$(a_1^2 + a_2^2)(b_1^2 + b_2^2) = (a_1b_1 + a_2b_2)^2 + (a_1b_2 - a_2b_1)^2. \tag{3.1}$$

但原证明并没有充分利用这个公式. 除了注意到 $(a_1b_2 - a_2b_1)^2$ 是非负的, 我们完全忽略了这一项. 事实上, 任何不等式应该在精确性和简洁性中取得平衡, 不应浪费. 因此, 一个自然的问题是: 可否从弃项中提取一些有用的信息?

毫无疑问, $(a_1b_2 - a_2b_1)^2$ 这一项包含了某些信息. 至少, 它显式地衡量了柯西不等式两边的平方差, 所以它也许可以为衡量每次应用柯西不等式时所带来的亏损提供可行的方法.

根据基本因式分解 (3.1), 当 $n = 2$ 时, 若 $(a_1b_2 - a_2b_1)^2 = 0$, 则柯西不等式两端严格相等; 所以, 假设 $(b_1, b_2) \neq (0,0)$, 则等式成立当且仅当 (a_1, a_2) 和 (b_1, b_2) 在如下意义上是成比例的:

$$存在实数 \ \lambda \ 使得 \ a_1 = \lambda b_1 \ 和 \ a_2 = \lambda b_2.$$

这一观察有着深远的推论, 第一个挑战问题证明 n 维柯西不等式的等号成立时的类似情形.

问题 3.1 (柯西不等式的等号成立) 证明如果 $(b_1, b_2, \ldots, b_n) \neq 0$, 那么柯西不等式的等号成立当且仅当存在常数 λ, 使得对任意 $i = 1, 2, \ldots, n$ 有 $a_i = \lambda b_i$. 进一步, 如前所述, 如果已知对这一事实的一个证明, 请试着找一新的证明.

通向一般恒等式之路

当 $n = 2$ 时, 恒等式 (3.1) 为解决问题 3.1 提供了快捷的方法, 一种解决该问题一般情形时的方法是找到等式 (3.1) 在 n 维情形时恰当的展开. 因此, 引入二次多项式

$$Q_n = Q_n(a_1, a_2, \ldots, a_n; b_1, b_2, \ldots, b_n),$$

它由柯西不等式两端的平方差给出, 即 Q_n 等于

$$(a_1^2 + a_2^2 + \cdots + a_n^2)(b_1^2 + b_2^2 + \cdots + b_n^2) - (a_1 b_1 + a_2 b_2 + \cdots + a_n b_n)^2.$$

正如 $Q_2 = (a_1 b_2 - a_2 b_1)^2$ 衡量了 2 维情形时的亏损, 显然 Q_n 可以衡量 n 维柯西不等式的亏损. 已知 Q_2 可以写成多项式的平方, 现在的挑战是能否将 Q_n 类似地表示为平方或平方和.

直接展开 Q_n, 可发现它可以写成

$$Q_n = \sum_{i=1}^{n} \sum_{j=1}^{n} a_i^2 b_j^2 - \sum_{i=1}^{n} \sum_{j=1}^{n} a_i b_i a_j b_j. \tag{3.2}$$

从这样表达的公式中可能无法立即得到更进一步的解决方案. 可以使用一个巧妙的提示, 即使没有普遍适用的提示, 此处有一个总能提供有益指导的一般原则: 寻求对称.

对称的提示

在实践中, 寻求对称意味着应该尽力将等式写好以使其对称性尽可能地清晰明了. 在第二个双重求和中, i 和 j 之间的对称性是强烈而清晰的, 但在第一个双重求和中, i 和 j 的对称性并不明显. 毫无疑问的是, 对称性存在, 如果用如下形式重写 Q_n, 可以使其更加明显:

$$Q_n = \frac{1}{2} \sum_{i=1}^{n} \sum_{j=1}^{n} (a_i^2 b_j^2 + a_j^2 b_i^2) - \sum_{i=1}^{n} \sum_{j=1}^{n} a_i b_i a_j b_j. \tag{3.3}$$

至此两个双重求和都显示了 i 和 j 之间清晰的对称性, 新的表达式的确显示了如何前进; 它几乎在大喊着要我们把这两个双重求和写在一起. 一旦如此, 立即就能发现它的因式分解

$$Q_n = \frac{1}{2} \sum_{i=1}^{n} \sum_{j=1}^{n} \left\{ a_i^2 b_j^2 - 2 a_i b_j a_j b_i + a_j^2 b_i^2 \right\} = \frac{1}{2} \sum_{i=1}^{n} \sum_{j=1}^{n} (a_i b_j - a_j b_i)^2.$$

至此, 整个故事立即成为一个简单的、有启发意义的、可以自我验证的等式, 它就是拉格朗日恒等式:

$$\left(\sum_{i=1}^{n} a_i b_i \right)^2 = \sum_{i=1}^{n} a_i^2 \sum_{i=1}^{n} b_i^2 - \frac{1}{2} \sum_{i=1}^{n} \sum_{j=1}^{n} (a_i b_j - a_j b_i)^2. \tag{3.4}$$

启发我们走向这个等式的动机是我们想理解非负多项式 Q_n, 但是, 一旦有了等式 (3.4), 就很容易用乘法验证它. 我们遇到了多项式等式中的一个悖论.

应当注意到, 柯西不等式是拉格朗日恒等式的直接推论. 事实上, 柯西在其 1821 年的教科书中所记录的证明正是基于这一观察. 一开始我们是寻求拉格朗日恒等式 (3.4) 的来源, 希望它能使我们更清楚地理解柯西不等式的等号成立的情形. 在这个过程中, 我们意外地发现了柯西不等式的另一个证明, 但我们的挑战问题仍有待解决.

相等和对比例的度量

设 $(b_1, b_2, \ldots, b_n) \neq 0$, 则存在某个 $b_k \neq 0$, 如果柯西不等式的等号成立, 那么拉格朗日恒等式 (3.4) 的最右端第二个求和中的所有项一定都等于零. 考虑只包含 b_k 的项, 会发现

$$\text{对任意 } 1 \leqslant i \leqslant n, \qquad a_i b_k = a_k b_i,$$

进一步, 令 $\lambda = a_k/b_k$, 则

$$\text{对任意 } 1 \leqslant i \leqslant n, \qquad a_i = \lambda b_i.$$

也就是说, 根据拉格朗日恒等式, 对于非零数列, 柯西不等式的等号成立当且仅当这两个数列成比例. 至此, 我们的第一个挑战问题有了一个完整而严谨的解答.

对等号成立情况的分析强调了对称形式

$$Q_n = \frac{1}{2} \sum_{i=1}^{n} \sum_{j=1}^{n} (a_i b_j - a_j b_i)^2$$

有两个有用的解释. 起初, 我们将其视为柯西不等式左右两边之差的度量, 现在发现它也是两个向量 $(a_1, a_2, \ldots, a_n)$ 和 $(b_1, b_2, \ldots, b_n)$ 成比例程度的度量. 用 Q_n 测量比例是如此自然, 所以可以猜测, 在柯西不等式被提出来之前, 历史上便已经有了 Q_n. 适度反演历史是有好处的; 特别, 它将我们引向值得关注的 E. A. Milne 不等式, 它在习题 3.8 中有详细描述.

拉格朗日恒等式的源与流

1773 年, 约瑟夫·拉格朗日 (Joseph Louis de Lagrange, 1736 — 1813) 在研究棱锥的几何时提出了 $n = 3$ 时的恒等式 (3.4). 拉格朗日没有提到与其相对应的 $n = 2$ 时的结果已众所周知, 甚至没有提到对它了如指掌的古代数学家们. 亚历山大时期的希腊数学家丢番图知道恒等式 (3.4) 的二维形式, 至少可以从他的教科书《算术》(Arithmetica) 中的一个问题里推出这一结论. 这本书的起源仅能追溯到公元 50 年到公元 300 年之间的一段时间.

拉格朗日和他所尊敬的前辈皮埃尔·德·费马 (Pierre de Fermat, 1601 — 1665) 非常熟悉丢番图的作品. 今天所知的大部分费马的发现都来源于费马写在一份由 Bachet 翻译丢番图著的《算术》的笔记中. 正是在这份笔记中, 费马声称当 $n \geqslant 3$ 时, 方程 $x^n + y^n = z^n$ 没有正整数解, 他还写道: "我确信已发现了一种美妙的证法, 可惜这里的空白太小, 写不下."

众所周知, 这一断言最终以费马大定理著称于世, 或更准确地说, 以费马猜想为人所知. 在三个多世纪里, 这一猜想困扰了历史上最杰出的数学家们. 1993 年, 当安德鲁·怀尔斯宣称他证明了费马的猜想时, 全世界——至少部分怀疑者们——都为之震惊. 尽管如此, 在大约一年的时间里, 前沿专家们验证了怀尔斯的证明, 并确认怀尔斯取得了公认为超越人类可能的成就.

展望通用方法

我们对拉格朗日恒等式的推导来源于一个已知非负的多项式, 利用基本的代数运算和好运气证明这个多项式可以写成平方和的形式. 最终所得恒等式很快就展示了它的威力. 一个应用就是它迅速给出了柯西不等式的独立证明以及等号成立的充要条件的清晰解释.

这一经验还给出寻找新的、有用的多项式恒等式的有趣方法. 任取已知为非负的多项式并将其用平方和表示. 如果我们关于 "拉格朗日恒等式" 的经验提供了一个可靠的指导, 由此产生的多项式恒等式也应同样有趣且具有启发意义.

这个方案只存在一个问题——我们不知道如何系统地把一个非负多项式写成平方和的形式. 事实上, 我们甚至不知道这样的表示方法是否总是有效, 这一观察将我们引到第二个挑战问题.

问题 3.2 非负多项式总是能写成平方和的形式吗? 也就是说, 如果实多项式 $P(x_1, x_2, \ldots, x_n)$ 满足

$$\text{对任意 } (x_1, x_2, \ldots, x_n) \in \mathbb{R}^n, \qquad P(x_1, x_2, \ldots, x_n) \geqslant 0,$$

能否找到 s 个实多项式 $Q_k(x_1, x_2, \ldots, x_n), 1 \leqslant k \leqslant s$, 使得

$$P(x_1, x_2, \ldots, x_n) = Q_1^2 + Q_2^2 + \cdots + Q_s^2?$$

这个问题的重要性非同寻常. 它引出的问题比我们之前的问题更加深刻, 范围更加广泛, 即使到今天, 它仍在启发新的研究.

特殊情形下的肯定回答

像往常一样, 可以通过验证简单情形来寻求灵感. 第一个例子不是完全平凡的, 此时 $n = 1$, 多项式 $P(x)$ 就是二次多项式 $ax^2 + bx + c$ 且 $a \neq 0$. 回忆推导求根公式时所使用的配方法, 就可以看出 $P(x)$ 可以写成

$$P(x) = ax^2 + bx + c = a\left(x + \frac{b}{2a}\right)^2 + \frac{4ac - b^2}{4a}, \tag{3.5}$$

这一表示非常接近问题的答案. 我们只要验证最后两个和项可以写成实多项式的平方和的形式.

考虑充分大的 x, 可见 $P(x) \geqslant 0$ 意味着 $a > 0$, 取 $x_0 = -b/(2a)$, 则从 (3.5) 中的和式可见 $P(x_0) \geqslant 0$ 意味着 $4ac - b^2 \geqslant 0$. 这一结果表明等式 (3.5) 右边的两项都是非负的, 所以 $P(x)$ 可以写成 $Q_1^2 + Q_2^2$, 其中 Q_1 和 Q_2 是可如下显式表达的实数多项式:

$$Q_1(x) = a^{\frac{1}{2}}\left(x + \frac{b}{2a}\right) \quad \text{且} \quad Q_2(x) = \frac{\sqrt{4ac - b^2}}{2\sqrt{a}}.$$

这就对单变量二次多项式情形解决了我们的问题. 虽然这一解答简单, 但不平凡. 等式 (3.5) 有一些很漂亮的推论. 例如, 它表明当 $x = -b/(2a)$ 时, $P(x)$ 最小且 $P(x)$ 的最小值等于 $(4ac - b^2)/(4a)$ ——这是两个通常可由微积分方法得到的有用结论.

温故而知新

拉格朗日恒等式最简单的非平凡形式是

$$(a_1^2 + a_2^2)(b_1^2 + b_2^2) = (a_1b_1 + a_2b_2)^2 + (a_1b_2 - a_2b_1)^2.$$

因为多项式可以代替这个公式中的实数, 我们发现它给出了一个强有力的事实: 可以表示为两个多项式之平方和的多项式集合对乘法封闭. 也就是说, 如果 $P(x) = Q(x)R(x)$, 其中 $Q(x)$ 和 $R(x)$ 可以表示为

$$Q(x) = Q_1^2(x) + Q_2^2(x) \quad 和 \quad R(x) = R_1^2(x) + R_2^2(x),$$

那么 $P(x)$ 也可以表示成两个平方之和的形式. 确切地说, 若

$$P(x) = Q(x)R(x) = \left(Q_1^2(x) + Q_2^2(x)\right)\left(R_1^2(x) + R_2^2(x)\right),$$

则 $P(x)$ 可以写成

$$\{Q_1(x)R_1(x) + Q_2(x)R_2(x)\}^2 + \{Q_1(x)R_2(x) - Q_2(x)R_1(x)\}^2. \tag{3.6}$$

这个等式暗示可以使用归纳法来证明. 已知二次非负多项式可以写成平方和, 所以归纳证明的第一步毫无问题. 一旦我们知道如何分解非负多项式, 就应能使用表达式 (3.6) 来完成归纳步骤.

非负多项式的因式分解

一个多项式 $P(x)$ 可以出现两种情况: 有实根或没有实根. 当 $P(x)$ 有一 m 重实根 r 时,

$$P(x) = (x - r)^m R(x), \qquad 其中 R(r) \neq 0.$$

令 $x = r + \epsilon$, 就有 $P(r + \epsilon) = \epsilon^m R(r + \epsilon)$. 利用 R 的连续性, 可知存在 δ, 使得对任意 ϵ, 只要 $|\epsilon| \leqslant \delta$, $R(r + \epsilon)$ 有相同的符号. 既然 $P(x)$ 是非负的, 可知对任意 $|\epsilon| \leqslant \delta$, ϵ^m 符号相同, 所以 m 一定是偶数. 令 $m = 2k$, 可知

$$P(x) = Q^2(x)R(x), \qquad 其中 Q(x) = (x - r)^k.$$

从这一表示可知, $R(x)$ 也是一个非负多项式. 因此, 我们在 $P(x)$ 有一个实根的情况下找到了一个有用的因式分解.

假设 $P(x)$ 没有实根. 由代数学基本定理, 存在一个复根 r. 又因为

$$0 = P(r) \quad 推出 \quad 0 = \overline{P(r)} = P(\bar{r}),$$

可见 r 的复共轭 $\bar{r}$ 也是 P 的一个根. 因此, P 有因式分解

$$P(x) = (x - r)(x - \bar{r})R(x) = Q(x)R(x).$$

当 x 充分大时实多项式 $Q(x) = (x - r)(x - \bar{r})$ 为正, 且无实零点, 所以对任意实数 x, 它都是正的. 根据假设, $P(x)$ 是非负的, 所以 $R(x)$ 也是非负的. 由此, 我们再一次发现任何超过二次的非负多项式 $P(x)$ 都可以写成两个非常数的、非负的多项式之积. 利用归纳法, 可得知任何单变量非负多项式可以写成两个实多项式平方和的形式.

告别单变量——走向 N 变量

在单变量多项式上的成功自然激励我们去考虑两个甚至更多变量的非负多项式. 不幸的是, 单变量问题和双变量问题之间的差距有时比大峡谷还要宽.

对任何双变量多项式, 零点集 $\{(x, y) : P(x, y) = 0\}$ 不再是简单的离散点集. 现在它们呈现出令人困惑的各种几乎无法分类的几何形状. 经过一番探究, 我们甚至开始相信可能存在不能写成两个实多项式的平方和形式的二元非负多项式. 这正是大数学家赫尔曼·闵可夫斯基 (Hermann Minkowski) 首先提出的猜想. 如果要完全解决这个挑战问题, 就需要证明闵可夫斯基猜想.

来自有限可能性的奇怪力量

想解决闵可夫斯基都解决不了的问题似乎有点狂妄自大, 但有时候狂妄自大也会有回报. 讽刺的是, 有时我们甚至可以从无计可施中汲取力量. 例如, 这里我们几乎无法构造非负项式, 因此知道这些方法可能引起的结果对我们不会有任何损失. 大多数时候, 这种探究只是帮助我们更加深入地理解问题, 但有时, 一个新鲜的、基本的解决难题的途径可能带来惊人的成功.

我们的选择是什么?

如何构造非负多项式? 表示成平方和的实多项式总是非负的, 但这样的多项式对解决闵可夫斯基猜想毫无帮助. 我们可以考虑把柯西不等式两边平方再取差后得到的非负多项式, 但拉格朗日恒等式告诉我们这种构造也是注定要失败的. 最后, 考虑由 AM–GM 不等式得到的非负多项式. 这是我们目前唯一可行的思路, 所以它显然值得我们认真探索.

AM–GM 计划

此前我们发现非负实数 $a_1, a_2, \ldots, a_n$ 一定满足 AM–GM 不等式

$$(a_1 a_2 \cdots a_n)^{1/n} \leqslant \frac{a_1 + a_2 + \cdots + a_n}{n}. \tag{3.7}$$

利用这一不等式可以构造一系列非负多项式. 然而, 如果不想迷失在复杂的例子中, 我们需要把我们的探索限制在简单的例子中. 非负数 a_1 和 a_2 的最简单的选择是 $a_1 = x^2$

和 $a_2 = y^2$; 所以, 如果想让乘积 $a_1 a_2 a_3$ 尽可能简单, 可以令 $a_3 = 1/(x^2 y^2)$ 以使 $a_1 a_2 a_3$ 恰好等于 1. 由 AM–GM 不等式,

$$1 \leqslant \frac{1}{3}(x^2 + y^2 + 1/(x^2 y^2)).$$

经过自然的简化, 可见对任意选取的实数 x 和 y, 多项式

$$P(x, y) = x^4 y^2 + x^2 y^4 - 3x^2 y^2 + 1$$

是非负的; 因此, 我们为不能写成如下形式

$$P(x, y) = Q_1^2(x, y) + Q_2^2(x, y) + \cdots + Q_s^2(x, y), \qquad s \text{ 为整数} \qquad (3.8)$$

的多项式找到了第一个重要的候选者. 现在只需设法证明表达式 (3.8) 确实是不可能的. 我们手头仅有基本的工具, 但是足够了. 适度的探索也可以说明表达式 (3.8) 是有局限性的.

首先注意到候选多项式 $P(x, y)$ 是 6 次的, 所以所有多项式 Q_k 不能超过 3 次. 取 $y = 0$, 可得

$$1 = P(x, 0) = Q_1^2(x, 0) + Q_2^2(x, 0) + \cdots + Q_s^2(x, 0),$$

取 $x = 0$, 有

$$1 = P(0, y) = Q_1^2(0, y) + Q_2^2(0, y) + \cdots + Q_s^2(0, y),$$

所以单变量多项式 $Q_k^2(x, 0)$ 和 $Q_k^2(0, y)$ 一定是有界的. 从这一观察和任一多项式 $Q_k(x, y)$ 不超过 3 次的事实中, 可以发现它一定是如下形式:

$$Q_k(x, y) = a_k + b_k xy + c_k x^2 y + d_k xy^2, \qquad (3.9)$$

其中 a_k, b_k, c_k 和 d_k 为常数.

闵可夫斯基的猜想现在即将瓦解; 我们只需给予最后一击. 回顾我们的选择 $P(x, y)$, 可发现它的惊人特性: 它的所有系数, 除了 $x^2 y^2$ 前的系数为 -3 之外, 其他都是非负的. 这一观察暗示我们应该关注 $x^2 y^2$ 在和式 $Q_1^2(x, y) + Q_2^2(x, y) + \cdots + Q_s^2(x, y)$ 中的可能取值.

我们有了真正的运气. 利用 $Q_k(x, y)(1 \leqslant k \leqslant s)$ 的显式表达 (3.9), 可以简单地验证 $x^2 y^2$ 在多项式 $Q_1^2(x, y) + Q_2^2(x, y) + \cdots + Q_s^2(x, y)$ 中的系数就是 $b_1^2 + b_2^2 + \cdots + b_s^2$. 因为这个和是非负的, 它不可能等于 -3, 因而非负多项式 $P(x, y)$ 无法写成实多项式的平方和的形式. 非常出乎意料地, AM–GM 不等式成功地引导我们证明了闵可夫斯基猜想.

对闵可夫斯基猜想的展望

对拉格朗日恒等式的探索启发我们研究闵可夫斯基猜想. 我们又充分利用 AM-GM 不等式证明了闵可夫斯基猜想. 这是一个合乎逻辑、有启发性的方法. 不过, 它偏离了历史真相, 可能会留下错误的印象.

尚不完全清楚是什么引导闵可夫斯基提出了他的猜想, 但最有可能是因为他最初关注的数论方面的结论, 例如拉格朗日的经典定理: 每个自然数都可以写成四个或更少的完全平方数之和. 最终, 闵可夫斯基把他的猜想带给了大卫·希尔伯特 (David Hilbert, 1862 − 1943). 1888 年, 希尔伯特发表了不能写成实多项式的平方和的非负多项式的存在性的证明. 希尔伯特的证明冗长、精细且不直接.

1967 年, 在希尔伯特证明这种多项式的存在性之后大约八十年, T. S. Motzkin 发现了第一个不能表示为实多项式的平方和的非负多项式的具体例子. 他正是使用了这里描述的同样的 AM–GM 技巧.

希尔伯特第十七问题

1900 年, 在巴黎召开的第二届国际数学家大会上, 希尔伯特做了被认为是有史以来最重要的数学演讲. 在演讲中, 他提出了 23 个他认为在 20 世纪破晓之际值得全世界数学家们关注的问题. 问题的选择非常广泛, 对过去一百多年的数学发展产生了深远的影响.

希尔伯特的伟大列表中的第十七问题直接来自闵可夫斯基猜想, 在这个问题中希尔伯特问是否每个 n 元非负多项式都可以表示成多项式之比的平方和的形式. 对闵可夫斯基问题的这一修改产生了截然不同的情形. 1927 年, 埃米尔·阿廷 (Emil Artin) 肯定地回答了希尔伯特的问题. 阿廷解决希尔伯特第十七问题的方法被公认为近世代数王冠上的一颗明珠.

练习

习题 3.1 (通向发现的三角学路径) 只需用乘法就可以证明丢番图恒等式

$$(a_1 b_1 + a_2 b_2)^2 = (a_1^2 + a_2^2)(b_1^2 + b_2^2) - (a_1 b_2 - a_2 b_1)^2. \tag{3.10}$$

但乘法不能揭示这个恒等式是如何被发现的.

请用图 3.1 所提示的富有创造性的方法证明丢番图恒等式是通常归功于毕达哥拉斯 (大约公元前 497 年) 的定理——所有定理中最伟大的定理之一——的推论.

习题 3.2 (婆罗摩笈多恒等式) 婆罗摩笈多 (Brahmagupta, 大约公元 600 年) 提出过如下恒等式: 对任意整数 D, 设 $a, b \in \mathbb{Z}$, 则形如 $a^2 - Db^2$ 的两个整数的乘积一定

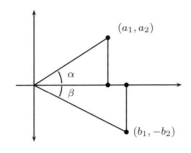

从经典等式
$$1 = \cos^2(\alpha+\beta) + \sin^2(\alpha+\beta)$$
可以推出 $(a_1^2 + a_2^2)(b_1^2 + b_2^2)$ 等于
$(a_1 b_1 + a_2 b_2)^2 + (a_1 b_2 - a_2 b_1)^2$.

图 3.1　虽然丢番图恒等式 (3.10) 和毕达哥拉斯定理分别来自代数与几何, 但如果能被恰当地认识, 可被视为一对异卵双胞胎.

也是这样的形式. 更确切地说, 婆罗摩笈多恒等式称

$$(a^2 - Db^2)(\alpha^2 - D\beta^2) = (a\alpha + Db\beta)^2 - D(a\beta + \alpha b)^2.$$

(a) 使用两种不同的方法计算如下乘积

$$(a + b\sqrt{D})(a - b\sqrt{D})(\alpha + \beta\sqrt{D})(\alpha - \beta\sqrt{D})$$

来证明婆罗摩笈多恒等式. 计算过程可能比你设想的更加有趣.

(b) 你能修改婆罗摩笈多恒等式的证明方法以给出丢番图恒等式 (3.10) 的另外证明吗?

习题 3.3 (拉格朗日恒等式的连续类比)　作为热身, 写出并证明拉格朗日恒等式的一个连续版本的类比. 然后, 证明你的恒等式可以推出施瓦茨不等式, 最后用你的恒等式推出等号成立的充要条件.

习题 3.4 (柯西插值)　证明对任意 $0 \leqslant x \leqslant 1$ 以及任意实向量对 $(a_1, a_2, \ldots, a_n)$ 和 $(b_1, b_2, \ldots, b_n)$,

$$\left\{ \sum_{j=1}^{n} a_j b_j + x \sum_{1 \leqslant j < k \leqslant n} (a_j b_k + a_k b_j) \right\}^2$$

有上界

$$\left\{ \sum_{j=1}^{n} a_j^2 + 2x \sum_{1 \leqslant j < k \leqslant n} a_j a_k \right\} \left\{ \sum_{j=1}^{n} b_j^2 + 2x \sum_{1 \leqslant j < k \leqslant n} b_j b_k \right\}. \tag{3.11}$$

这个不等式的迷人之处在于当 $x = 0$ 时它就是柯西不等式, 当 $x = 1$ 时它就是代数恒等式

$$\left\{ (a_1 + a_2 + \cdots + a_n)(b_1 + b_2 + \cdots + b_n) \right\}^2$$
$$= (a_1 + a_2 + \cdots + a_n)^2 (b_1 + b_2 + \cdots + b_n)^2.$$

因此, 我们得到了两个已知结论之间的插值不等式.

习题 3.5 (单调性和比例不等式)   设 $f : [0,1] \to (0,\infty)$ 是非增的, 证明

$$\frac{\int_0^1 x f^2(x)\,dx}{\int_0^1 x f(x)\,dx} \leqslant \frac{\int_0^1 f^2(x)\,dx}{\int_0^1 f(x)\,dx}. \tag{3.12}$$

作为提示, 可以考虑从 $[0,1] \times [0,1]$ 上的双重积分开始证明拉格朗日型恒等式. 积分由单调性假设保证为非负.

习题 3.6 (乘积之差的单调性)   设 $0 \leqslant a_1 \leqslant a_2 \leqslant \cdots$ 和 $0 \leqslant b_1 \leqslant b_2 \leqslant \cdots$ 为一对单调序列, 定义

$$D_n = n \sum_{j=1}^n a_j b_j - \sum_{j=1}^n a_j \sum_{j=1}^n b_j, \qquad n = 1, 2, \dots. \tag{3.13}$$

证明 D_n 也是单调不降的; 也就是说, 对任意整数 $n = 0, 1, \dots,$ 有 $D_n \leqslant D_{n+1}$.

习题 3.7 (利用极化证明四字母恒等式)   对任意实数 a_j, b_j, s_j 和 t_j, $1 \leqslant j \leqslant n$, 比内 (Binet) 和柯西两人曾独立发现如下恒等式:

$$\sum_{j=1}^n a_j s_j \sum_{j=1}^n b_j t_j - \sum_{j=1}^n a_j t_j \sum_{j=1}^n b_j s_j = \sum_{1 \leqslant j < k \leqslant n} (a_j b_k - b_j a_k)(s_j t_k - s_k t_j).$$

它是拉格朗日恒等式的推广, 这只要令 $s_j = b_j$ 和 $t_j = a_j$ 就可验证. 但更有料的是知道柯西－比内恒等式是相对更简单的拉格朗日恒等式的推论.

事实上, 如果知道利用极化变换

$$f(u) \mapsto \frac{1}{4}\big\{ f(u+v) - f(u-v) \big\},$$

就能明白计算过程十分直接. 这个变换将函数 $u \mapsto u^2$ 变成二元函数 $(u,v) \mapsto uv$. 用它可以魔幻般地把恒等式中的平方项替换成乘积项.

为明白这一点, 我们来验证四变量恒等式可由双变量拉格朗日恒等式经过连续极化变换推导出来. 为使计算更简洁, 可考虑使用简写记号

$$\begin{vmatrix} \alpha & \beta \\ \gamma & \delta \end{vmatrix} \equiv \alpha\delta - \beta\gamma. \tag{3.14}$$

根据定义 (3.14), 容易验证如下等式:

$$\begin{vmatrix} \alpha + \alpha' & \beta \\ \gamma + \gamma' & \delta \end{vmatrix} = \begin{vmatrix} \alpha & \beta \\ \gamma & \delta \end{vmatrix} + \begin{vmatrix} \alpha' & \beta \\ \gamma' & \delta \end{vmatrix}. \tag{3.15}$$

这里的简写记号实际上是 2×2 矩阵的行列式, 但除了明显的关系式 (3.14) 和 (3.15), 无须对这一简写了解更多就可解决这个问题.

习题 3.8 (Milne **和比例的测量**)　　已知下式

$$Q = \frac{1}{2} \sum_{i=1}^{n} \sum_{j=1}^{n} (a_i b_j - a_j b_i)^2$$

给出了向量对 $(a_1, a_2, \ldots, a_n)$ 和 $(b_1, b_2, \ldots, b_n)$ 的比例的自然测量. 还可以思考其他合理的比例测量. 例如, 可以将注意力集中到分量为正的向量, 那就可以恰当地使用归一化的和

$$R = \frac{1}{2} \sum_{i=1}^{n} \sum_{j=1}^{n} \frac{(a_i b_j - a_j b_i)^2}{(a_i + b_i)(a_j + b_j)}. \tag{3.16}$$

建立一个包含 R 的恒等式, 并用它来证明如下 E. A. Milne 的不等式:

$$\left\{ \sum_{j=1}^{n} (a_j + b_j) \right\} \left\{ \sum_{j=1}^{n} \frac{a_j b_j}{a_j + b_j} \right\} \leqslant \left\{ \sum_{j=1}^{n} a_j \right\} \left\{ \sum_{j=1}^{n} b_j \right\}. \tag{3.17}$$

最后, 用你的恒等式证明不等式 (3.17) 中的等号成立当且仅当向量 $(a_1, a_2, \ldots, a_n)$ 和 $(b_1, b_2, \ldots, b_n)$ 是成比例的. 顺便提一句, 不等式 (3.17) 由 Milne 在 1925 年提出, 起初是为了解释恒星辐射测量中的固有偏差.

第四章 几何与平方和

约翰·冯·诺伊曼曾说:"在数学里你从来不是试图理解事物, 你只要习惯它们就好了. "现在 n 维空间的概念已是数学课程中的基础知识, 很少有人觉得它特别神秘; 然而, 前辈们却并不总是这样认为的. 显然, $\mathbb{R}^2$ 和 $\mathbb{R}^3$ 上的勾股定理很容易推广到 $\mathbb{R}^d$ 中的任何两点 $\mathbf{x} = (x_1, x_2, \ldots, x_d)$ 和 $\mathbf{y} = (y_1, y_2, \ldots, y_d)$ 之间的距离 $\rho(\mathbf{x}, \mathbf{y})$:

$$\rho(\mathbf{x}, \mathbf{y}) = \sqrt{(y_1 - x_1)^2 + (y_2 - x_2)^2 + \cdots + (y_d - x_d)^2}. \tag{4.1}$$

尽管我们对这个公式很面熟, 但它仍然保留着些许秘密. 尤其是有很多人对将这个公式最好视为定理还是定义仍持谨慎态度.

在适当的准备之后, 这两种观点都可以支持, 虽然其中阻力最小的路径当然是把公式 $\rho(\mathbf{x}, \mathbf{y})$ 看作 $\mathbb{R}^d$ 中欧氏距离的定义. 这是一种浮士德式交易.

首先, 如此定义使得勾股定理 (毕达哥拉斯定理) 平淡乏味, 看到这个有许多证明的朋友被如此不体面地对待, 我们或许有点沮丧. 其次, 需要验证这个 $\mathbb{R}^d$ 中的距离的定义满足了距离函数所要求的最低标准; 尤其要验证 ρ 满足所谓的三角不等式. 幸运的是柯西不等式将帮助我们完成这个任务. 最后, 需要检验我们的直觉的边界. 我们关于 $\mathbb{R}^2$ 和 $\mathbb{R}^3$ 的经验是强有力的引导, 但也可能产生误导, 最好对显然的、不显然的东西都持怀疑态度.

我们将从第三个任务开始, 它有点像餐前甜点. 引导我们的问题是在如图 4.1 所示的圆排列的帮助下形成的. 如图所示 $5 = 2^2 + 1$ 个圆的简单排列不足以提出任何严肃的问题, 但它的 d 维类比可以检验我们的直觉.

$\mathbb{R}^d$ 中的一个排列

考虑如下排列: 设有 2^d 个点, 每个点用 $\mathbf{e} = (e_1, e_2, \ldots, e_d)$ 表示, 其中 $e_k = 1$ 或 $e_k = -1, 1 \leqslant k \leqslant d$, $S_{\mathbf{e}}$ 是以 $\mathbf{e}$ 为中心的单位球面. 每一个这样的球面都被包含于立方体 $[-2, 2]^d$ 中, 为填满这个图, 我们在原点处放一个球面 $\mathcal{S}(d)$, 它有使之不与原始 2^d 个单位球面中的任何一个的内部相交的最大半径. 我们提出一个一般人不会考虑的问题.

问题 4.1 (跳出箱子的思考) 对任意 $d \geqslant 2$, 中心球面 $\mathcal{S}(d)$ 是否都包含在立方体 $[-2, 2]^d$ 内部?

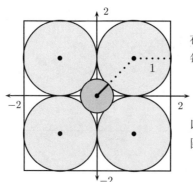

在 $\mathbb{R}^2$ 上, 在正方形 $[-2,2]^2$ 的每个象限中各放置一个单位圆.

以原点为圆心放置一个与其他圆不重叠的有最大半径的圆.

图 4.1   在 $[-2,2]^2$ 中 $5 = 2^2 + 1$ 个圆的排列有一个自然的推广, 即在 $[-2,2]^d$ 中 $2^d + 1$ 个球的排列. 这个推广的排列带来了一个令人疑惑、甚至有些愚蠢的问题. 对任意 d, 中心球在 $[-2,2]^d$ 的内部吗?

提出这个问题是让我们警惕, 不应该相信直觉. 如果完全依赖于直观, 则 $\mathcal{S}(d)$ 可能会超出立方体 $[-2,2]^d$ 这一说法甚至显得很愚蠢. 然而, 我们的视觉想象主要源于我们关于 $\mathbb{R}^2$ 和 $\mathbb{R}^3$ 的经验, 这一直觉在 $\mathbb{R}^d$ $(d \geqslant 4)$ 很容易让我们失败. 相反, 计算才是我们的指南.

首先注意到对 2^d 个球面中的每一个球面, 其相应的中心点 $\mathbf{e}$ 与原点的距离为 $\sqrt{d}$. 因为每一个球的半径为 1, 通过相减可知中心球 $\mathcal{S}(d)$ 的半径等于 $\sqrt{d} - 1$. 因此, 当 $d \geqslant 10$ 时 $\sqrt{d} - 1 > 2$, 中心球面确实超出了立方体 $[-2,2]^d$. 实际上, 当 $d \to \infty$, 嵌于立方体内部的球的体积所占的比例甚至以指数速度收敛到 0.

细化直观——直面局限

如果与朋友们分享这个例子, 经常会听到短暂的惊叹, 但迟早会有人说: "为什么我们会认为这是令人惊讶的呢? 只要看 $\mathbf{e} = (e_1, e_2, \ldots, e_d)$ 离原点有多远! 这一点也不奇怪……"这样的观察表明, 经过一番计算, 我们很快 (几乎是下意识地) 就能修正我们的直觉. 但如果仅以其外在价值接受这样的评论, 就容易过度满足于物理直觉的真实局限.

最后, 或许可以从飞行员那里得到启发, 他们训练自己依靠仪器设备而非身体感知来安全飞越云层. 处理 $\mathbb{R}^d$ $(d \geqslant 4)$ 中的问题, 可以从 $\mathbb{R}^2$ 和 $\mathbb{R}^3$ 的类比中受益匪浅, 但最终必须依靠计算而非视觉想象.

满足最低要求

图 4.1 中的例子说明直觉是容易犯错的, 但即使是计算也需要方向. 获得帮助的一种方法是将问题简化为最简单的形式, 同时尽力保持其本质特征. 通过依靠少数规则或者公理表达所必须满足的最低要求, 复杂的模型常常可归结为更简单的抽象模型. 通

过这种方法, 我们希望能够消除过度活跃的想象力带来的影响, 同时保持适度控制.

下一个挑战问题是验证欧氏距离 (4.1) 怎样通过这样的逻辑筛. 为此, 考虑集合 S 和函数 $\rho : S \times S \to \mathbb{R}$, 函数 ρ 要满足如下四个性质:

  (i) 对 S 中任意 $\mathbf{x}, \mathbf{y}$, $\rho(\mathbf{x}, \mathbf{y}) \geqslant 0$,

  (ii) $\rho(\mathbf{x}, \mathbf{y}) = 0$ 当且仅当 $\mathbf{x} = \mathbf{y}$,

  (iii) 对 S 中任意 $\mathbf{x}, \mathbf{y}$, $\rho(\mathbf{x}, \mathbf{y}) = \rho(\mathbf{y}, \mathbf{x})$,

  (iv) 对 S 中任意 $\mathbf{x}, \mathbf{y}, \mathbf{z}$, $\rho(\mathbf{x}, \mathbf{y}) \leqslant \rho(\mathbf{x}, \mathbf{z}) + \rho(\mathbf{z}, \mathbf{y})$.

这些性质是把 $\rho(\mathbf{x}, \mathbf{y})$ 视为 S 中从 $\mathbf{x}$ 到 $\mathbf{y}$ 的距离时, $\rho(\cdot, \cdot)$ 所必须满足的最低要求. 满足这些性质的 (S, ρ) 称为度量空间, 这样的空间为研究仅依赖于距离的问题提供了最简单的设置.

一眼就能看出 (4.1) 所定义的欧氏距离 ρ 满足性质 (i) — (iii). 不那么明显的是 ρ 还满足性质 (iv). 下一个挑战问题就是证明这个事实. 这个问题很容易对付, 在求解过程中我们会发现三角不等式和柯西不等式之间简单的关系, 它把柯西不等式放到一个新的立足点上. 欧氏距离的公理化方法大大加深了我们对柯西不等式的直观理解.

问题 4.2 (欧氏距离下的三角不等式)　　证明由

$$\rho(\mathbf{x}, \mathbf{y}) = \sqrt{(y_1 - x_1)^2 + (y_2 - x_2)^2 + \cdots + (y_d - x_d)^2} \tag{4.2}$$

定义的函数 $\rho : \mathbb{R}^d \times \mathbb{R}^d \to \mathbb{R}$ 满足三角不等式

$$\rho(\mathbf{x}, \mathbf{y}) \leqslant \rho(\mathbf{x}, \mathbf{z}) + \rho(\mathbf{z}, \mathbf{y}), \qquad \mathbf{x}, \mathbf{y}, \mathbf{z} \in \mathbb{R}^d. \tag{4.3}$$

为解决这个问题, 首先注意到从 ρ 的定义 (4.2) 可知, 对任何 $\mathbf{w} \in \mathbb{R}^d$, 有平移性质 $\rho(\mathbf{x} + \mathbf{w}, \mathbf{y} + \mathbf{w}) = \rho(\mathbf{x}, \mathbf{y})$; 因此, 欲证三角不等式 (4.3), 只需证对 $\mathbb{R}^d$ 中所有 $\mathbf{u}$ 和 $\mathbf{v}$ 有

$$\rho(\mathbf{0}, \mathbf{u} + \mathbf{v}) \leqslant \rho(\mathbf{0}, \mathbf{u}) + \rho(\mathbf{u}, \mathbf{u} + \mathbf{v}) = \rho(\mathbf{0}, \mathbf{u}) + \rho(\mathbf{0}, \mathbf{v}). \tag{4.4}$$

在不等式两端同时取平方并利用定义 (4.2), 可见目标不等式 (4.3) 也等价于

$$\sum_{j=1}^{d} (u_j + v_j)^2 \leqslant \sum_{j=1}^{d} u_j^2 + 2\left(\sum_{j=1}^{d} u_j^2\right)^{1/2} \left(\sum_{j=1}^{d} v_j^2\right)^{1/2} + \sum_{j=1}^{d} v_j^2,$$

而上式可以简化为与之等价的不等式

$$\sum_{j=1}^{d} u_j v_j \leqslant \left(\sum_{j=1}^{d} u_j^2\right)^{1/2} \left(\sum_{j=1}^{d} v_j^2\right)^{1/2}.$$

因此, 我们最终证明了欧氏距离下的三角不等式等价于柯西不等式.

一些记号与适度推广

借助标准内积 $\langle \mathbf{u}, \mathbf{v} \rangle = u_1 v_1 + u_2 v_2 + \cdots + u_d v_d$, 可以将 ρ 的定义 (4.2) 大大简化. 不同于 (4.2), 可以将其简写成 $\rho(\mathbf{x}, \mathbf{y}) = \langle \mathbf{y} - \mathbf{x}, \mathbf{y} - \mathbf{x} \rangle^{\frac{1}{2}}$. 这个观察允许我们将欧氏距离推广. 这样的推广具有深远的影响.

为使推广的逻辑保持一定顺序, 我们从一个形式定义开始. 设 V 为一实向量空间, 如 $\mathbb{R}^d$, 我们称从 V 到 $\mathbb{R}^+$ 的函数 $\| \cdot \| : v \mapsto \|v\|$ 为 V 上的一个范数, 如果它满足下列条件: 设 $\mathbf{u}, \mathbf{v}$ 是 V 中任意向量, α 为任意实数, 则

(i) $\|\mathbf{v}\| = 0$ 当且仅当 $\mathbf{v} = \mathbf{0}$,

(ii) $\|\alpha \mathbf{v}\| = |\alpha| \|\mathbf{v}\|$,

(iii) $\|\mathbf{u} + \mathbf{v}\| \leqslant \|\mathbf{u}\| + \|\mathbf{v}\|$.

若 V 为向量空间且 $\| \cdot \|$ 是 V 中的范数, 则称 $(V, \| \cdot \|)$ 为 赋范线性空间. 我们可以重复之前的论证方法来建立两个相关但逻辑上独立的观察:

(I) 设 $(V, \langle \cdot, \cdot \rangle)$ 为内积空间, 则 $\|\mathbf{v}\| = \langle \mathbf{v}, \mathbf{v} \rangle^{\frac{1}{2}}$ 是 V 上的一个范数. 因此, 我们可以把任何内积空间 $(V, \langle \cdot, \cdot \rangle)$ 与一个自然的赋范线性空间 $(V, \| \cdot \|)$ 联系起来.

(II) 设 $(V, \| \cdot \|)$ 为赋范线性空间, 则 $\rho(\mathbf{x}, \mathbf{y}) = \|\mathbf{x} - \mathbf{y}\|$ 定义了 V 上的一个度量. 因此, 可以把任何赋范线性空间与一个自然的度量空间 $(V, \rho(\cdot, \cdot))$ 联系起来.

应当注意到, 内积空间、赋范线性空间和度量空间这三种概念在广泛性上是严格增的. 只有 $\mathbf{x}$ 和 $\mathbf{y}$ 两个点的空间 S 是一个度量空间, 其中 ρ 由 $\rho(\mathbf{x}, \mathbf{x}) = \rho(\mathbf{y}, \mathbf{y}) = 0$ 和 $\rho(\mathbf{x}, \mathbf{y}) = 1$ 所定义, 但它不是内积空间——集合 S 甚至连向量空间都不是. 在后面的第九章, 我们还会碰到不是内积空间的赋范线性空间.

有多少直观?

有一个古老的 (可能是杜撰的) 故事. 有一次上课, 大卫·希尔伯特在黑板上写下一行字并说:"显然……"之后希尔伯特停下来想了一会儿. 他明显感到困惑, 甚至离开教室, 经过一段令人尴尬的时间后才回来. 当希尔伯特继续上课时, 他又说:"显然……"

学数学的学生任务之一就是分清哪些问题是显然的, 哪些不是. 奇怪的是, 这并不总是一件简单的事. 如果我们问自己 $\mathbb{R}^d$ 上的三角不等式在 $d \geqslant 4$ 时是不是显然的, 我们可能会面临类似于希尔伯特所困惑的情形.

经对角线斜穿公园的小朋友对 $\mathbb{R}^2$ 上的三角不等式的本质有直观的理解. 每一个熟悉 $\mathbb{R}^d$ 的人都知道, 探究 $\mathbb{R}^d$ $(d \geqslant 3)$ 中 3 个点的关系, 实际上是在一个包含这些点的平面上提这个问题. 这些观察结果表明 $\mathbb{R}^d$ 中的三角不等式成立.

欧氏空间 $\mathbb{R}^d$ 上的三角不等式确实是正确的, 所以我们无法轻易反驳那些说它显而易见的人的说法. 然而, 与分析相比, 代数具备独特的处理方法, 我们已经从图 4.1 了解到我们关于 $\mathbb{R}^3$ 的经验可能会误导我们, 或者说暂时会误导我们. 有时问题比答案更好. 三角不等式的显然性问题将贯穿于后续讨论中, 现在更紧迫的问题是理解一点到一条直线的距离.

最近点问题

设 $\mathbf{x} \neq \mathbf{0}$ 为 $\mathbb{R}^d$ 中任意一点, 过 $\mathbf{x}$ 和原点 $\mathbf{0} \in \mathbb{R}^d$ 有唯一一条直线 $\mathcal{L}$, 这条直线可以显式地表示为 $\mathcal{L} = \{t\mathbf{x} : t \in \mathbb{R}\}$. 最近点问题是, 对任意给定的点 $\mathbf{v} \in \mathbb{R}^d$, 要在直线 $\mathcal{L}$ 上找到一点, 使之与 $\mathbf{v}$ 的距离最近. 幸运的是, 最近点有显式公式计算. 借助于标准内积 $\langle \mathbf{v}, \mathbf{x} \rangle = v_1 w_1 + v_2 w_2 + \cdots + v_n w_n$, 这个公式可以干净利落地表示出来.

问题 4.3 (投影公式) 设 $\mathbf{v}, \mathbf{x} \in \mathbb{R}^d$, $\mathbf{x} \neq \mathbf{0}$, $P(\mathbf{v})$ 为直线 $\mathcal{L} = \{t\mathbf{x} : t \in \mathbb{R}\}$ 上最接近 $\mathbf{v}$ 的点. 证明

$$P(\mathbf{v}) = \mathbf{x} \frac{\langle \mathbf{x}, \mathbf{v} \rangle}{\langle \mathbf{x}, \mathbf{x} \rangle}. \tag{4.5}$$

点 $P(\mathbf{v}) \in \mathcal{L}$ 称为 $\mathbf{v}$ 在 $\mathcal{L}$ 上的投影, 表示 $P(\mathbf{v})$ 的公式 (4.5) 在统计学、工程和数学上有许多应用. 熟悉此公式证明的读者应该挑战自己寻找新的证明. 投影公式 (4.5) 实际上很好证明. 微积分、代数学, 以及只用到柯西不等式与聪明的猜测的直接论证, 都可以成功推出这个公式.

逻辑选择

代数证明非常初等, 但较不常见, 因此, 对我们来说, 它似乎是一个逻辑上的选择. 为找到 $t \in \mathbb{R}$ 使 $\rho(\mathbf{v}, t\mathbf{x})$ 最小化, 可以直接尝试最小化其平方

$$\rho^2(\mathbf{v}, t\mathbf{x}) = \langle \mathbf{v} - t\mathbf{x}, \mathbf{v} - t\mathbf{x} \rangle.$$

这样做的好处是它是关于 t 的二次多项式. 回顾之前处理类似多项式的经验, 我们一定会想到将平方展开, 展开之后可得

$$\begin{aligned}
\langle \mathbf{v} - t\mathbf{x}, \mathbf{v} - t\mathbf{x} \rangle &= \langle \mathbf{v}, \mathbf{v} \rangle - 2t\langle \mathbf{v}, \mathbf{x} \rangle + t^2 \langle \mathbf{x}, \mathbf{x} \rangle \\
&= \langle \mathbf{x}, \mathbf{x} \rangle \left(t^2 - 2t \frac{\langle \mathbf{v}, \mathbf{x} \rangle}{\langle \mathbf{x}, \mathbf{x} \rangle} + \frac{\langle \mathbf{v}, \mathbf{v} \rangle}{\langle \mathbf{x}, \mathbf{x} \rangle} \right) \\
&= \langle \mathbf{x}, \mathbf{x} \rangle \left\{ \left(t - \frac{\langle \mathbf{v}, \mathbf{x} \rangle}{\langle \mathbf{x}, \mathbf{x} \rangle} \right)^2 + \frac{\langle \mathbf{v}, \mathbf{v} \rangle}{\langle \mathbf{x}, \mathbf{x} \rangle} - \frac{\langle \mathbf{v}, \mathbf{x} \rangle^2}{\langle \mathbf{x}, \mathbf{x} \rangle^2} \right\}.
\end{aligned}$$

最终, 我们看到 $\rho^2(\mathbf{v}, t\mathbf{x})$ 有很好的表示

$$\langle \mathbf{x}, \mathbf{x} \rangle \left\{ \left(t - \frac{\langle \mathbf{v}, \mathbf{x} \rangle}{\langle \mathbf{x}, \mathbf{x} \rangle} \right)^2 + \frac{\langle \mathbf{v}, \mathbf{v} \rangle \langle \mathbf{x}, \mathbf{x} \rangle - \langle \mathbf{v}, \mathbf{x} \rangle^2}{\langle \mathbf{x}, \mathbf{x} \rangle^2} \right\}. \tag{4.6}$$

从这个公式可以一目了然地看到, 若取 $t = \langle \mathbf{v}, \mathbf{x} \rangle / \langle \mathbf{x}, \mathbf{x} \rangle$, 则 $\rho(\mathbf{v}, t\mathbf{x})$ 被最小化, 它正好和投影公式 (4.5) 一致, 这就解答了挑战问题.

意外的推论——柯西–施瓦茨不等式

在公式 (4.6) 中取 $t = \langle \mathbf{v}, \mathbf{x} \rangle / \langle \mathbf{x}, \mathbf{x} \rangle$, 可得

$$\min_{t \in \mathbb{R}} \rho^2(\mathbf{v}, t\mathbf{x}) = \frac{\langle \mathbf{v}, \mathbf{v} \rangle \langle \mathbf{x}, \mathbf{x} \rangle - \langle \mathbf{v}, \mathbf{x} \rangle^2}{\langle \mathbf{x}, \mathbf{x} \rangle}. \tag{4.7}$$

这给我们的计算带来了一些意外的好处. 等式 (4.7) 左边显然非负, 因此右边的分子必定也是正的, 这一观察结果给出了柯西–施瓦茨不等式的另一个证明.

公式 (4.7) 还有其他两个好处. 首先, 它给出了 $\langle \mathbf{v}, \mathbf{v} \rangle \langle \mathbf{x}, \mathbf{x} \rangle - \langle \mathbf{v}, \mathbf{x} \rangle^2$ 的几何解释. 其次, 它让我们一眼看出 $\langle \mathbf{v}, \mathbf{v} \rangle \langle \mathbf{x}, \mathbf{x} \rangle = \langle \mathbf{v}, \mathbf{x} \rangle^2$ 成立当且仅当 $\mathbf{v}$ 是直线 $\mathcal{L} = \{t\mathbf{x} : t \in \mathbb{R}\}$ 上的点, 这正是我们早先确定的柯西–施瓦茨不等式中等号成立条件的简单几何解释.

如何猜测投影公式

内积空间 $(V, \langle \cdot, \cdot \rangle)$ 的两个元素 $\mathbf{x}$ 和 $\mathbf{y}$ 若满足 $\langle \mathbf{x}, \mathbf{y} \rangle = 0$, 则称它们是正交的. 不难验证, 若 $\langle \cdot, \cdot \rangle$ 是 $\mathbb{R}^2$ 或 $\mathbb{R}^3$ 上的标准内积, 则正交这个稍微抽象的概念对应于欧氏几何中常见的正交, 或说垂直. 如果把这个抽象定义与我们对 $\mathbb{R}^2$ 的直观理解相结合, 几乎不需要计算, 就能对投影 $P(\mathbf{v})$ 的公式做出令人信服的猜测.

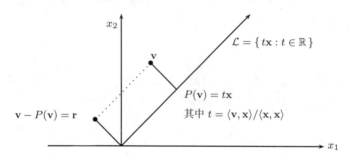

图 4.2 直线 $\mathcal{L}$ 上与点 $\mathbf{v} \in \mathbb{R}^d$ 最接近的点是 $P(\mathbf{v})$, 称之为 $\mathbf{v}$ 在 $\mathcal{L}$ 上的投影. 通过计算, 或完全平方展开, 或直接应用柯西不等式, 可以证明 $P(\mathbf{v}) = \mathbf{x}\langle \mathbf{x}, \mathbf{v} \rangle / \langle \mathbf{x}, \mathbf{x} \rangle$. 一种描述投影 $P(\mathbf{v})$ 的方式如下: 它是 $\mathcal{L}$ 上使 $\mathbf{r} = \mathbf{v} - P(\mathbf{v})$ 与确定直线 $\mathcal{L}$ 的向量 $\mathbf{x}$ 正交的唯一点.

例如, 利用图 4.2 所示的几何直观, "显然"(又是这个狡猾的词!), 要 t 使得 $P(\mathbf{v})$ 是 $\mathcal{L}$ 上最接近 $\mathbf{v}$ 的点, 就要选择 t 使得过 $P(\mathbf{v})$ 和 $\mathbf{v}$ 的直线与直线 $\mathcal{L}$ 正交. 用符号表示, 这意味着要选择 t 使得

$$\langle \mathbf{x}, \mathbf{v} - t\mathbf{x} \rangle = 0 \quad \text{或} \quad t = \langle \mathbf{x}, \mathbf{v} \rangle / \langle \mathbf{x}, \mathbf{x} \rangle.$$

我们已经知道, 这是投影公式 (4.5) 中 t 的值, 所以——至少在这一次——直观给了我们很好的指导.

如果愿意, 我们甚至可将这个猜测变为一个证明. 我们可以使用柯西不等式来证明猜测出的 t 实际上是最优的. 这个证明为我们提供了投影公式的第二个在逻辑上独立的推导. 这是一个很好的习题, 但看起来直接奔向更难的挑战更好.

反射和线性型的乘积

投影公式与最近点问题为我们提供了重要的新视角, 但最终我们想知道它们对发现和证明有用的不等式这个主要任务有何裨益. 在下一个挑战问题中, 我们通过提出一个巧妙的不等式回答了这个问题. 如果没有 $\mathbb{R}^n$ 中的几何图形带给我们的启示, 或许很难发现 (或证明) 这个不等式.

问题 4.4 (两个线性型乘积的不等式)   证明对任何实数 u_j, v_j 和 x_j, $1 \leqslant j \leqslant n$, 两个线性型的乘积有如下上界

$$\sum_{j=1}^n u_j x_j \sum_{j=1}^n v_j x_j \leqslant \frac{1}{2} \left\{ \sum_{j=1}^n u_j v_j + \left(\sum_{j=1}^n u_j^2 \right)^{1/2} \left(\sum_{j=1}^n v_j^2 \right)^{1/2} \right\} \sum_{j=1}^n x_j^2. \tag{4.8}$$

上述不等式的迷人之处在于它借助两个和得到了比应用两次柯西不等式于各个乘积所得的不等式更优的不等式. 事实上, 当 $\langle \mathbf{u}, \mathbf{v} \rangle \leqslant 0$ 时, 新的不等式至少有一个因子 $\frac{1}{2}$ 的好处. 此外, 即使 $\mathbf{u} = (u_1, u_2, \ldots, u_n)$ 和 $\mathbf{v} = (v_1, v_2, \ldots, v_n)$ 成比例, 不等式 (4.8) 也优于由柯西不等式推出的不等式. 因此, 新的不等式 (4.8) 在我们需要估计两个和的乘积时给出了双赢的局面.

证明的基础

这一次我们将采用间接法处理问题. 我们先设法加深对直线上的投影的几何图形理解. 由图 4.2 可见, 到直线 $\mathcal{L} = \{ t\mathbf{x} : t \in \mathbb{R} \}$ 上的投影 P 必定满足不等式

$$\|P(\mathbf{v})\| \leqslant \|\mathbf{v}\|, \qquad \mathbf{v} \in \mathbb{R}^d. \tag{4.9}$$

我们甚至希望不等式在这里严格成立, 除非 $\mathbf{v} \in \mathcal{L}$. 实际上, 由投影公式 (4.5) 和柯西不等式易证不等式 (4.9):

$$\|P(\mathbf{v})\| = \left\| \mathbf{x} \frac{\langle \mathbf{x}, \mathbf{v} \rangle}{\langle \mathbf{x}, \mathbf{x} \rangle} \right\| = \frac{1}{\|\mathbf{x}\|} |\langle \mathbf{x}, \mathbf{v} \rangle| \leqslant \|\mathbf{v}\|.$$

从投影到反射

如图 4.3 所示, 在考虑点 $\mathbf{v}$ 关于直线 $\mathcal{L}$ 的反射时我们也面临类似的情形. 形式上, 点 $\mathbf{v}$ 关于直线 $\mathcal{L}$ 的反射是由公式 $R(\mathbf{v}) = 2P(\mathbf{v}) - \mathbf{v}$ 所定义的点 $R(\mathbf{v})$. 在某些方面, 反射 $R(\mathbf{v})$ 是比投影 $P(\mathbf{v})$ 更自然的概念. 由图 4.2, 可以猜测映射 $R : V \to V$ 具有保长性:

$$\|R(\mathbf{v})\| = \|\mathbf{v}\|, \qquad \mathbf{v} \in \mathbb{R}^d. \tag{4.10}$$

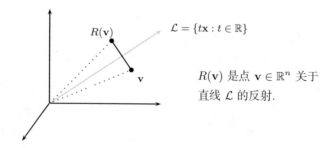

图 4.3 将 $\mathbf{v}$ 关于直线 $\mathcal{L}$ 作反射可以得到新的点 $R(\mathbf{v})$, 这个点到原点的距离和 $\mathbf{v}$ 到原点距离一样. 形式上, $\mathbf{v}$ 的反射是由公式 $R(\mathbf{v}) = 2P(\mathbf{v}) - \mathbf{v}$ 定义的点 $R(\mathbf{v})$. 可以利用投影公式证明 $\|R(\mathbf{v})\| = \|\mathbf{v}\|$.

可以利用投影公式直接计算来证明这个恒等式, 但如果我们事先观察到一些 P 的一般性质, 计算过程才更有条理. 我们有很好的公式

$$\langle P(\mathbf{v}), P(\mathbf{v}) \rangle = \left\langle \frac{\langle \mathbf{x}, \mathbf{v} \rangle \mathbf{x}}{\|\mathbf{x}\|^2}, \frac{\langle \mathbf{x}, \mathbf{v} \rangle \mathbf{x}}{\|\mathbf{x}\|^2} \right\rangle = \frac{\langle \mathbf{x}, \mathbf{v} \rangle^2}{\|\mathbf{x}\|^2},$$

同时也有

$$\langle P(\mathbf{v}), \mathbf{v} \rangle = \left\langle \frac{\langle \mathbf{x}, \mathbf{v} \rangle \mathbf{x}}{\|\mathbf{x}\|^2}, \mathbf{v} \right\rangle = \frac{\langle \mathbf{x}, \mathbf{v} \rangle^2}{\|\mathbf{x}\|^2}.$$

综合这两个结果可得

$$\langle P(\mathbf{v}), P(\mathbf{v}) \rangle = \langle P(\mathbf{v}), \mathbf{v} \rangle.$$

这个有用的等式给出了反射 R 的保长 (或等距) 性的简洁证明: 只要将内积展开, 就很容易发现

$$\begin{aligned}
\|R(\mathbf{v})\|^2 &= \langle 2P(\mathbf{v}) - \mathbf{v}, 2P(\mathbf{v}) - \mathbf{v} \rangle \\
&= 4\langle P(\mathbf{v}), P(\mathbf{v}) \rangle - 4\langle P(\mathbf{v}), \mathbf{v} \rangle + \langle \mathbf{v}, \mathbf{v} \rangle \\
&= \langle \mathbf{v}, \mathbf{v} \rangle.
\end{aligned}$$

回到挑战问题

关于直线 $\mathcal{L} = \{t\mathbf{x} : t \in \mathbb{R}\}$ 的反射的几何很容易理解, 但有时与之相关的代数能带给我们惊喜. 例如, 将反射 R 的等距性与柯西－施瓦茨不等式相结合立即可以解答我们的挑战问题.

由柯西－施瓦茨不等式和反射 R 的等距性质, 有不等式

$$\langle R(\mathbf{u}), \mathbf{v} \rangle \leqslant \|R(\mathbf{u})\| \|\mathbf{v}\| \leqslant \|\mathbf{u}\| \|\mathbf{v}\|, \tag{4.11}$$

另一方面, 由 R 的定义以及投影公式可得等式

$$\langle R(\mathbf{u}), \mathbf{v} \rangle = \langle 2P(\mathbf{u}) - \mathbf{u}, \mathbf{v} \rangle = 2\langle P(\mathbf{u}), \mathbf{v} \rangle - \langle \mathbf{u}, \mathbf{v} \rangle$$
$$= 2\left\langle \frac{\langle \mathbf{x}, \mathbf{u} \rangle \mathbf{x}}{\|\mathbf{x}\|^2}, \mathbf{v} \right\rangle - \langle \mathbf{u}, \mathbf{v} \rangle$$
$$= \frac{2}{\|\mathbf{x}\|^2} \langle \mathbf{x}, \mathbf{u} \rangle \langle \mathbf{x}, \mathbf{v} \rangle - \langle \mathbf{u}, \mathbf{v} \rangle.$$

因此, 根据柯西 – 施瓦茨不等式和等距不等式 (4.11), 有

$$\frac{2}{\|\mathbf{x}\|^2} \langle \mathbf{x}, \mathbf{u} \rangle \langle \mathbf{x}, \mathbf{v} \rangle - \langle \mathbf{u}, \mathbf{v} \rangle \leqslant \|\mathbf{u}\|\|\mathbf{v}\|,$$

这个式子可以整理成更自然的形式:

$$\langle \mathbf{x}, \mathbf{u} \rangle \langle \mathbf{x}, \mathbf{v} \rangle \leqslant \frac{1}{2} (\langle \mathbf{u}, \mathbf{v} \rangle + \|\mathbf{u}\|\|\mathbf{v}\|) \|\mathbf{x}\|^2. \tag{4.12}$$

将内积取为 $\mathbb{R}^n$ 空间中的标准内积, 则不等式 (4.12) 恰为挑战问题中的不等式 (4.8).

因此, 几乎是偶然, 我们发现对称几何使我们可以对柯西不等式做新的、 有价值的加强. 这样的偶然是常见的, 它们组成了一条线索, 由这条线索, 舍赫拉查德 (Scheherazade) 可以讲述一千个童话, 它们的名字都是对称及其应用. 我们将回到这个主题, 但我们先从一种不同的几何中寻求不同的贡献.

光锥不等式

前面的例子展现了欧氏几何如何帮助我们深刻地理解不等式理论, 但古典欧氏几何并不是可以在这方面帮助我们的唯一工具. 其他几何或者几何模型也能发挥其作用.

一个特别吸引人的例子涉及爱因斯坦和闵可夫斯基著名的时空几何学. 我们不必了解这个模型的物理背景, 但为阐明动机, 需要回顾狭义相对论的一个基本原理: 没有任何东西的速度比光速快.

对空间进行尺度变换使得光速为 1, 上述原理告诉我们, 在时空中每一个可以对发生在原点和时间 0 处的事件有所了解的点 $\mathbf{x} = (t; x_1, x_2, \ldots, x_d)$ 必定满足不等式

$$\sqrt{x_1^2 + x_2^2 + \cdots + x_d^2} \leqslant t. \tag{4.13}$$

$\mathbb{R}^+ \times \mathbb{R}^d$ 中所有这样的点的集合 C 被称为闵可夫斯基光锥, 如图 4.4 所示.

洛伦兹乘积是我们唯一需要的较深概念, 它是光锥 C 中元素 $\mathbf{x} = (t; x_1, x_2, \ldots, x_d)$ 和 $\mathbf{y} = (u; y_1, y_2, \ldots, y_d)$ 的双线性型, 由如下公式定义:

$$[\mathbf{x}, \mathbf{y}] = tu - x_1 y_1 - x_2 y_2 - \cdots - x_d y_d. \tag{4.14}$$

这个二次型是由荷兰物理学家亨德里克·安东·洛伦兹 (Hendrick Antoon Lorentz, 1853 − 1928) 引入的, 他用它来简化狭义相对论中的一些公式, 对我们来说, 洛伦兹乘积的有趣之处在于它和柯西 – 施瓦茨不等式的关系. 洛伦兹乘积满足一个表面上与柯西 – 施瓦茨不等式很像的不等式, 除了一个特别值得注意的反转——不等号完全相反!

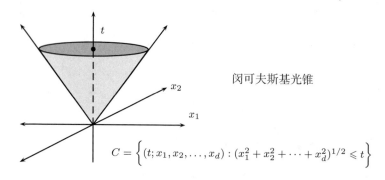

$$C = \left\{ (t; x_1, x_2, \ldots, x_d) : (x_1^2 + x_2^2 + \cdots + x_d^2)^{1/2} \leqslant t \right\}$$

图 4.4　闵可夫斯基光锥 C 是一个在时空 $\mathbb{R}^+ \times \mathbb{R}^d$ 中的人们可以对发生在原点和时间 0 处的事件有所了解的区域. 在这里, 时间做了尺度变化以使得光速为 1.

　　问题 4.5 (光锥不等式)　设 $\mathbf{x}$ 和 $\mathbf{y}$ 是 $\mathbb{R}^+ \times \mathbb{R}^d$ 中如图 4.4 所定义的光锥 C 中的点, 证明洛伦兹乘积满足不等式

$$[\mathbf{x}, \mathbf{x}]^{\frac{1}{2}} [\mathbf{y}, \mathbf{y}]^{\frac{1}{2}} \leqslant [\mathbf{x}, \mathbf{y}]. \tag{4.15}$$

　　进一步, 设 $\mathbf{x} = (t; x_1, x_2, \ldots, x_d)$, $\mathbf{y} = (u; y_1, y_2, \ldots, y_d)$, 则除非对所有 $1 \leqslant j \leqslant d$ 有 $ux_j = ty_j$, 不等式 (4.15) 严格成立.

一个计划的形成

　　如果柯西–施瓦茨大师课有期末考试, 光锥不等式是产生好问题的沃土. 我们可以使用任何适当的工具来证明光锥不等式——归纳法、AM–GM 不等式, 甚至拉格朗日型恒等式都可以起作用. 这里我们将探索一条偷懒的迂回途径, 这也是大多数数学家最喜欢的.

　　既然我们的目标是证明柯西–施瓦茨不等式的反转, 一个反常的想法就是设法反演施瓦茨的著名的多项式方法 (在第一章第 8 页有记述). 在施瓦茨的方法里, 我们构造了一个二次多项式, 观察它的根, 得出有关多项式系数的结论. 这正是我们要在这里尝试的办法, 但需要做一点必要的修改. 毕竟我们要的是关于系数的不同结论, 所以需要对根做不同的观察.

　　仿照施瓦茨的方法, 引入二次多项式

$$p(\lambda) = [\mathbf{x} - \lambda\mathbf{y}, \mathbf{x} - \lambda\mathbf{y}] = [\mathbf{x}, \mathbf{x}] - 2\lambda[\mathbf{x}, \mathbf{y}] + \lambda^2[\mathbf{y}, \mathbf{y}] \tag{4.16}$$

$$= (t - \lambda u)^2 - \sum_{j=1}^{d} (x_j - \lambda y_j)^2, \tag{4.17}$$

并观察它的根. 为避免平凡问题, 我们首先注意到如果 $t = 0$, 那么由假设 $\mathbf{x} =$

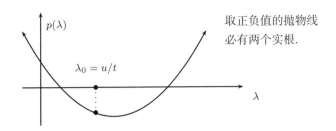

图 4.5　施瓦茨对柯西 – 施瓦茨不等式的证明利用了没有实根的多项式的系数的不等式; 相反, 闵可夫斯基的光锥不等式利用了人们在对有两个实根的二次多项式的研究中得到的信息.

$(t; x_1, x_2, \ldots, x_d) \in C$ 可知 $\mathbf{x} = \mathbf{0}$. 在这种情形下, 光锥不等式 (4.15) 平凡为真, 所以, 不失一般性, 假设 $t \neq 0$.

由柯西不等式及光锥的定义, C 中的时空向量 $\mathbf{x}$ 和 $\mathbf{y}$ 的空间分量 $(x_1, x_2, \ldots, x_d)$ 和 $(y_1, y_2, \ldots, y_d)$ 必定满足不等式

$$\sum_{k=1}^{d} x_k y_k \leqslant \left(\sum_{k=1}^{d} x_k^2 \right)^{\frac{1}{2}} \left(\sum_{k=1}^{d} y_k^2 \right)^{\frac{1}{2}} \leqslant tu.$$

利用洛伦兹乘积的语言, 这就是 $[\mathbf{x}, \mathbf{y}] \geqslant 0$. 此外, 可见当 $[\mathbf{x}, \mathbf{x}] = 0$ 或 $[\mathbf{y}, \mathbf{y}] = 0$ 时光锥不等式平凡为真. 因此, 不失一般性, 可以假设这两个洛伦兹乘积都非零.

现在已经准备好进行主要的论证. 对 $u \neq 0$, 设 $\lambda_0 = t/u$, 则展开的多项式 (4.17) 的第一个和项被消去了. 接着我们发现 (i) 对任何 $1 \leqslant j \leqslant d$, 有 $u x_j = t y_j$, 否则 (ii) $p(\lambda_0) < 0$. 在第一种情形, 如挑战问题所提到的那样, 不等式的等号成立. 因此, 为完成问题的解答, 只需证明不等式在第二种情形严格成立.

因为假设 $[\mathbf{y}, \mathbf{y}] > 0$, 由乘积形式 (4.16) 可知当 $\lambda \to \infty$ 或 $\lambda \to -\infty$ 时, $p(\lambda) \to \infty$, 又因为 $p(\lambda_0) < 0$, 所以方程 $p(\lambda) = A\lambda^2 + 2B\lambda + C = 0$ 必有两个相异实根. 根据二次方程的判别式法则, $AC < B^2$. 对比 (4.16) 所给 $p(\lambda)$ 的系数, 可得 $A = [\mathbf{x}, \mathbf{x}]$, $B = [\mathbf{x}, \mathbf{y}]$, $C = [\mathbf{y}, \mathbf{y}]$, 由 $AC < B^2$ 就得到严格不等式 $[\mathbf{x}, \mathbf{x}][\mathbf{y}, \mathbf{y}] < [\mathbf{x}, \mathbf{y}]^2$, 这正是我们想要证明的.

复内积空间

设 V 为复向量空间, 如 $\mathbb{C}^d$ 或 $[0,1]$ 上的任何复值连续函数的集合. 称 $V \times V$ 上的函数 $(\mathbf{a}, \mathbf{b}) \mapsto \langle \mathbf{a}, \mathbf{b} \rangle \in \mathbb{C}$ 是一个复内积, $(V, \langle \cdot, \cdot \rangle)$ 为复内积空间, 如果 $(V, \langle \cdot, \cdot \rangle)$ 满足下列五条基本性质. 前四条性质和实内积空间所要求的完全平行: 设 $\mathbf{u}, \mathbf{v}, \mathbf{w}$ 是 V 中任意向量, α 是任意复数, 则

　　(i) $\langle \mathbf{v}, \mathbf{v} \rangle \geqslant 0$,

(ii) $\langle \mathbf{v}, \mathbf{v} \rangle = 0$ 当且仅当 $\mathbf{v} = \mathbf{0}$,

(iii) $\langle \alpha\mathbf{v}, \mathbf{w} \rangle = \alpha\langle \mathbf{v}, \mathbf{w} \rangle$,

(iv) $\langle \mathbf{u}, \mathbf{v} + \mathbf{w} \rangle = \langle \mathbf{u}, \mathbf{v} \rangle + \langle \mathbf{u}, \mathbf{w} \rangle$.

但第 5 条性质有一点小小的改变. 对复内积空间我们假设

(v) $\langle \mathbf{v}, \mathbf{w} \rangle = \overline{\langle \mathbf{w}, \mathbf{v} \rangle}$.

问题 4.6 (**复内积空间中的柯西–施瓦茨不等式**)　证明在复内积空间 $(V, \langle \cdot, \cdot \rangle)$ 中有

$$|\langle \mathbf{v}, \mathbf{w} \rangle| \leqslant \langle \mathbf{v}, \mathbf{v} \rangle^{\frac{1}{2}} \langle \mathbf{w}, \mathbf{w} \rangle^{\frac{1}{2}}. \tag{4.18}$$

此外, 证明当 $\mathbf{v} \neq \mathbf{0}$ 时不等式 (4.18) 的等号成立当且仅当存在 $\lambda \in \mathbb{C}$ 使得 $\mathbf{w} = \lambda\mathbf{v}$.

自然计划与新的障碍

证明复内积空间中的柯西–施瓦茨不等式的自然想法是仿照实内积空间中的证明, 同时注意新的"性质 (v)"可能带来的改变. 因此, 我们计算

$$\begin{aligned} 0 \leqslant \langle \mathbf{v} - \mathbf{w}, \mathbf{v} - \mathbf{w} \rangle &= \langle \mathbf{v}, \mathbf{v} \rangle + \langle \mathbf{w}, \mathbf{w} \rangle - \langle \mathbf{v}, \mathbf{w} \rangle - \langle \mathbf{w}, \mathbf{v} \rangle \\ &= \langle \mathbf{v}, \mathbf{v} \rangle + \langle \mathbf{w}, \mathbf{w} \rangle - \left\{ \langle \mathbf{v}, \mathbf{w} \rangle + \overline{\langle \mathbf{v}, \mathbf{w} \rangle} \right\} \\ &= \langle \mathbf{v}, \mathbf{v} \rangle + \langle \mathbf{w}, \mathbf{w} \rangle - 2\mathrm{Re}\,\langle \mathbf{v}, \mathbf{w} \rangle, \end{aligned}$$

由此可得

$$\mathrm{Re}\,\langle \mathbf{v}, \mathbf{w} \rangle \leqslant \frac{1}{2}\langle \mathbf{v}, \mathbf{v} \rangle + \frac{1}{2}\langle \mathbf{w}, \mathbf{w} \rangle, \tag{4.19}$$

其中当 $\mathbf{v} = \mathbf{w}$ 时等号成立.

可加不等式 (4.19) 必须转成可乘的. 如果我们想起熟悉的归一化方法并引入

$$\hat{\mathbf{v}} = \mathbf{v}/\langle \mathbf{v}, \mathbf{v} \rangle^{\frac{1}{2}} \quad \text{和} \quad \hat{\mathbf{w}} = \mathbf{w}/\langle \mathbf{w}, \mathbf{w} \rangle^{\frac{1}{2}},$$

那么经过计算很快就能得到

$$\mathrm{Re}\,\langle \mathbf{v}, \mathbf{w} \rangle \leqslant \langle \mathbf{v}, \mathbf{v} \rangle^{\frac{1}{2}} \langle \mathbf{w}, \mathbf{w} \rangle^{\frac{1}{2}}. \tag{4.20}$$

不幸的是, 这看起来令人担忧. 我们希望获得关于 $|\langle \mathbf{v}, \mathbf{w} \rangle|$ 的不等式, 但我们只找到关于 $\mathrm{Re}\,\langle \mathbf{v}, \mathbf{w} \rangle$ 的不等式, $\mathrm{Re}\,\langle \mathbf{v}, \mathbf{w} \rangle$ 这一项可能比 $|\langle \mathbf{v}, \mathbf{w} \rangle|$ 小. 难道这个方法失败了吗?

挽救于自推广

(4.20) 的可取之处就是它可以自我改进. 如果适当地利用其一般性, 我们可以推出一明显更强的不等式.

设 $\langle \mathbf{v}, \mathbf{w} \rangle = \rho e^{i\theta}$, 其中 $\rho > 0$, 且设 $\tilde{\mathbf{v}} = e^{-i\theta} \mathbf{v}$, 则根据复内积空间的性质有等式

$$\langle \tilde{\mathbf{v}}, \tilde{\mathbf{v}} \rangle = \langle \mathbf{v}, \mathbf{v} \rangle \quad \text{和} \quad \langle \tilde{\mathbf{v}}, \mathbf{w} \rangle = \operatorname{Re} \langle \tilde{\mathbf{v}}, \mathbf{w} \rangle = |\langle \mathbf{v}, \mathbf{w} \rangle|,$$

所以由关于 $\tilde{\mathbf{v}}$ 和 $\mathbf{w}$ 的实部的不等式 (4.20) 可得

$$|\langle \mathbf{v}, \mathbf{w} \rangle| = \operatorname{Re} \langle \tilde{\mathbf{v}}, \mathbf{w} \rangle \leqslant \langle \tilde{\mathbf{v}}, \tilde{\mathbf{v}} \rangle^{\frac{1}{2}} \langle \mathbf{w}, \mathbf{w} \rangle^{\frac{1}{2}} = \langle \mathbf{v}, \mathbf{v} \rangle^{\frac{1}{2}} \langle \mathbf{w}, \mathbf{w} \rangle^{\frac{1}{2}}.$$

两边的项恰好推出我们想要的复数形式的柯西 – 施瓦茨不等式, 所以不等式 (4.20) 足够强.

"实数化"技巧

在这个证明里, 我们面对的是一个由于实部的存在而变得更加复杂的不等式. 这是一个常见的难点, 往往要使用这里用到的技巧来处理它: 预先乘以一个精心挑选的复数, 以确保一些关键的量是实的. 这是复数不等式理论中应用最广泛的技巧之一, 要牢记在心.

最后, 为解答问题, 我们应该确定所谓的等号成立的充要条件. 在这里, 推敲论证中的各个步骤, 确认陈述的条件, 确实是容易的. 但是, 正如我们将要讨论的 (第 113 页), 这样溯源的论证并非总是很容易. 对于标准复内积我们也有另外一种可能更加合适的处理方法; 如可以使用习题 4.4 中提到的复数拉格朗日恒等式 (4.23).

练习

习题 4.1 (三角不等式) $\mathbb{R}^d$ 中的三角不等式看起来似乎很显然, 但它的一些推论在脱离上下文时可能会令人困惑. 下面的三个问题一点也不难, 但你可以问问自己:"如果是昨天做, 它们会这么简单吗?"

(a) 证明对任何非负的 x, y, z 有

$$(x + y + z)\sqrt{2} \leqslant \sqrt{x^2 + y^2} + \sqrt{y^2 + z^2} + \sqrt{x^2 + z^2}.$$

(b) 证明对任何 $0 < x \leqslant y \leqslant z$ 有

$$\sqrt{y^2 + z^2} \leqslant x\sqrt{2} + \sqrt{(y - x)^2 + (z - x)^2}.$$

(c) 证明对任何正数 x, y, z 有

$$2\sqrt{3} \leqslant \sqrt{x^2 + y^2 + z^2} + \sqrt{x^{-2} + y^{-2} + z^{-2}}.$$

这个列表几乎可以无限制地一直写下去, 但实际上只有一个主题: 当你见到不等式中出现平方根时, 至少应该意识到三角不等式有可能派上用场.

习题 4.2 (**"最速上升"几何**)   设函数 $f : \mathbb{R}^n \to \mathbb{R}$ 可微, 梯度

$$\nabla f(\mathbf{x}) = \left(\frac{\partial f}{\partial x_1}, \frac{\partial f}{\partial x_2}, \cdots, \frac{\partial f}{\partial x_n} \right),$$

在 $\nabla f \neq \mathbf{0}$ 时指向 f 的最速上升的方向. 用通常的记号, 这表示对任意单位向量 $\mathbf{u}$, 有不等式

$$\frac{d}{dt} f(\mathbf{x} + t\mathbf{u}) \bigg|_{t=0} \leqslant \frac{d}{dt} f(\mathbf{x} + t\mathbf{v}) \bigg|_{t=0}, \tag{4.21}$$

其中 $\mathbf{v} = \nabla f(\mathbf{x}) / \|\nabla f(\mathbf{x})\|$. 证明这个不等式并证明 $\mathbf{u} = \mathbf{v}$ 时等号成立.

习题 4.3 (**通过其他恒等式得到柯西不等式**)   拉格朗日恒等式并不是唯一能快速证明柯西不等式的恒等式. 验证在任意实内积空间中, $\langle \mathbf{v}, \mathbf{v} \rangle \langle \mathbf{w}, \mathbf{w} \rangle - \langle \mathbf{v}, \mathbf{w} \rangle^2$ 可以写成

$$\langle \mathbf{w}, \mathbf{w} \rangle \left\{ \left\langle \mathbf{v} - \frac{\langle \mathbf{w}, \mathbf{v} \rangle}{\langle \mathbf{w}, \mathbf{w} \rangle} \mathbf{w}, \ \mathbf{v} - \frac{\langle \mathbf{w}, \mathbf{v} \rangle}{\langle \mathbf{w}, \mathbf{w} \rangle} \mathbf{w} \right\rangle \right\}, \tag{4.22}$$

并解释为何它也可以推出一般柯西－施瓦茨不等式.

顺便说一句, 发现表达式 (4.22) 并不需要灵光一闪的代数直观. 如图 4.6 所示, 考虑多项式 $P(t) = \langle \mathbf{v} - t\mathbf{w}, \mathbf{v} - t\mathbf{w} \rangle$ 的极小值, 这个公式很快就会浮现.

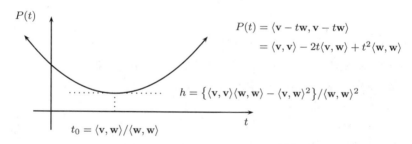

图 4.6   通过计算或者配方, 可以发现二次多项式 $P(t) = \langle \mathbf{v} - t\mathbf{w}, \mathbf{v} - t\mathbf{w} \rangle$ 在 $t_0 = \langle \mathbf{v}, \mathbf{w} \rangle / \langle \mathbf{w}, \mathbf{w} \rangle$ 处取得最小值. h 的非负性足以证明 n 维的柯西不等式, 但几何图形给出了一些关键的细节.

习题 4.4 (**复数拉格朗日恒等式**)   证明对复数 a_k 和 b_k, $1 \leqslant k \leqslant n$, 有

$$\sum_{k=1}^{n} |a_k|^2 \sum_{k=1}^{n} |b_k|^2 - \left| \sum_{k=1}^{n} a_k \, b_k \right|^2 = \sum\sum_{1 \leqslant j < k \leqslant n} \left| a_j \bar{b}_k - a_k \, \bar{b}_j \right|^2, \tag{4.23}$$

并证明这个恒等式可推出复数情形柯西不等式, 同时还能得到等号成立的充要条件. 应该注意到, 这个恒等式无法通过直接将复数代入到实数情形的拉格朗日恒等式中得到; 那些麻烦的绝对值阻碍了我们. 我们需要稍微复杂一点的方法.

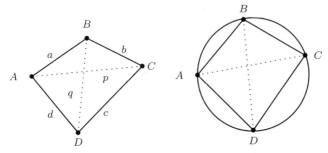

图 4.7 托勒密不等式及等号成立的条件.

习题 4.5 (向量–数量的混合) 考虑实数权重 $p_j > 0$, $j = 1, 2, \ldots, n$, 任意实数 α_j ($j = 1, 2, \ldots, n$) 和内积空间 $(V, \langle \cdot, \cdot \rangle)$. 找一个类似拉格朗日恒等式的恒等式, 用它来证明存在如下不等式:

$$\left\| \sum_{j=1}^n p_j \alpha_j \mathbf{x}_j \right\|^2 \leqslant \sum_{j=1}^n p_j \alpha_j^2 \sum_{k=1}^n p_k \|\mathbf{x}_k\|^2, \tag{4.24}$$

其中 $\mathbf{x}_k \in V$, $1 \leqslant k \leqslant n$. 同样, 可以用你的恒等式推出上述不等式等号成立当且仅当对任何 $1 \leqslant j, k \leqslant n$ 有 $\alpha_j \mathbf{x}_k = \alpha_k \mathbf{x}_j$.

习题 4.6 (托勒密不等式) 托勒密最为人知的结果可能是他创立的行星运动理论, 这一理论显然被哥白尼推翻了, 但他的部分遗产通过了时间的考验. 其中一个以托勒密名字命名的不等式, 即使在现在也仍是几何不等式理论中的重要工具. 托勒密不等式断言在凸四边形中, "对角线之积以对边乘积之和为上界", 用图 4.7 中的记号表示, 即

$$pq \leqslant ac + bd. \tag{4.25}$$

证明这个不等式, 并证明其等号成立当且仅当 4 个顶点共圆.

习题 4.7 (复内积的表达式) (a) 设 $\langle \cdot, \cdot \rangle$ 是内积, $\alpha \in \mathbb{C}$, $\alpha^N = 1$ 但 $\alpha^2 \neq 1$, 证明内积有如下表示:

$$\langle x, y \rangle = \frac{1}{N} \sum_{n=0}^{N-1} \|x + \alpha^n y\|^2 \alpha^n, \tag{4.26}$$

如通常所定义, 其中 $\|w\| = \langle w, w \rangle^{1/2}$.

(b) 类似地, 证明对任意复内积有

$$\langle x, y \rangle = \frac{1}{2\pi} \int_{-\pi}^{\pi} \|x + e^{i\theta} y\|^2 e^{i\theta} \, d\theta. \tag{4.27}$$

这些恒等式的一个好处就是可以帮我们将 $\|\cdot\|$ 转化为 $\langle \cdot, \cdot \rangle$, 反之亦然. 有人可能会说它们 "只不过" 是极化恒等式的变体罢了, 但有时候我们需要的恰好就是这样的变体.

习题 4.8 (**抽象空间的具体模型**)   设 $\mathbf{x}_1, \mathbf{x}_2, \ldots, \mathbf{x}_n$ 是 (实或复) 内积空间 $(V, \langle \cdot, \cdot \rangle)$ 中的线性无关元, 设 $\mathbf{e}_1 = \mathbf{x}_1 / \|\mathbf{x}_1\|$ 并应用两步递归定义新的序列 $\mathbf{e}_1, \mathbf{e}_2, \ldots, \mathbf{e}_n$:

$$\mathbf{z}_k = \mathbf{x}_k - \sum_{j=1}^{k-1} \langle \mathbf{x}_k, \mathbf{e}_j \rangle \mathbf{e}_j \quad \text{且} \quad \mathbf{e}_k = \frac{\mathbf{z}_k}{\|\mathbf{z}_k\|}, \tag{4.28}$$

其中 $k = 2, 3, \ldots, n$. 这个算法称为格拉姆–施密特过程, 它给出了将内积空间中的问题简化为实数或复数问题的系统方法. 在本习题中我们将研究这个过程的本质, 在接下来的四个问题里我们将看到如何在实际中应用这些性质.

(a) 证明 $\{\mathbf{e}_k : 1 \leqslant k \leqslant n\}$ 是正交列, 即对任何 $1 \leqslant j, k \leqslant n$ 有

$$\langle \mathbf{e}_j, \mathbf{e}_k \rangle = \begin{cases} 1, & \text{如果 } j = k, \\ 0, & \text{如果 } j \neq k. \end{cases}$$

(b) 证明 $\{\mathbf{x}_k : 1 \leqslant k \leqslant n\}$ 和 $\{\mathbf{e}_k : 1 \leqslant k \leqslant n\}$ 满足呈三角形的线性关系:

$$\begin{aligned} \mathbf{x}_1 &= \langle \mathbf{x}_1, \mathbf{e}_1 \rangle \mathbf{e}_1, \\ \mathbf{x}_2 &= \langle \mathbf{x}_2, \mathbf{e}_1 \rangle \mathbf{e}_1 + \langle \mathbf{x}_2, \mathbf{e}_2 \rangle \mathbf{e}_2, \\ &\;\;\vdots \\ \mathbf{x}_n &= \langle \mathbf{x}_n, \mathbf{e}_1 \rangle \mathbf{e}_1 + \langle \mathbf{x}_n, \mathbf{e}_2 \rangle \mathbf{e}_2 + \cdots + \langle \mathbf{x}_n, \mathbf{e}_n \rangle \mathbf{e}_n. \end{aligned}$$

习题 4.9 (**格拉姆–施密特过程推出柯西–施瓦茨不等式**)   对二项序列 $\{\mathbf{x}, \mathbf{y}\}$ 应用格拉姆–施密特过程并证明它将不等式 $|\langle \mathbf{x}, \mathbf{y} \rangle| \leqslant \langle \mathbf{x}, \mathbf{x} \rangle^{\frac{1}{2}} \langle \mathbf{y}, \mathbf{y} \rangle^{\frac{1}{2}}$ 约化为一个显然成立的不等式. 因此, 格拉姆–施密特给出了柯西–施瓦茨不等式的一个自动证明.

习题 4.10 (**格拉姆–施密特过程推出贝塞尔不等式**)   设 $\{\mathbf{y}_k : 1 \leqslant k \leqslant n\}$ 是 (实或复) 内积空间 $(V, \langle \cdot, \cdot \rangle)$ 中的一个标准正交序列, 则贝塞尔不等式断言

$$\text{对任意 } \mathbf{x} \in V, \qquad \sum_{k=1}^{n} |\langle \mathbf{x}, \mathbf{y}_k \rangle|^2 \leqslant \langle \mathbf{x}, \mathbf{x} \rangle. \tag{4.29}$$

证明格拉姆–施密特过程给出贝塞尔不等式的一个半自动证明.   同时, 也要注意到 $n = 1$ 时的贝塞尔不等式等价于柯西–施瓦茨不等式.

习题 4.11 (**格拉姆–施密特过程和线性型的乘积**)   对三项序列 $\{\mathbf{x}, \mathbf{y}, \mathbf{z}\}$ 应用格拉姆–施密特过程, 证明在实内积空间中有

$$\langle \mathbf{x}, \mathbf{y} \rangle \langle \mathbf{x}, \mathbf{z} \rangle \leqslant \frac{1}{2} \left(\langle \mathbf{y}, \mathbf{z} \rangle + \|\mathbf{y}\| \|\mathbf{z}\| \right) \|\mathbf{x}\|^2, \tag{4.30}$$

这就是我们之前 (第 51 页) 用来说明等距性质和投影作用的不等式.

习题 4.12 (**格拉姆－施密特终曲**) 设 $\mathbf{x}, \mathbf{y}, \mathbf{z}$ 是 (实或复) 内积空间 V 的元素, 且 $\|\mathbf{x}\| = \|\mathbf{y}\| = \|\mathbf{z}\| = 1$, 证明不等式

$$
\begin{aligned}
&|\langle \mathbf{x}, \mathbf{x} \rangle \langle \mathbf{y}, \mathbf{z} \rangle - \langle \mathbf{x}, \mathbf{y} \rangle \langle \mathbf{x}, \mathbf{z} \rangle|^2 \\
&\leqslant \left\{ \langle \mathbf{x}, \mathbf{x} \rangle^2 - |\langle \mathbf{x}, \mathbf{y} \rangle|^2 \right\} \left\{ \langle \mathbf{x}, \mathbf{x} \rangle^2 - |\langle \mathbf{x}, \mathbf{z} \rangle|^2 \right\}
\end{aligned} \tag{4.31}
$$

及

$$
\begin{aligned}
&\langle \mathbf{x}, \mathbf{x} \rangle^2 \left(|\langle \mathbf{y}, \mathbf{z} \rangle|^2 + |\langle \mathbf{y}, \mathbf{x} \rangle|^2 + |\langle \mathbf{x}, \mathbf{z} \rangle|^2 \right) \\
&\leqslant \langle \mathbf{x}, \mathbf{x} \rangle^4 + \langle \mathbf{x}, \mathbf{x} \rangle \langle \mathbf{z}, \mathbf{y} \rangle \langle \mathbf{y}, \mathbf{x} \rangle \langle \mathbf{x}, \mathbf{z} \rangle \\
&\quad + \langle \mathbf{x}, \mathbf{x} \rangle \langle \mathbf{y}, \mathbf{z} \rangle \langle \mathbf{x}, \mathbf{y} \rangle \langle \mathbf{z}, \mathbf{x} \rangle.
\end{aligned} \tag{4.32}
$$

乍看起来, 这两个不等式足以令人望而却步, 但使用格拉姆－施密特过程揭开内积的面纱之后, 它们不过就是我们之前已经见过很多次的那种不等式.

习题 4.13 (**等距性与正交性等价**) 本习题的目的是说明如何借助柯西－施瓦茨不等式等号成立的条件证明一个重要的代数恒等式. 任务是要证明如果 $n \times n$ 矩阵 A 保持 $\mathbb{R}^n$ 中的每一个 $\mathbf{v}$ 的欧氏模长不变, 那么该矩阵的各列是正交的. 以矩阵代数形式表示, 需证明的是

$$
\|A\mathbf{v}\| = \|\mathbf{v}\|, \quad \mathbf{v} \in \mathbb{R}^d \quad \Longleftrightarrow \quad A^T A = I,
$$

其中 I 为单位矩阵, A^T 为 A 的转置, $\|\mathbf{v}\|$ 为 $\mathbf{v}$ 的欧氏模长.

提示: 可以先证明 $\|A^T \mathbf{v}\| \leqslant \|\mathbf{v}\|$; 即证明转置 A^T 不增加长度. 接着可以考虑对内积 $\langle \mathbf{v}, A^T A \mathbf{v} \rangle$ 应用柯西－施瓦茨不等式, 则等号恰好成立.

第五章 序的推论

伴随于任何不等式的一个自然问题是它这样或那样的逆向不等式是否也可能成立. 当对柯西不等式提出这样的问题时, 我们就遇到了一个值得注意的挑战问题. 由此不仅可以导出本身有价值的结果, 同时也把我们引向不等式理论中最基本的原则之路——序关系的系统探索.

问题 5.1 (寻找逆向柯西不等式) 设 a_k, b_k 为非负实数, $k = 1, 2, \ldots, n$, 确定充分条件使得如下类型的不等式

$$\left(\sum_{k=1}^{n} a_k^2 \right)^{\frac{1}{2}} \left(\sum_{k=1}^{n} b_k^2 \right)^{\frac{1}{2}} \leqslant \rho \sum_{k=1}^{n} a_k b_k \tag{5.1}$$

对某常数 ρ 成立.

方向

部分挑战在于问题没有充分表达——还有些细节和条件仍需明确. 然而, 研究中的不确定性是不可避免的, 适当练习求解不明问题将别具意义.

面对如此情形, 几乎总是要先做一些试验. 因为 $n = 1$ 的情形是平凡的, 值得研究的最简单的情形就是取向量 $(1, a)$ 和 $(1, b)$ $(a > 0, b > 0)$. 此时, 所猜测的逆向柯西不等式 (5.1) 关联着如下两个量:

$$(1 + a^2)^{\frac{1}{2}} (1 + b^2)^{\frac{1}{2}} \quad \text{和} \quad 1 + ab.$$

已经可以从上述计算中推出有益的结论. 以如下方式选取 a 和 b: 令 $a \to \infty$ 但乘积 ab 保持为常数, 则可见不等式的右边是有界的, 但左边是无界的. 这个观察从本质上说明, 除非比值 a_k/b_k 上、下有界, 否则对任意给定的 $\rho \geqslant 1$, 猜测 (5.1) 不成立.

由此可得出一个更精细的观点. 如果存在常数 $0 < m \leqslant M < \infty$, 使比值有如下约束:

$$\text{对所有的 } k = 1, 2, \ldots, n, \qquad m \leqslant \frac{a_k}{b_k} \leqslant M, \tag{5.2}$$

则可猜测形如 (5.1) 的不等式可能成立. 在猜想 (5.1) 的这个新的解释下, 我们自然允许 ρ 依赖于 m 和 M 的值, 但我们希望可以选取 ρ 使之不依赖于 a_k 和 b_k 的其他关系. 现在的问题是如何探索双边不等式 (5.2).

双边不等式的利用

观察未知的 (猜想的不等式) 和已经给出的 (双边有界性), 我们可能产生从先前证明柯西不等式的方法中去寻找线索的幸运想法. 回想起我们是将 $(a-b)^2 \geqslant 0$ 作为证明柯西不等式的出发点, 我们不妨猜测, 类似的想法在这里也会有帮助. 是否有方法从双边关系 (5.2) 中获得有用的二次不等式?

一旦问题明确了, 我们无需多久就可注意到双边不等式 (5.2) 全不费力地给出二次不等式

$$\left(M - \frac{a_k}{b_k} \right) \left(\frac{a_k}{b_k} - m \right) \geqslant 0. \tag{5.3}$$

虽然暂时无法判断这个结果是否有用, 但对比从平凡不等式 $(a-b)^2 \geqslant 0$ 中所取得的成功, 我们应该感到乐观.

至少, 我们要有信心展开不等式 (5.3) 以找到等价的不等式:

$$a_k^2 + (mM)\, b_k^2 \leqslant (m+M)\, a_k b_k, \qquad k = 1, 2, \ldots, n. \tag{5.4}$$

现在看起来, 我们是幸运的, 为一个平方和找到了一个乘积上界, 这正是逆向柯西不等式所需要的. 常数 m 和 M 最终所起的作用仍不清楚, 但前进的气息已经弥漫在空中.

对不等式 (5.4) 的 $1 \leqslant k \leqslant n$ 进行求和. 求和中, 因子 mM 和 $m+M$ 可以提出, 最终可得漂亮的可加不等式

$$\sum_{k=1}^{n} a_k^2 + (mM) \sum_{k=1}^{n} b_k^2 \leqslant (m+M) \sum_{k=1}^{n} a_k b_k, \tag{5.5}$$

现在我们面临一个以前遇到过的类似问题——需要把可加不等式转换成可乘不等式.

通向乘积之路

如果墨守成规, 可能会尝试引入正则化变量 $\hat{a}_k$ 和 $\hat{b}_k$, 但在这里正则化将陷入困境. 问题是不等式 (5.5) 只适用于满足比例不等式 $m \leqslant \hat{a}_k/\hat{b}_k \leqslant M$ 的 $\hat{a}_k$ 和 $\hat{b}_k$, 这个限制排除了正则化变量 $\hat{a}_k$ 和 $\hat{b}_k$ 的自然选择. 我们需要新的方法以过渡到乘积.

被卡在这里是可以理解的. 假如停下来仔细地问下什么是所需要的——用两个表达式的平方根的乘积作为它们的和的下界, 则曙光就在眼前. 一旦确定了这一点, 几乎不可能想不到利用 AM–GM 不等式. 把它应用到可加不等式 (5.5), 就得到

$$\left(\sum_{k=1}^{n} a_k^2 \right)^{\frac{1}{2}} \left(mM \sum_{k=1}^{n} b_k^2 \right)^{\frac{1}{2}} \leqslant \frac{1}{2} \left\{ \sum_{k=1}^{n} a_k^2 + (mM) \sum_{k=1}^{n} b_k^2 \right\}$$

$$\leqslant \frac{1}{2} \left\{ (m + M) \sum_{k=1}^{n} a_k b_k \right\}.$$

稍做整理, 就可得到所需要的不等式. 因此, 设

$$A = (m + M)/2 \quad \text{以及} \quad G = \sqrt{mM}, \tag{5.6}$$

则对所有非负数 $a_k, b_k, k = 1, 2, \ldots, n$, 设

$$0 < m \leqslant a_k/b_k \leqslant M < \infty,$$

就可建立如下不等式

$$\left(\sum_{k=1}^{n} a_k^2 \right)^{\frac{1}{2}} \left(\sum_{k=1}^{n} b_k^2 \right)^{\frac{1}{2}} \leqslant \frac{A}{G} \sum_{k=1}^{n} a_k b_k. \tag{5.7}$$

由此可见, 柯西不等式的确有一个自然的逆向不等式.

关于信息的转换

回顾逆向柯西不等式 (5.7) 的证明, 我们可能会感到困惑, 将两个顺序关系 $m \leqslant a_k/b_k$ 和 $a_k/b_k \leqslant M$ 联系到一起得到简单的二次不等式 $(M - a_k/b_k)(a_k/b_k - m) \geqslant 0$ 之后, 问题的解决便会飞快地取得进展. 在单一例子中, 这可能只是一个偶然事件, 但有一些更深层次的东西在起作用.

事实上, 从序关系到二次不等式的转换是一种引人注目的多用途工具, 有广泛的应用. 下面几个新的挑战问题将会说明其中一些有独立兴趣的应用.

单调性与切比雪夫"序不等式"

获得大量序关系的方法之一是将注意力聚集到单调数列与单调函数上. 这个建议如此自然以致它很难引起大的希望, 但事实上它的确产生了一个特别在概率论和统计中有很多自然应用的重要结果.

这个结果归于帕夫努蒂·利沃维奇·切比雪夫 (Pafnuty Lvovich Chebyshev, 1821 − 1894). 他显然是从我们先前认识的维克托·瓦科勒维奇·布尼亚科夫斯基那里第一次接触到了概率论. 概率论是布尼亚科夫斯基告别跟随柯西学习的学生时代, 从巴黎带回圣彼得堡的热门数学课题之一. 另一个理论就是我们后面将稍稍提及的复变.

问题 5.2 (切比雪夫序不等式) 设函数 $f: \mathbb{R} \to \mathbb{R}$ 和 $g: \mathbb{R} \to \mathbb{R}$ 是非降的, $p_j \geqslant 0$, $j = 1, 2, \ldots, n$, 且满足 $p_1 + p_2 + \cdots + p_n = 1$. 证明对任何非降序列 $x_1 \leqslant x_2 \leqslant \cdots \leqslant x_n$, 有

$$\left\{ \sum_{k=1}^{n} f(x_k) p_k \right\} \left\{ \sum_{k=1}^{n} g(x_k) p_k \right\} \leqslant \sum_{k=1}^{n} f(x_k) g(x_k) p_k. \tag{5.8}$$

与概率论和统计的联系

不需利用与概率论的联系, 不等式 (5.8) 就已经很容易理解, 并在数学的其他领域中有很多应用. 然而, 不等式 (5.8) 的概率解释特别引人入胜. 利用概率论, 设 X 是一个随机变量, $P(X = x_k) = p_k, k = 1, 2, \ldots, n$, 则

$$E[f(X)]E[g(X)] \leqslant E[f(X)g(X)]. \tag{5.9}$$

这里, 像往常一样, P 表示概率, E 表示数学期望. 换句话说, 如果随机变量 Y 和 Z 可以写成单个随机变量 X 的非降函数, 则 Y 和 Z 一定是非负相关的. 如果没有切比雪夫不等式, 常与统计学中相关性概念有关的直觉将会处于不可靠的地位. 顺便提一下, 另一个在概率论中更重要的不等式也归于切比雪夫: 对任何具有有限期望 $\mu = E(X)$ 的随机变量 X, 有不等式

$$P(|X - \mu| \geqslant \lambda) \leqslant \frac{1}{\lambda^2} E(|X - \mu|^2). \tag{5.10}$$

这个不等式的证明 (尤其在习题 5.11 的提示下) 几乎是平凡的, 但在概率论中, 它是日复一日地使用的重负荷机器, 如此常用以至于切比雪夫序不等式 (5.9) 常被戏称为切比雪夫其他不等式.

我们的证明

切比雪夫不等式 (5.8) 是二次的, 并且假设条件给出了序信息, 因此, 即便在黑暗中遇到切比雪夫不等式 (5.8), 我们仍可能想起从序关系到二次不等式的转换. 函数 f 和 g 的单调性给出了二次不等式

$$0 \leqslant \big\{ f(x_k) - f(x_j) \big\} \big\{ g(x_k) - g(x_j) \big\},$$

依次展开可得

$$f(x_k)g(x_j) + f(x_j)g(x_k) \leqslant f(x_j)g(x_j) + f(x_k)g(x_k). \tag{5.11}$$

从此出发, 只需要将 p_j 代入式中, 再以算术规则允许的方式进行运算.

将不等式 (5.11) 乘以 $p_j p_k$, 再对 $1 \leqslant j \leqslant n$ 和 $1 \leqslant k \leqslant n$ 求和, 可见左边的和为

$$\sum_{j,k=1}^{n} \{f(x_k)g(x_j) + f(x_j)g(x_k)\}p_j p_k = 2\bigg\{ \sum_{k=1}^{n} f(x_k)p_k \bigg\}\bigg\{ \sum_{k=1}^{n} g(x_k)p_k \bigg\},$$

而右边的和为

$$\sum_{j,k=1}^{n} \{f(x_j)g(x_j) + f(x_k)g(x_k)\}p_j p_k = 2\bigg\{ \sum_{k=1}^{n} f(x_k)g(x_k)p_k \bigg\}.$$

因此, 我们对 (5.11) 的求和给出了切比雪夫不等式的证明.

序、特点与技巧

切比雪夫不等式的证明给出了两点启示. 首先, 在某些情形, 运用序关系到二次不等式的转换是自动的、直接的. 即使这样, 这种转换也导致了一些值得注意的结果, 包括将在接下来的挑战问题中发展的一般重排不等式. 重排不等式的证明并不比切比雪夫不等式难多少, 但它的一些推论相当令人震撼. 这里和之后, 我们用 $[n]$ 表示集合 $\{1, 2, \ldots, n\}$, 回忆 $[n]$ 的一个排列就是一个从 $[n]$ 到 $[n]$ 的一对一映射.

问题 5.3 (重排不等式)　证明对任意一对有序实数列

$$-\infty < a_1 \leqslant a_2 \leqslant \cdots \leqslant a_n < \infty \quad \text{和} \quad -\infty < b_1 \leqslant b_2 \leqslant \cdots \leqslant b_n < \infty,$$

以及任一排列 $\sigma : [n] \to [n]$, 有

$$\sum_{k=1}^{n} a_k b_{n-k+1} \leqslant \sum_{k=1}^{n} a_k b_{\sigma(k)} \leqslant \sum_{k=1}^{n} a_k b_k. \tag{5.12}$$

自动的——但仍然有效的

上述问题提供了一个条件, 即序关系, 要求的结论是二次不等式. 这种熟悉的组合可能使我们一头扎进去, 但有时我们要有耐心. 重排不等式的表述有些复杂, 我们先考虑最简单的情形, 即 $n = 2$ 的情形, 可能比较好.

在这种情形, 序关系到二次不等式的转换提醒我们

$$\text{由} \quad a_1 \leqslant a_2 \quad \text{和} \quad b_1 \leqslant b_2 \quad \text{可得} \quad 0 \leqslant (a_2 - a_1)(b_2 - b_1).$$

展开上式, 可得到

$$a_1 b_2 + a_2 b_1 \leqslant a_1 b_1 + a_2 b_2.$$

这正是重排不等式 (5.12) 在 $n = 2$ 时的情形. 没有什么比这种预热情形更容易了, 现在的问题是考察类似的想法是否可以用来解决更一般的和:

$$S(\sigma) = \sum_{k=1}^{n} a_k b_{\sigma(k)}.$$

逆序及其消除

如果 σ 不是恒等排列, 则一定存在某对 $j < k$ 使得 $\sigma(k) < \sigma(j)$, 这样的一对叫作一个逆序. 从 $n = 2$ 的情形观察可知, 如果调换 $\sigma(k)$ 和 $\sigma(j)$ 的值, 那么相应的和的值将会增加——或者说, 至少不会减少. 为使这个想法形式化, 先以如下方法引入新的排列 τ (参考图 5.1):

$$\tau(i) = \begin{cases} \sigma(i), & \text{如果 } i \neq j, \ i \neq k, \\ \sigma(j), & \text{如果 } i = k, \\ \sigma(k), & \text{如果 } i = j. \end{cases} \tag{5.13}$$

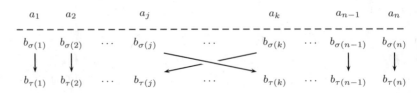

图 5.1　交换算子把排列 σ 变成 τ. 由图可知, 排列 τ 比 σ 的逆序少; 经过计算, 也有 $S(\sigma) \leqslant S(\tau)$.

由 τ 的定义和因式分解, 可得

$$
\begin{aligned}
S(\tau) - S(\sigma) &= a_j b_{\tau(j)} + a_k b_{\tau(k)} - a_j b_{\sigma(j)} - a_k b_{\sigma(k)} \\
&= a_j b_{\tau(j)} + a_k b_{\tau(k)} - a_j b_{\tau(k)} - a_k b_{\tau(j)} \\
&= (a_k - a_j)(b_{\tau(k)} - b_{\tau(j)}) \geqslant 0.
\end{aligned}
$$

因此, 变换 $\sigma \mapsto \tau$ 达到了两个目的. 第一, 它使 S 增加了, $S(\sigma) \leqslant S(\tau)$; 第二, 排列 τ 的逆序数严格小于排列 σ 的逆序数.

过程的重复及循环的终止

　　一个排列最多有 $n(n-1)/2$ 个逆序, 只有恒等排列没有逆序. 因此, 从 σ 到恒等排列之间只有有限个逆序逐渐变少的排列. 用 $\sigma = \sigma_0, \sigma_1, \ldots, \sigma_m$ 表示这些排列, 其中 σ_0 表示 σ, σ_m 是恒等排列, $m \leqslant n(n-1)/2$. 对 $j = 1, 2, \ldots, m$, 应用不等式 $S(\sigma_{j-1}) \leqslant S(\sigma_j)$, 得到

$$
S(\sigma) \leqslant \sum_{k=1}^{n} a_k b_k.
$$

这就完成了重排不等式 (5.12) 右半部分的证明.

　　得到左半部分的一种简单方法就是注意到它是右半部分的直接推论. 事实上, 如果设 $b_1' = -b_n, b_2' = -b_{n-1}, \ldots, b_n' = -b_1$, 则可见

$$
b_1' \leqslant b_2' \leqslant \cdots \leqslant b_n'.
$$

把重排不等式 (5.12) 的前半部分运用到数列 $b_1', b_2', \ldots, b_n'$, 就得到重排不等式 (5.12) 关于数列 $b_1, b_2, \ldots, b_n$ 的左半部分的证明.

回顾并检验新探究

　　重排不等式的表述特别自然, 它没有为我们提供任何明显的其他材料. 我们可能多次回顾它也想不到结论或证明的任何其他有用的改变. 然而, 只要使用正确的探究方法总可以找到那样的变体.

显然, 没有哪一个探究方法可以确保从一个已知的结果可导出一个有用的变体, 但是有一些一般的问题几乎总是值得我们花时间去思考. 这其中的最好问题之一就是: "这个结果有没有一个非线性版本?"

为使问题有意义, 首先要注意到重排不等式是关于 n 元有序组

$$\{b_{n-k+1}\}_{1\leqslant k\leqslant n}, \quad \{b_{\sigma(k)}\}_{1\leqslant k\leqslant n} \quad 和 \quad \{b_k\}_{1\leqslant k\leqslant n}$$

的线性函数的和的表述. 这里的"线性函数"只不过就是 n 个映射:

$$x \mapsto a_k x, \qquad k = 1, 2, \ldots, n.$$

如此简单的线性映射通常不值一提, 但我们心中有更高的目的. 特别, 利用这样的想法, 可能无须花多长时间就可以想到一些方法——单调条件 $a_k \leqslant a_{k+1}$ 可以被重新表述.

我们可能想到重排不等式的几个变体, 接下来的挑战性问题就是探究其中一个最简单的情形. 它最先由 A. Vince 研究, 且有多个有益的推论.

问题 5.4 (非线性重排不等式)　设 $f_1, f_2, \ldots, f_n$ 是从区间 I 到 $\mathbb{R}$ 的函数, 且满足

$$对任何 \ 1 \leqslant k \leqslant n-1, \quad f_{k+1}(x) - f_k(x) \ 是非降的. \tag{5.14}$$

设 $b_1 \leqslant b_2 \leqslant \cdots \leqslant b_n$ 为区间 I 中的有序序列, 证明对任一排列 $\sigma : [n] \to [n]$, 有如下不等式

$$\sum_{k=1}^n f_k(b_{n-k+1}) \leqslant \sum_{k=1}^n f_k(b_{\sigma(k)}) \leqslant \sum_{k=1}^n f_k(b_k). \tag{5.15}$$

试水

我们可以立即看到, 这个问题意在推广重排不等式. 当 $f_k(x)$ 为映射 $x \mapsto a_k x$ 时, 它就是原来的重排不等式. 可以肯定, 甚至无须多少试验, 就可以找到更有趣的非线性例子.

例如, 可取 $a_1 \leqslant a_2 \leqslant \cdots \leqslant a_n$, 并考虑函数 $x \mapsto \log(a_k + x)$. 易知

$$\log(a_{k+1} + x) - \log(a_k + x) = \log\left(\frac{a_{k+1} + x}{a_k + x}\right),$$

令 $r(x) = (a_{k+1} + x)/(a_k + x)$, 直接计算可得

$$r'(x) = \frac{a_k - a_{k+1}}{(a_k + x)^2} \leqslant 0.$$

因此, 若取

$$f_k(x) = -\log(a_k + x), \qquad k = 1, 2, \ldots, n,$$

则条件 (5.14) 满足. 由 Vince 不等式和指数运算, 对任一排列 $\sigma : [n] \to [n]$, 有

$$\prod_{k=1}^{n}(a_k + b_k) \leqslant \prod_{k=1}^{n}(a_k + b_{\sigma(k)}) \leqslant \prod_{k=1}^{n}(a_k + b_{n-k+1}). \tag{5.16}$$

这个有趣的乘积不等式 (5.16) 表明, Vince 不等式是有力的不等式, 尽管在特殊情形下, 我们以前就已知这个不等式. 我们看到对 Vince 不等式的证明值得我们花费时间——即使仅仅因为推论 (5.16).

重复算法式证明

我们推广先前的和, 写成:

$$S(\sigma) = \sum_{k=1}^{n} f_k(b_{\sigma(k)}).$$

从定义 (5.13) 已经知道, 讨论逆序减少的变换 $\sigma \to \tau$ 时, 只需证明

$$S(\sigma) \leqslant S(\tau).$$

现在, 几乎与前面一样, 计算差

$$\begin{aligned}
S(\tau) - S(\sigma) &= f_j(b_{\tau(j)}) + f_k(b_{\tau(k)}) - f_j(b_{\sigma(j)}) - f_k(b_{\sigma(k)}) \\
&= f_j(b_{\tau(j)}) + f_k(b_{\tau(k)}) - f_j(b_{\tau(k)}) - f_k(b_{\tau(j)}) \\
&= \{f_k(b_{\tau(k)}) - f_j(b_{\tau(k)})\} - \{f_k(b_{\tau(j)}) - f_j(b_{\tau(j)})\} \geqslant 0,
\end{aligned}$$

上面计算中最后的不等式源于 $b_{\tau(j)} \leqslant b_{\tau(k)}$ 以及假设 $f_k(x) - f_j(x)$ 在 $x \in I$ 上是非降函数. 从这个关系, 我们可以看到并不需对先前的论证做进一步的改变就可完成非线性版本重排不等式的证明.

练习

习题 5.1 (垒球和柯西第三不等式) 柯西在其 1821 年引人注目的笔记中证明了以他的名字命名的不等式以及 AM–GM 基本不等式. 我们还可从中发现他的第三个不等式. 这个不等式不特别有名, 也不特别深刻, 但有时很有用. 它断言: 对任意正实数 $h_1, h_2, \ldots, h_n$ 和 $b_1, b_2, \ldots, b_n$, 有比值不等式

$$m = \min_{1 \leqslant j \leqslant n} \frac{h_j}{b_j} \leqslant \frac{h_1 + h_2 + \cdots + h_n}{b_1 + b_2 + \cdots + b_n} \leqslant \max_{1 \leqslant j \leqslant n} \frac{h_j}{b_j} = M. \tag{5.17}$$

爱好运动的读者可以设想 (正如柯西从来没有的), b_j 表示垒球运动员 j 击球的次数, h_j 表示他击球成功的次数. 这个不等式证实了直观事实: 一个球队的平均击中率既不低于队员中的最低的击中率, 也不会高于队员中的最高的击中率.

证明不等式 (5.17) 并用它来证明对任意正系数多项式 $P(x) = c_0 + c_1 x + c_2 x^2 + \cdots + c_n x^n$, 有单调关系

$$0 < x \leqslant y \implies \left(\frac{x}{y}\right)^n \leqslant \frac{P(x)}{P(y)} \leqslant 1.$$

习题 5.2 (双边不等式和 AM–GM 不等式的归纳证明)　利用从序关系到二次不等式的转换可以得到 AM–GM 基本不等式 (2.3) 的归纳证明. 开始证明前, 我们需要一个结论. 设 $0 < a_1 \leqslant a_2 \leqslant \cdots \leqslant a_n$, $A = (a_1 + a_2 + \cdots + a_n)/n$, 证明

$$a_1 a_n / A \leqslant a_1 + a_n - A.$$

请通过考虑 $n-1$ 元集 $S = \{a_2, a_3, \ldots, a_{n-1}\} \cup \{a_1 + a_n - A\}$ 来完成 AM–GM 不等式证明的归纳步.

习题 5.3 (柯西 – 施瓦茨以及交叉项的偏差)　设 $\mathbf{u}$ 和 $\mathbf{v}$ 为实内积空间 V 中的元素, 且有上界

$$\langle \mathbf{u}, \mathbf{u} \rangle \leqslant A^2 \quad \text{和} \quad \langle \mathbf{v}, \mathbf{v} \rangle \leqslant B^2.$$

根据柯西不等式, $\langle \mathbf{u}, \mathbf{v} \rangle \leqslant AB$. 证明交叉项的差 $AB - \langle \mathbf{u}, \mathbf{v} \rangle$ 有下界:

$$\left\{ A^2 - \langle \mathbf{u}, \mathbf{u} \rangle \right\}^{\frac{1}{2}} \left\{ B^2 - \langle \mathbf{v}, \mathbf{v} \rangle \right\}^{\frac{1}{2}} \leqslant AB - \langle \mathbf{u}, \mathbf{v} \rangle. \tag{5.18}$$

习题 5.4 (舒尔一个引人注目的不等式)　证明对任何 $x, y, z \geqslant 0$, $\alpha \geqslant 0$ 有

$$x^\alpha (x - y)(x - z) + y^\alpha (y - x)(y - z) + z^\alpha (z - x)(z - y) \geqslant 0. \tag{5.19}$$

同时证明等式成立当且仅当 $x = y = z$ 或它们中的两个相等且第三个为 0.

在 AM–GM 不等式看起来像自然的工具, 但 (实际上) 不能解决问题的时候, 舒尔不等式有时可以节省时间. 等式成立的条件有时也提示我们, 舒尔不等式可能有用.

习题 5.5 (重建波利亚 – 塞格逆向不等式)　逆向柯西不等式 (5.7) 的表示借助了比例 a_k/b_k, 但在很多应用场合, 知道在更直接的假设

$$0 < a \leqslant a_k \leqslant A \quad \text{和} \quad 0 < b \leqslant b_k \leqslant B, \qquad k = 1, 2, \ldots, n$$

下可以得到一个自然的逆向不等式是有用的. 用逆向柯西不等式 (5.7) 证明在这种情形下有

$$\left\{ \sum_{k=1}^{n} a_k^2 \sum_{k=1}^{n} b_k^2 \right\} \Big/ \left\{ \sum_{k=1}^{n} a_k b_k \right\}^2 \leqslant \frac{1}{4} \left\{ \sqrt{\frac{AB}{ab}} + \sqrt{\frac{ab}{AB}} \right\}^2.$$

习题 5.6 (一道反复出现的竞赛题)　设 $a > 0, b > 0, c > 0$, 证明优美的对称不等式

$$\frac{3}{2} \leqslant \frac{a}{b+c} + \frac{b}{a+c} + \frac{c}{a+b} \tag{5.20}$$

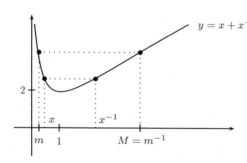

映射 $f(x) = x + x^{-1}$
在 $(0,1]$ 上单调减, 在 $[1,\infty)$ 上单调增

图 5.2   证明康托洛维奇不等式的关键之一是映射 $x \rightarrowtail x + x^{-1}$ 的几何; 其二是通过建立合适的可加不等式来证明乘积不等式可能会更加容易. 说更多可能有远离主题的危险.

成立. 这就是有几个自然变形的著名的 Nesbitt 不等式. 从 1962 年的莫斯科竞赛到 2002 年加拿大海洋省份的竞赛, 它曾被多次用作数学竞赛题.

习题 5.7 (重排、轮换与 AM–GM 不等式)   重排不等式的巧妙使用常常要求我们利用对称性并寻求所得结果的特殊化. 下面的问题概述了 AM–GM 不等式的一个证明, 其证明过程很好地说明了这些步骤.

(a) 证明对任意正数 $c_k, k = 1, 2, \ldots, n$, 有

$$n \leqslant \frac{c_1}{c_n} + \frac{c_2}{c_1} + \frac{c_3}{c_2} + \cdots + \frac{c_n}{c_{n-1}}.$$

(b) 考虑 (a) 中的结果特殊情形, 证明对所有正数 $x_k, k = 1, 2, \ldots, n$, 有不等式

$$n \leqslant \frac{x_1}{x_1 x_2 \cdots x_n} + x_2 + x_3 + \cdots + x_n.$$

(c) 第三次特殊化: 证明对任意 $\rho > 0$, 也有

$$n \leqslant \frac{\rho x_1}{\rho^n x_1 x_2 \cdots x_n} + \rho x_2 + \rho x_3 + \cdots + \rho x_n,$$

最后说明如何正确地选择 ρ 以证明 AM–GM 不等式 (2.3).

习题 5.8 (关于倒数的康托洛维奇不等式)   设 $0 < m = x_1 \leqslant x_2 \leqslant \cdots \leqslant x_n = M < \infty$, 证明满足 $p_1 + p_2 + \cdots + p_n = 1$ 的非负权重有不等式

$$\left\{ \sum_{j=1}^{n} p_j x_j \right\} \left\{ \sum_{j=1}^{n} p_j \frac{1}{x_j} \right\} \leqslant \frac{\mu^2}{\gamma^2}, \tag{5.21}$$

其中 $\mu = (m + M)/2$, $\gamma = \sqrt{mM}$. 这个不等式是习题 1.2 的自然补充. 它在数值分析中也有重要应用. 例如, 它被用于最速上升方法收敛速度的估计. 开始证明前, 可以注意到, 根据齐次性, 只需考虑 $\gamma = 1$ 的情形, 图 5.2 的几何图形给出了有力的提示.

习题 5.9 (单调方法) 假设 $a_k > 0, b_k > 0, k = 1, 2, \ldots, n$, 对给定的 $\theta \in \mathbb{R}$, 考虑函数

$$f_\theta(x) = \left\{ \sum_{j=1}^n a_j^{\theta+x} b_j^{\theta-x} \right\} \left\{ \sum_{j=1}^n a_j^{\theta-x} b_j^{\theta+x} \right\}, \qquad x \in \mathbb{R}.$$

令 $\theta = 1$, 可以看到 $f_1(0)^{1/2}$ 给出了柯西不等式的左边, $f_1(1)^{1/2}$ 给出了柯西不等式的右边. 证明 $f_\theta(x)$ 在 $x \in [0, 1]$ 上是单调增函数, 这个事实给出了以柯西不等式为特殊情形的一族不等式.

习题 5.10 (缪尔黑德不等式的一个原型) 如果非负实数 a_1, a_2, b_1, b_2 满足

$$\max\{a_1, a_2\} \geqslant \max\{b_1, b_2\} \quad \text{以及} \quad a_1 + a_2 = b_1 + b_2,$$

则对非负数 x 和 y, 有

$$x^{b_1} y^{b_2} + x^{b_2} y^{b_1} \leqslant x^{a_1} y^{a_2} + x^{a_2} y^{a_1}. \tag{5.22}$$

通过考虑两边差的因式分解证明这个断言.

习题 5.11 (尾概率的切比雪夫不等式) 在概率论中, 数学期望的最基本的性质之一就是: 对任何期望有限的随机变量 X 和 Y, 若 $X \leqslant Y$, 则 $E(X) \leqslant E(Y)$. 利用该事实证明: 对任何随机变量 Z, 如有有限均值 $\mu = E(Z)$, 则

$$P(|Z - \mu| \geqslant \lambda) \leqslant \frac{1}{\lambda^2} E(|Z - \mu|^2). \tag{5.23}$$

这个不等式给出了如下观点的具体表达: 随机变量不太可能离它的均值太远. 这也几乎是带有切比雪夫名字的几个不等式中最常用的一个不等式.

第六章 凸性——第三支柱

不等式理论有三大支柱: 正性、单调性和凸性. 正性和单调性对我们所讨论的问题非常本质, 以致这两个概念常为我们所用但未引起我们的注意. 但凸性不同. 凸性显示了二阶导数的作用, 为能使它帮助我们, 我们要做一些特别的准备.

首先回忆, 函数 $f : [a,b] \to \mathbb{R}$ 被称作凸的, 如果对任何 $x, y \in [a,b]$ 和 $0 \leqslant p \leqslant 1$, 都有

$$f\big(px + (1-p)y\big) \leqslant pf(x) + (1-p)f(y). \tag{6.1}$$

从定义和图 6.1 的 (A) 所示直观, 我们可以提出如下挑战问题, 它建立了凸性与不等式理论之间的基本桥梁.

问题 6.1 (延森不等式) 设 $f : [a,b] \to \mathbb{R}$ 为凸函数, 且设非负实数 $p_j (j = 1, 2, \ldots, n)$ 满足

$$p_1 + p_2 + \cdots + p_n = 1.$$

证明对于任何 $x_j \in [a,b], j = 1, 2, \ldots, n$, 有

$$f\left(\sum_{j=1}^{n} p_j x_j\right) \leqslant \sum_{j=1}^{n} p_j f(x_j). \tag{6.2}$$

当 $n = 2$ 时, 延森不等式[①](6.2) 就是凸性的定义, 直觉促使我们用数学归纳法证明. 数学归纳法要求建立 $n-1$ 阶平均和 n 阶平均之间的联系, 这可以通过数种方式来实现.

自然的想法是直接提出最后一个被加数, 然后对剩下的被加数做归一化. 具体做法如下. 首先, 不失一般性, 可设 $p_n > 0$, 这时有

$$\sum_{j=1}^{n} p_j x_j = p_n x_n + (1-p_n) \sum_{j=1}^{n-1} \frac{p_j}{1-p_n} x_j.$$

---

①译注: 延森不等式以丹麦数学家约翰·延森 (Johan Ludwig William Valdemar Jensen, 1859 − 1925) 的名字命名. 在一些文献中, 它也被称为琴生不等式或詹森不等式.

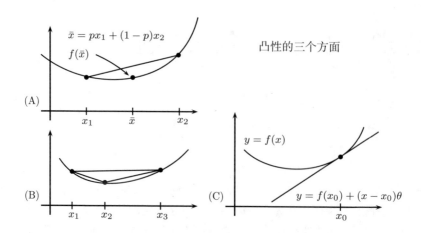

图 6.1　按定义, 称函数 f 是凸的, 如果它满足子图 (A) 所示的条件 (6.1). 但凸函数也可以用其他方式来刻画. 例如, 子图 (B) 表示函数是凸的当且仅当它的相继割线斜率是渐增的, 而子图 (C) 表明函数是凸的等价于对图上的任一点 p, 函数图像下方有一条过点 p 的直线. 这些判别准则都不要求函数 f 可导.

根据这个表达式, 依次应用凸性的定义和归纳假设, 可得

$$f\left(\sum_{j=1}^{n} p_j x_j\right) \leqslant p_n f(x_n) + (1-p_n) f\left(\sum_{j=1}^{n-1} \frac{p_j}{1-p_n} x_j\right)$$

$$\leqslant p_n f(x_n) + (1-p_n) \sum_{j=1}^{n-1} \frac{p_j}{1-p_n} f(x_j)$$

$$= \sum_{j=1}^{n} p_j f(x_j).$$

上述不等式完成了归纳步的证明. 这也解答了全部挑战问题中最简单的, 但同时也是最有用的问题.

等式情形

　　我们将会看到延森不等式的很多应用, 其中一些最迷人的结果依赖于对取等条件的理解. 为便于后续讨论, 我们先将注意力集中在一类特别的函数 $f : [a,b] \to \mathbb{R}$, 使对任何 $x,y \in [a,b]$ 及任何 $0 < p < 1$, $x \neq y$, 有如下严格不等式

$$f(px + (1-p)y) < pf(x) + (1-p)f(y). \tag{6.3}$$

这样的函数称为*严格凸*的. 这个概念有助于我们提出如下问题.

问题 6.2 (延森不等式成为等式的情形)　设 $f : [a, b] \to \mathbb{R}$ 是严格凸的且满足

$$f\left(\sum_{j=1}^{n} p_j x_j\right) = \sum_{j=1}^{n} p_j f(x_j), \tag{6.4}$$

其中 $p_j (j = 1, 2, \ldots, n)$ 是正实数且满足 $p_1 + p_2 + \cdots + p_n = 1$, 则

$$x_1 = x_2 = \cdots = x_n. \tag{6.5}$$

我们的任务依然很容易. 但同延森不等式一样, 结果的重要性使之有理由以挑战问题的形式出现. 对很多不等式, 可以通过逆推不等式的证明得到不等式取等号的条件. 这种方式对延森不等式也完全适用, 但仍需要小心谨慎地考虑其中的逻辑.

首先, 如果结论 (6.5) 不成立, 则集合

$$S = \left\{ j : x_j \neq \max_{1 \leqslant k \leqslant n} x_k \right\}$$

是 $\{1, 2, \ldots, n\}$ 的真子集, 我们证明它将导致矛盾. 为看清为何会这样, 先设

$$p = \sum_{j \in S} p_j, \quad x = \sum_{j \in S} \frac{p_j}{p} x_j \quad \text{以及} \quad y = \sum_{j \notin S} \frac{p_j}{1-p} x_j.$$

我们注意到, 从 f 的严格凸性可推出

$$f\left(\sum_{j=1}^{n} p_j x_j\right) = f(px + (1-p)y) < pf(x) + (1-p)f(y). \tag{6.6}$$

此外, 将 f 的最简单的凸性定义分别直接应用于 x 和 y, 又有如下不等式:

$$pf(x) + (1-p)f(y) \leqslant p \sum_{j \in S} \frac{p_j}{p} f(x_j) + (1-p) \sum_{j \notin S} \frac{p_j}{1-p} f(x_j) = \sum_{j=1}^{n} p_j f(x_j).$$

最后, 由上述不等式和严格不等式 (6.6), 可得

$$f\left(\sum_{j=1}^{n} p_j x_j\right) < \sum_{j=1}^{n} p_j f(x_j),$$

因为这个不等式与假设 (6.4) 矛盾, 挑战问题的解答就此完成.

凸性的微分判别准则

延森不等式的关键好处在于其普遍性, 但要应用延森不等式于具体的问题, 需要建立相关函数的凸性. 在某些情况下, 直接应用定义就可以证明 (6.1), 但凸性一般由下列挑战问题提供的微分判别准则给出.

问题 6.3 (凸性的微分判别准则)   设 $f : (a,b) \to \mathbb{R}$ 是二次可微的, 证明

对任意 $x \in (a,b)$, $f''(x) \geqslant 0$ 蕴涵着 $f(\cdot)$ 在 (a,b) 上是凸的,

同时,

对任意 $x \in (a,b)$, $f''(x) > 0$ 蕴涵着 $f(\cdot)$ 在 (a,b) 上是严格凸的.

如果仅仅将条件 $f''(x) \geqslant 0$ 的意义可视化, 则问题看起来很显然. 然而, 如果想要完整的证明而非直观说明, 则这个问题不像图 6.1 所示的那样直接.

由于需要建立函数 f 和它的导数的关系, 最自然的做法也许是从微积分基本定理给出的 f 的表达式开始. 对固定的 $x_0 \in [a,b]$, 有如下表达式:

$$对任意 \ x \in [a,b], \quad f(x) = f(x_0) + \int_{x_0}^{x} f'(u)\,du. \tag{6.7}$$

一旦写下这个方程, 不需要太多时间就会想到利用假设 $f''(\cdot) \geqslant 0$. 这个条件蕴涵着被积函数 $f'(\cdot)$ 是不减的. 事实上, 我们的假设不包含更多的信息, 所以表达式 (6.7), $f'(\cdot)$ 的单调性, 以及老老实实的计算一定会带领我们完成接下来的步骤.

取 $a \leqslant x < y \leqslant b$, $0 < p < 1$ 并令 $q = 1 - p$, 对 x, y 以及 $x_0 = px + qy$ 应用表达式 (6.7), 可将 $\Delta = pf(x) + qf(y) - f(px + qy)$ 写成

$$\Delta = q \int_{px+qy}^{y} f'(u)\,du - p \int_{x}^{px+qy} f'(u)\,du. \tag{6.8}$$

对 $u \in [x, px+qy]$, 有 $f'(u) \leqslant f'(px+qy)$, 所以我们得到不等式

$$p \int_{x}^{px+qy} f'(u)\,du \leqslant qp(y-x)f'(px+qy), \tag{6.9}$$

对 $u \in [px+qy, y]$, 有 $f'(u) \geqslant f'(px+qy)$, 相应地可得不等式

$$q \int_{px+qy}^{y} f'(u)\,du \geqslant qp(y-x)f'(px+qy). \tag{6.10}$$

因此, 从 Δ 的积分表达式 (6.8) 以及两个单调性估计 (6.9) 和 (6.10), 可得 $\Delta \geqslant 0$, 这正是要证的定理前半部分所需要的.

对于定理的后半部分, 只需要注意到, 若对任意的 $x \in (a,b)$, $f''(x) > 0$, 则不等式 (6.9) 和 (6.10) 都是严格的. 因此, 从 Δ 的表达式 (6.8) 可得 $\Delta > 0$, 因而有 f 的严格凸性.

在结束这个挑战问题前, 我们应该指出还有一种颇具启发意义的证明. 具体来说, 我们可以应用罗尔定理, 通过与一个合适的多项式做比较来估计 Δ. 这种方法的概要可参考习题 6.10.

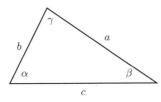

一般三角形的面积 A 有三种基本表达式:

$$A = \tfrac{1}{2}ab\sin\gamma = \tfrac{1}{2}ac\sin\beta = \tfrac{1}{2}bc\sin\alpha$$

图 6.2 当参数限制在适当的范围内时, 所有的三角函数都是凸的 (或凹的). 因此, 有很多延森不等式的有趣的几何推论.

AM–GM 不等式及 $x \mapsto e^x$ 的特殊性质

由微分判别准则可知映射 $x \mapsto e^x$ 是凸的, 因此从延森不等式可知对任意实数 $y_1, y_2, \ldots, y_n$ 和任意满足 $p_1 + p_2 + \cdots + p_n = 1$ 的正数 $p_j, j = 1, 2, \ldots, n$, 有

$$\exp\left(\sum_{j=1}^{n} p_j y_j\right) \leqslant \sum_{j=1}^{n} p_j e^{y_j}.$$

令 $x_j = e^{y_j}$, 会发现类似的关系

$$\prod_{j=1}^{n} x_j^{p_j} \leqslant \sum_{j=1}^{n} p_j x_j.$$

因此, 延森不等式用闪电速度和清晰的逻辑带给我们一般的 AM–GM 不等式.

这种把 AM–GM 不等式视为函数 $x \mapsto e^x$ 的延森不等式的特例的看法将 AM–GM 不等式聚焦于独特的灯光下, 或许可以揭示其生命力的根本源泉. 很有可能, 整个不等式理论中最有普适价值的 AM–GM 不等式只不过是指数函数作为数学中两个最重要的群——实数上的加法群和正实数轴上的乘法群——之间同构的又一反映.

如何在典型问题中应用凸性

三角学和几何中很多熟悉的函数的凸性易于验证. 一般而言, 这些凸性有很多有用的结论. 下一个挑战问题的叙述没有使用凸性的提示, 但如果我们对延森不等式帮助我们理解平均的方式够敏锐, 则不难发现所需的凸性.

问题 6.4 (两边乘积的最大值) 面积为 A 的等边三角形的两边之积等于 $(4/\sqrt{3})A$. 证明它表示了极端情形, 即面积为 A 的三角形必有两边的长度之积不小于 $(4/\sqrt{3})A$.

首先我们需要将边长和面积联系起来的公式, 利用如图 6.2 所示的传统的记号, 有三种可用公式:

$$A = \frac{1}{2}ab\sin\gamma = \frac{1}{2}ac\sin\beta = \frac{1}{2}bc\sin\alpha.$$

对这些表达式取平均, 可得

$$\frac{1}{3}(ab + ac + bc) = (2A)\frac{1}{3}\left\{\frac{1}{\sin\alpha} + \frac{1}{\sin\beta} + \frac{1}{\sin\gamma}\right\}, \tag{6.11}$$

这个公式几乎是在恳求我们追问 $1/\sin x$ 的凸性. 当 $x \in (0, \pi)$ 时, $x \mapsto 1/\sin x$ 的图像显然是凸的. 这个直觉可以通过计算这个函数的二阶导数来确认:

$$\left(\frac{1}{\sin x}\right)'' = \frac{1}{\sin x} + 2\frac{\cos^2 x}{\sin^3 x} > 0, \qquad x \in (0, \pi). \tag{6.12}$$

由于 $(\alpha + \beta + \gamma)/3 = \pi/3$, 应用延森不等式可得

$$\frac{1}{3}\left\{\frac{1}{\sin \alpha} + \frac{1}{\sin \beta} + \frac{1}{\sin \gamma}\right\} \geqslant \frac{1}{\sin \pi/3} = \frac{2}{\sqrt{3}}.$$

所以, 根据不等式 (6.11), 可得猜测的不等式

$$\max(ab, ac, bc) \geqslant \frac{1}{3}(ab + ac + bc) \geqslant \frac{4}{\sqrt{3}}A. \tag{6.13}$$

联系与改进

与上面的挑战问题紧密相关的是众所周知的 Weitzenböck 不等式: 在任意三角形中,

$$a^2 + b^2 + c^2 \geqslant 4\sqrt{3}A. \tag{6.14}$$

为从不等式 (6.13) 得到 Weitzenböck 不等式, 只需用到熟悉的结果

$$ab + ac + bc \leqslant a^2 + b^2 + c^2.$$

这个不等式至少有三种证明方法. 柯西不等式、AM–GM 不等式或重排不等式都能给出同样优美的证明.

Weitzenböck 不等式有很多颇具启发意义的证明——Engel (1998) 给出了 11 种证明! 它还有数种有益的改进, 其中之一将在习题 6.9 中讨论, 它用到函数 $x \mapsto \tan x$ 在区间 $[0, \pi/2]$ 上的凸性.

怎样在大部分时间内做得更好

某些数学方法可称为通用改进法. 粗略地说, 这些方法能被半自动地用于推广等式, 改善不等式或优化已知结果. 一个经典例子是我们此前已见到的极化工具 (见第 40 页), 它常可以把平方等式转化为更一般的乘积等式. 接下来的挑战问题给出了一个不同类型的例子. 它揭示了如何改进几乎所有由延森不等式得到的结果.

问题 6.5 (**赫尔德亏损公式**)   设 $f : [a, b] \to \mathbb{R}$ 是二阶可导的, 且

$$0 \leqslant m \leqslant f''(x) \leqslant M, \qquad x \in [a, b], \tag{6.15}$$

则对任意实数 $a \leqslant x_1 \leqslant x_2 \leqslant \cdots \leqslant x_n \leqslant b$ 和任意满足 $p_1 + p_2 + \cdots + p_n = 1$ 的非负实数 p_k, $k = 1, 2, \ldots, n$, 存在实数 $\mu \in [m, M]$ 使得

$$\sum_{k=1}^{n} p_k f(x_k) - f\left(\sum_{k=1}^{n} p_k x_k\right) = \frac{1}{4}\mu \sum_{j=1}^{n}\sum_{k=1}^{n} p_j p_k (x_j - x_k)^2. \tag{6.16}$$

内容与计划

这个结果同样源自奥托·路德维希·赫尔德 (Otto Ludwig Hölder, 1859 − 1937) 于 1889 年的著名文章. 在这篇文章中他给出了现在通称为赫尔德不等式的证明. 亏损公式 (6.16) 不那么出名, 但无疑是有价值的. 它给出了延森不等式两边差距的完美自然测量, 并且告诉我们只要能验证额外的假设 (6.15) 便可得到比普通延森不等式要好的结果. 通常, 额外的精度并不值得考虑增加的复杂性, 但我们敢肯定的是一定有很好的问题正等着用这样的改进来解决.

赫尔德亏损公式 (6.16) 还深化了人们对凸函数与简单仿射或二次函数的关系的理解. 例如, 若差 $M - m$ 比较小, 公式 (6.16) 表明函数 f 在 $[a, b]$ 上与二次函数非常类似. 进一步, 在 $m = M$ 的极端情况, f 正好是二次的, 例如 $f(x) = \alpha + \beta x + \gamma x^2$, 其中 $m = M = \mu = 2\gamma$, 亏损公式 (6.16) 就简化为简单的二次恒等式.

类似地, 如果 M 较小, 如 $0 \leqslant M \leqslant \epsilon$, 则公式 (6.16) 意味着函数 f 类似于仿射函数 $f(x) = \alpha + \beta x$. 对给定的仿射函数, 公式 (6.16) 左边恒为零, 但在一般情况下公式 (6.16) 显示了更细致的关系. 更准确地说, 它告诉我们公式 (6.16) 的左边是 $x_j (j = 1, 2, \cdots n)$, 在区间 $[a, b]$ 上离散程度的测量值的小倍数.

考虑条件

这个挑战问题相当自然地引导我们到一个过渡问题: 如何利用条件 $0 \leqslant m \leqslant f''(x) \leqslant M$? 一旦这个问题被提出, 不需要多久就会发现如下两个密切相关的函数

$$g(x) = \frac{1}{2}Mx^2 - f(x) \quad \text{和} \quad h(x) = f(x) - \frac{1}{2}mx^2$$

都是凸的. 相应地, 这个 (凸性) 观测启发我们去问, 对这些函数应用延森不等式可以得到什么.

对 $g(x)$, 延森不等式给出

$$\frac{1}{2}M\bar{x}^2 - f(\bar{x}) \leqslant \sum_{k=1}^{n} p_k \left\{ \frac{1}{2}Mx_k^2 - f(x_k) \right\},$$

其中 $\bar{x} = p_1 x_1 + p_2 x_2 + \cdots + p_n x_n$, 整理不等式, 很容易得到

$$\left\{ \sum_{k=1}^{n} p_k f(x_k) \right\} - f(\bar{x}) \leqslant \frac{1}{2}M \left\{ \left(\sum_{k=1}^{n} p_k x_k^2 \right) - \bar{x}^2 \right\} = \frac{1}{2}M \sum_{k=1}^{n} p_k (x_k - \bar{x})^2.$$

对 $h(x)$ 的完全相似的计算可得到下界

$$\left\{ \sum_{k=1}^{n} p_k f(x_k) \right\} - f(\bar{x}) \geqslant \frac{1}{2}m \sum_{k=1}^{n} p_k (x_k - \bar{x})^2,$$

综合这里的上下界就几乎完成了断言 (6.16) 的证明. 唯一缺失的部分就是等式

$$\sum_{k=1}^{n} p_k (x_k - \bar{x})^2 = \frac{1}{2} \sum_{j=1}^{n} \sum_{k=1}^{n} p_j p_k (x_j - x_k)^2.$$

检查代数展开式和 $\bar{x}$ 的定义可很容易地证明上述等式.

转败为胜

凸性和延森不等式对很多问题给出了直接解法. 然而, 它们有时会遇到意料之外的障碍. 下一个问题出自著名的《美国数学月刊》的问题部分, 它为这个现象提供了一个经典的例子.

起初这个问题看起来很容易, 但很快就会出现困难. 幸运的是, 困难是可以解决的. 在加深对凸函数的理解之后, 我们发现延森不等式确实起了作用.

问题 6.6 (AMM 2002, M. Mazur 提出)　设 a, b 和 c 都是正实数且有下界 $abc \geqslant 2^9$, 请证明

$$\frac{1}{\sqrt{1 + (abc)^{1/3}}} \leqslant \frac{1}{3}\left\{ \frac{1}{\sqrt{1 + a}} + \frac{1}{\sqrt{1 + b}} + \frac{1}{\sqrt{1 + c}} \right\}. \tag{6.17}$$

不等式右边的平均暗示延森不等式或许有用, 而左边的几何平均则暗示指数函数可能会起到一定的作用. 经过多次探索——和一定的运气——我们很快就可猜到函数

$$f(x) = \frac{1}{\sqrt{1 + e^x}}$$

将有助于延森不等式以适当的方式起作用. 实际上, 一旦这个函数被写下, 几乎不用计算, 就能验证目标不等式 (6.17) 等价于断言: 对所有满足 $\exp(x + y + z) \geqslant 2^9$ 的实数 x, y 和 z 有

$$f\left(\frac{x + y + z}{3} \right) \leqslant \frac{1}{3}\big\{ f(x) + f(y) + f(z) \big\}. \tag{6.18}$$

为明白是否可应用延森不等式于此, 需要研究 f 的凸性. 为此只需要求两次导数:

$$f'(x) = -\frac{e^x}{2(1 + e^x)^{3/2}}$$

和

$$f''(x) = -\frac{1}{2}(1 + e^x)^{-3/2} e^x + \frac{3}{4}(1 + e^x)^{-5/2} e^{2x}.$$

第二个公式告诉我们, 当且仅当 $e^x \geqslant 2$ 时, $f''(x) \geqslant 0$. 根据延森不等式, 只要 a, b, c 都不小于 2, 目标不等式 (6.17) 就成立.

困难、探索与可能性

我们面对的困难是问题 6.6 的假设只告诉我们乘积 abc 不小于 2^9; 但对每一个元素, 除了 $a > 0, b > 0, c > 0$ 外, 我们没有任何其他条件. 因此, 全靠延森不等式不能完成证明, 必须求助其他资源.

有很多想法可以尝试, 但在走得足够远之前, 应当考虑 $f(x)$ 的图像. 在图 6.3 中, 函数 $f(x)$ 看起来在区间 $[0, 10]$ 上是凸的, 尽管实际计算表明函数 $f(x)$ 在区间 $[0, \log 2]$

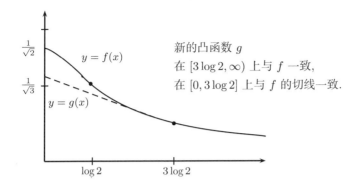

图 6.3 延森不等式的有效应用需要找到在 $[0, \infty)$ 整体凸的函数, 且不大于 f. (注意: 为使 f 在 $[0, \log 2)$ 上的凸性更明显, 图像未按正常尺度作图.)

上是凹的, 在区间 $[\log 2, \infty)$ 上是凸的. 因此, 图像包含着希望: 也许只要对 f 做些小的修改就能得到解决问题所需要的凸性.

凸弱函数的思想

在考虑对 f 运用延森不等式时, 我们很快意识到可以让任务稍微简单点. 假设可找到凸函数 $g : [0, \infty) \to \mathbb{R}$ 使得

$$对任何 \ x \in [0, \infty), \qquad g(x) \leqslant f(x) \tag{6.19}$$

以及

$$对任何 \ x \geqslant 3 \log 2, \qquad g(x) = f(x). \tag{6.20}$$

根据延森不等式, 对满足 $\exp(x + y + z) \geqslant 2^9$ 的 x, y 和 z 有不等式

$$
\begin{aligned}
f\left(\frac{x + y + z}{3}\right) &= g\left(\frac{x + y + z}{3}\right) \\
&\leqslant \frac{1}{3}\{g(x) + g(y) + g(z)\} \\
&\leqslant \frac{1}{3}\{f(x) + f(y) + f(z)\}.
\end{aligned}
$$

上述不等式的第一项和最后一项就是不等式 (6.18), 所以除了一个小细节, 问题的解已经完成了. 我们还要证明在区间 $[0, \infty)$ 上存在凸函数 g 使得: 对 $x \in [0, 3 \log 2]$, $g(x) \leqslant f(x)$; 对 $x \geqslant 3 \log 2$, $f(x) = g(x)$.

凸弱函数的构造

构造具有上述弱性质的凸函数的一个方法是对 $x \geqslant 3 \log 2$ 直接取 $g(x) = f(x)$, 然

后在 $[0, 3\log 2]$ 上通过线性外推定义 $g(x)$. 因此, 对 $x \in [0, 3\log 2]$, 取

$$
\begin{aligned}
g(x) &= f(3\log 2) + (x - 3\log 2)f'(3\log 2) \\
&= \frac{1}{3} + (3\log 2 - x)(4/27).
\end{aligned}
$$

三个简单的观察足以证明对所有 $x \geqslant 0$, $g(x) \leqslant f(x)$. 首先, 对 $x \geqslant 3\log 2$, 根据定义有 $g(x) = f(x)$. 其次, 对 $\log 2 \leqslant x \leqslant 3\log 2$, 有 $g(x) \leqslant f(x)$, 因为在这个区间里 $g(x)$ 取了 $f(x)$ 一条切线的值, 而 f 在区间 $\log 2 \leqslant x \leqslant 3\log 2$ 上是凸的, 切线在 f 的图像下面. 另外, 在区间 $0 \leqslant x \leqslant \log 2$ 上, $g(x) \leqslant f(x)$ 是因为 (i) f 是凹的; (ii) g 是线性的; (iii) f 在区间 $[0, \log 2]$ 的端点比 g 大. 更精确地说, 在左端点, 有

$$
g(0) = 0.641 \cdots \leqslant f(0) = \frac{1}{\sqrt{2}} = 0.707 \cdots,
$$

在右端点, 有

$$
g(\log 2) = 0.538 \cdots \leqslant f(\log 2) = \frac{1}{\sqrt{3}} = 0.577 \cdots.
$$

因此, 凸函数 g 确实是 f 的弱函数, 且在区间 $[3\log 2, \infty)$ 与 f 重合. 至此问题的证明就完成了.

延森不等式展望

延森不等式或许缺乏如柯西不等式或 AM–GM 不等式那样的原始自然性. 但若要选一个结果并在其基础上建筑不等式理论, 延森不等式是很好的选择. 它可以作为目前所见过的几乎所有结论的证明的起点. 即使这样, 它的作用还远未竭尽.

练习

习题 6.1 (文艺复兴不等式) 蒙哥里 (Pietro Mengoli, $1625 - 1686$) 是文艺复兴时期数学家, 他只用简单的代数就证明了如下优美的对称不等式:

$$
\text{对所有 } x > 1, \quad \frac{1}{x-1} + \frac{1}{x} + \frac{1}{x+1} > \frac{3}{x}. \tag{6.21}
$$

他用这个不等式给出调和级数发散的最早证明之一:

$$
H_n = 1 + \frac{1}{2} + \frac{1}{3} + \cdots + \frac{1}{n} \quad \Longrightarrow \quad \lim_{n \to \infty} H_n = \infty. \tag{6.22}
$$

请给出蒙哥里对不等式 (6.21) 的代数证明并验证它可以由延森不等式得到. 进一步, 如蒙哥里所做的, 证明不等式 (6.21) 蕴含着 H_n 的发散性.

习题 6.2 (完全立方数与三乘积) 证明如果 $x, y, z > 0$ 且 $x + y + z = 1$, 则

$$
64 \leqslant \left(1 + \frac{1}{x}\right)\left(1 + \frac{1}{y}\right)\left(1 + \frac{1}{z}\right).
$$

圆内接多边形可分解为多个如阴影图所示的三角形. 阴影三角形的面积为 $\frac{1}{2}\sin\theta$.

图 6.4 如果凸多边形有 n 条边并且内接于单位圆, 直观上, 它的面积只有在它是正多边形时才取最大. 这个猜想可以通过欧几里得所熟悉的方法证明, 但利用凸性的现代证明更加简单.

习题 6.3 (n **边形的面积不等式**)   图 6.4 表明在所有圆内接凸 n 边形中, 只有正 n 边形取到最大的面积. 可用延森不等式证明这个结论吗?

习题 6.4 (**投资不等式**)   设 $0 < r_k < \infty$, 若在第 k 年投入 1 美元, 年底收获 $1 + r_k$ 美元, 则称 r_k 为第 k 年的投资回报. 证明在 n 年后的收获值 $V = (1 + r_1)(1 + r_2)\cdots(1 + r_n)$ 满足不等式

$$(1 + r_G)^n \leqslant \prod_{k=1}^{n} (1 + r_k) \leqslant (1 + r_A)^n, \tag{6.23}$$

其中 $r_G = (r_1 r_2 \cdots r_n)^{1/n}$, $r_A = (r_1 + r_2 + \cdots + r_n)/n$. 请解释为何这个不等式可以看作 AM–GM 不等式的改进.

习题 6.5 (**几何平均的超可加性**)   我们在习题 2.11 中已经了解到对于非负 a_j 和 b_j, $j = 1, 2, \ldots, n$, 有几何平均的超可加性:

$$(a_1 a_2 \cdots a_n)^{1/n} + (b_1 b_2 \cdots b_n)^{1/n} \leqslant \{(a_1 + b_1)(a_2 + b_2)\cdots(a_n + b_n)\}^{1/n}.$$

这也是延森不等式的推论之一吗?

习题 6.6 (**柯西技巧与延森不等式**)   1906 年, 延森受柯西给出的 AM–GM 不等式的证明的启发写了一篇文章, 为得到柯西论证的核心, 延森介绍了一类满足如下不等式的函数:

$$\text{对所有 } x, y \in [a, b], \quad f\left(\frac{x + y}{2}\right) \leqslant \frac{f(x) + f(y)}{2}. \tag{6.24}$$

这样的函数现在被称为 J 凸函数, 正如在接下来习题 6.7 中指出的一样, 它们比条件 (6.1) 定义的凸函数类更广泛些.

让我们追随延森的步伐, 看看如何修改柯西的向前向后归纳 (16 页) 来证明对所有的 J 凸函数, 有

$$f\left(\frac{1}{n}\sum_{k=1}^{n} x_k\right) \leqslant \frac{1}{n}\sum_{k=1}^{n} f(x_k), \quad \{x_k : 1 \leqslant k \leqslant n\} \subset [a, b]. \tag{6.25}$$

应该指出的是, 延森在其 1906 年文章的接近末尾处, 大胆地表达了如下思想: 或许有一天凸函数会被认为是与正函数或增函数一样基本的函数. 如果允许将特殊的 J 凸概念换为现在对凸性 (6.1) 的解释, 延森的观点是很有远见的.

习题 6.7 (凸与 J 凸)   证明如果 $f : [a, b] \to \mathbb{R}$ 是连续且 J 凸的, 则 f 是由条件 (6.1) 定义的现代意义下的凸的. 应该指出, 存在不是现代意义下凸的 J 凸函数, 这样的函数相当不连续, 除非特别构造, 它们不大可能出现.

习题 6.8 (可能耗费整日的"一行")   证明对所有 $0 \leqslant x, y, z \leqslant 1$, 有不等式

$$L(x, y, z) = \frac{x^2}{1+y} + \frac{y^2}{1+z} + \frac{z^2}{1+x+y} + x^2(y^2-1)(z^2-1) \leqslant 2.$$

因为有本章是讲凸性的这个提示, 该问题不过是小菜一碟. 但在信息较少的地方, 它可能将人坑到繁琐的代数运算中.

习题 6.9 (Hadwiger–Finsler 不等式)   考虑任意三角形, 并用图 6.2 所示传统记号, 由余弦定理, 有 $a^2 = b^2 + c^2 - 2bc\cos\alpha$. 证明这个定理蕴含着面积公式

$$a^2 = (b-c)^2 + 4A\tan(\alpha/2).$$

再用延森不等式证明, 在任何三角形中有

$$a^2 + b^2 + c^2 \geqslant (a-b)^2 + (b-c)^2 + (c-a)^2 + 4\sqrt{3}A.$$

这个不等式被称为 Hadwiger–Finsler 不等式, 它给出了 Weitzenböck 不等式的最优美的改进之一.

习题 6.10 (f'' 判别准则与罗尔定理)   我们早先看到 (第 76 页) 微积分基本定理可推出如下结论: 若对所有 $x \in [a, b]$ 有 $f''(x) \geqslant 0$, 则 f 在区间 $[a, b]$ 上是凸的. 本习题描述了如何通过与一个合适的多项式做比较来估计差值 $f(px_1 + qx_2) - pf(x_1) - qf(x_2)$, 从而证明这个重要的事实.

(a) 取 $0 < p < 1$, $q = 1 - p$ 并令 $\mu = px_1 + qx_2$, 其中 $x_1 < x_2$. 找到唯一的二次多项式 $Q(x)$ 使得

$$Q(x_1) = f(x_1), \quad Q(x_2) = f(x_2), \quad Q(\mu) = f(\mu).$$

(b) 利用 $\Delta(x) = f(x) - Q(x)$ 在 $[a, b]$ 上有三个不同的零点的事实来证明存在 x^* 使得 $\Delta''(x^*) = 0$.

(c) 最后, 解释对任何 $x \in [a, b]$, $f''(x) \geqslant 0$ 以及 $\Delta''(x^*) = 0$ 蕴含着 $f(px_1 + qx_2) - pf(x_1) - qf(x_2) \geqslant 0$.

习题 6.11 (变换得到凸性)　证明对满足 $a+b+c=abc$ 的正数 a, b 和 c 有

$$\frac{1}{\sqrt{1+a^2}} + \frac{1}{\sqrt{1+b^2}} + \frac{1}{\sqrt{1+c^2}} \leqslant \frac{3}{2}.$$

这个问题来自 1998 年韩国国家奥林匹克竞赛. 它并不简单, 即便有了习题标题中所给的提示也不算简单. 幸运者或许会把假设条件 $a+b+c=abc$ 以及合理的众所周知的事实在图 6.2 所示的三角形中标出, 则有

$$\tan(\alpha) + \tan(\beta) + \tan(\gamma) = \tan(\alpha)\tan(\beta)\tan(\gamma).$$

将正切函数的加法公式应用于和式 $\gamma = \pi - (\alpha + \beta)$, 就可证明上述等式. 不过记住它自然比临场发挥要容易.

习题 6.12 (高斯 – 卢卡斯定理)　证明对任何复多项式 $P(z) = a_0 + a_1 z + \cdots + a_n z^n$, 导数 $P'(z)$ 的根都包含在 $P(z)$ 的根构成的凸包 H 中.

习题 6.13 (Wilf 不等式)　设 H 为复多项式 $P = a_0 + a_1 z + \cdots + a_n z^n$ 的根构成的凸区域, 证明

$$\left|\frac{a_n}{P(z)}\right|^{1/n} \leqslant \frac{1}{n\cos\psi}\left|\frac{P'(z)}{P(z)}\right|, \qquad z \notin H, \tag{6.26}$$

其中角度 ψ 由图 6.5 定义. 这个不等式对习题 6.12 中的经典高斯 – 卢卡斯定理给出了证明和定量细化.

在有界闭集 H 外的点 z
决定了自然的观测角度 2ψ.

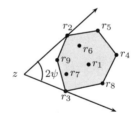

图 6.5　$P(z)$ 的根 $r_1, r_2, \ldots, r_n$ 构成的凸包的角度 2ψ 确定了参数 ψ, 这个参数出现在 Wilf 对高斯 – 卢卡斯定理的定量细化中.

习题 6.14 (多项式下界)　设多项式 $P(z) = a_n z^n + \cdots + a_1 z + a_0$ 的零点包含在单位圆盘 $U = \{z : |z| \leqslant 1\}$ 中, 证明

$$对所有 z \notin U, \quad n|a_n|^{1/n}|P(z)|^{(n-1)/n}\sqrt{1-|z|^{-2}} \leqslant |P'(z)|. \tag{6.27}$$

习题 6.15 (复平均乘积定理)　设 $0 < r < 1$ 且复数 $z_1, z_2, \ldots, z_n$ 在圆盘 $D = \{z : |z| \leqslant r\}$ 中, 证明存在点 $z_0 \in D$ 使得

$$\prod_{j=1}^{n}(1+z_j) = (1+z_0)^n. \tag{6.28}$$

习题 6.16 (Shapiro 循环求和不等式)　证明对正数 a_1, a_2, a_3 和 a_4, 有不等式

$$2 \leqslant \frac{a_1}{a_2 + a_3} + \frac{a_2}{a_3 + a_4} + \frac{a_3}{a_4 + a_1} + \frac{a_4}{a_1 + a_2}. \tag{6.29}$$

Bushell (1994) 的评论提供了大量具有如下形式不等式的信息:

$$n/2 \leqslant \frac{x_1}{x_2 + x_3} + \frac{x_2}{x_3 + x_4} + \cdots + \frac{x_{n-1}}{x_n + x_1} + \frac{x_n}{x_1 + x_2}.$$

已知这个不等式在 $n \geqslant 25$ 时是不成立的, 然而, 使不等式成立的 n 的集合是未知的.

习题 6.17 (三弦引理)　设 $f : [a, b] \to \mathbb{R}$ 是凸的且 $a < x < b$, 则

$$\frac{f(x) - f(a)}{x - a} \leqslant \frac{f(b) - f(a)}{b - a} \leqslant \frac{f(b) - f(x)}{b - x}. \tag{6.30}$$

从下面两个习题可见, 上述不等式是证明凸函数的一些最基本的正则性的关键.

习题 6.18 (凸函数几乎可导)　使用三弦引理证明对凸函数 $f : [a, b] \to \mathbb{R}$ 和 $a < x < b$, 有如下有限极限存在:

$$f_+'(x) \overset{\text{def}}{=} \lim_{h \downarrow 0} \frac{f(x + h) - f(x)}{h}, \qquad f_-'(x) \overset{\text{def}}{=} \lim_{h \downarrow 0} \frac{f(x) - f(x - h)}{h}.$$

习题 6.19 (比例的界与线性弱函数)　对凸函数 $f : [a, b] \to \mathbb{R}$ 和 $a < x < y < b$, 证明

$$f_-'(x) \leqslant f_+'(x) \leqslant \frac{f(y) - f(x)}{y - x} \leqslant f_-'(y) \leqslant f_+'(y). \tag{6.31}$$

注意到对每一个 $\theta \in [f_-'(x), f_+'(x)]$, 有

$$f(y) \geqslant f(x) + (y - x)\theta, \qquad y \in [a, b]. \tag{6.32}$$

线性下界 (6.32) 比它的简洁性所暗示的更有效, 它有一些值得注意的推论. 在下一章我们将看到它给出了延森不等式一个非常有效的证明.

第七章　积分间奏曲

关于有限和的不等式是最基本的不等式. 积分不等式无疑也值得关注. 在科学和工业领域中, 积分无处不在. 在数学上, 与求和相比, 积分也有一些优势. 例如, 积分可以任意分割为多个部分, 分部积分也几乎总是比分部求和更优美. 此外, 通过变量代换还可以将积分改写成数不清的种种不同形式.

这些主题对积分不等式理论都有贡献. 它们都可通过我们偏爱的工具——独特而具体的挑战问题——来得到很好的阐述.

问题 7.1 (连续的折中)　证明对于可积函数 $f : \mathbb{R} \to \mathbb{R}$, 有不等式

$$\int_{-\infty}^{\infty} |f(x)| \, dx \leqslant 8^{\frac{1}{2}} \left(\int_{-\infty}^{\infty} |xf(x)|^2 \, dx \right)^{\frac{1}{4}} \left(\int_{-\infty}^{\infty} |f(x)|^2 \, dx \right)^{\frac{1}{4}}. \tag{7.1}$$

快速方向与定性计划

不等式右端的四分之一次方看起来或许很奇怪, 但如果注意到这个不等式的两边关于 f 都是一次齐次的, 这个指数就显得非常合理. 详言之, 设 λ 为正常数, 用 λf 代替 f, 则不等式两边都被乘以了 λ. 这个事实使这个不等式不那么奇怪了, 但我们仍然没有好的想法.

我们之前也碰到过这样的困境. 我们发现如果先考虑更简单的定性问题, 常会做得比较好. 面对上面的问题, 自然的选择是尝试证明只要右边的两个积分都是有限的, 则左边的积分也是有限的.

一旦提出这个问题, 我们不需要多久就会考虑 $|f(x)|$ 在区间 $T = (-t, t)$ 和它的补区间 T^c 上的不等式. 如果还自问如何引入 $|xf(x)|$, 我们几乎不得不在集合 T^c 上考虑分裂技巧了. 沿着这个想法, 我们发现对任何 $t > 0$, 有不等式

$$\begin{aligned}
\int_{-\infty}^{\infty} |f(x)| \, dx &= \int_{T} |f(x)| \, dx + \int_{T^c} \frac{1}{|x|} |xf(x)| \, dx \\
&\leqslant (2t)^{\frac{1}{2}} \left(\int_{T} |f(x)|^2 \, dx \right)^{\frac{1}{2}} + \left(\frac{2}{t} \right)^{\frac{1}{2}} \left(\int_{T^c} |xf(x)|^2 \, dx \right)^{\frac{1}{2}},
\end{aligned} \tag{7.2}$$

在第二行中我们只是应用了两次施瓦茨不等式.

这个不等式不是我们要证明的, 但在定性意义上是相同的. 它确认了当不等式 (7.1) 中的控制项有限时, $|f(x)|$ 的积分是有限的. 我们需要从加法不等式过渡到乘法不等式, 同时我们需要探索自由参数 t.

在 T 与 T^c 上积分并无特别的知识, 除了应用如下自然的不等式

$$\int_T |f(x)|^2 \, dx \leqslant \int_{\mathbb{R}} |f(x)|^2 \, dx \stackrel{\text{def}}{=} A$$

以及

$$\int_{T^c} |xf(x)|^2 \, dx \leqslant \int_{\mathbb{R}} |xf(x)|^2 \, dx \stackrel{\text{def}}{=} B$$

之外, 几乎没有其他可用的不等式. 因此和式 (7.2) 有上界 $\phi(t) \stackrel{\text{def}}{=} 2^{\frac{1}{2}} t^{\frac{1}{2}} A^{\frac{1}{2}} + 2^{\frac{1}{2}} t^{-\frac{1}{2}} B^{\frac{1}{2}}$, 可应用微积分来最小化 $\phi(t)$. 由于在 $t \to 0$ 或 $t \to \infty$ 时, $\phi(t) \to \infty$, 且 $\phi'(t) = 0$ 有唯一根 $t_0 = B^{\frac{1}{2}}/A^{\frac{1}{2}}$, 可知 $\min_{t:t>0} \phi(t) = \phi(t_0) = 8^{\frac{1}{2}} A^{\frac{1}{4}} B^{\frac{1}{4}}$, 它精确地给出了所要证明的不等式.

分割与连续的益处

不等式 (7.1) 的证明只用到了微弱的提示, 即通过将目标积分分割成在 $T = (-t, t)$ 和 T^c 两段上可能效果比较好. 但一旦这个分割进行了, 解答就可以迅速得到. 分割的影响力通常不那么大, 但至少在定性意义上, 分割可以被视为估计积分的最有效的方法之一.

灵活的参数驱动的分割也帮助我们去利用连续的本质价值. 不需犹豫, 我们被引导至最小化 $\phi(t)$ 的问题, 而这是一个简单的微积分练习. 离散问题如此容易地解决是很罕见的; 即使找到了 t 和 $\phi(t)$ 的类比, 最终的离散版最小化问题也很可能一团糟.

绕路超越施瓦茨

许多数学分析问题需要比直接应用施瓦茨不等式所得的不等式更强的不等式. 这样的改进可能需要仔细研究, 但有时只需要做一些有创造性的自我约束. 一句很有益的准则是"变换—施瓦茨—反转", 再多说就会暴露下列挑战问题的解答.

问题 7.2 (比用施瓦茨不等式做得更好)   设 $f : [0, \infty) \to [0, \infty)$ 是连续的单调减函数, 且在区间 $(0, \infty)$ 上可微. 证明对于任何参数对 $0 < \alpha, \beta < \infty$, 积分

$$I = \int_0^\infty x^{\alpha+\beta} f(x) \, dx \tag{7.3}$$

满足如下不等式

$$I^2 \leqslant \left\{ 1 - \left(\frac{\alpha - \beta}{\alpha + \beta + 1} \right)^2 \right\} \int_0^\infty x^{2\alpha} f(x) \, dx \int_0^\infty x^{2\beta} f(x) \, dx. \tag{7.4}$$

这个不等式之所以有趣就在于对分割

$$x^{\alpha+\beta} f(x) = x^\alpha \sqrt{f(x)} \ x^\beta \sqrt{f(x)}$$

直接应用施瓦茨不等式只能给出更弱的不等式: 不等式 (7.4) 右边的第一个因子被替换成 1. 因此, 这个问题的本质是超越施瓦茨不等式的直接应用.

使用提示

如果想套用 "变换 – 施瓦茨 – 反转" 模式, 需要考虑积分 (7.3) 的变换方式. 由所给假设, 自然的变换是分部积分. 为探讨该想法的可行性, 首先注意到由 f 的连续性, 当 $x \to 0$ 时, $x^{\gamma+1} f(x) \to 0$, 所以只要同时有

$$\text{当 } x \to \infty \text{ 时}, \qquad x^{\gamma+1} f(x) \to 0, \tag{7.5}$$

分部积分就可以给出如下很好的公式

$$\int_0^\infty x^\gamma f(x)\, dx = \frac{1}{1+\gamma} \int_0^\infty x^{\gamma+1} |f'(x)|\, dx. \tag{7.6}$$

在考察极限 (7.5) 之前, 应该先看看公式 (7.6) 是否真的有所帮助.

先对这个问题中的积分 I 应用公式 (7.6), 有 $\gamma = \alpha + \beta$ 以及

$$(\alpha + \beta + 1) I = \int_0^\infty x^{\alpha+\beta+1} |f'(x)|\, dx.$$

对分割

$$x^{\alpha+\beta+1} |f'(x)| = \{ x^{(2\alpha+1)/2} |f'(x)|^{1/2} \} \{ x^{(2\beta+1)/2} |f'(x)|^{1/2} \}$$

应用施瓦茨不等式, 可得一个很好的过渡不等式

$$(1 + \alpha + \beta)^2 I^2 \leqslant \int_0^\infty x^{2\alpha+1} |f'(x)|\, dx \int_0^\infty x^{2\beta+1} |f'(x)|\, dx.$$

现在我们知道如何反转了; 只要对剩下的两个积分分别应用分部积分公式 (7.6) 就有

$$I^2 \leqslant \frac{(2\alpha+1)(2\beta+1)}{(\alpha+\beta+1)^2} \int_0^\infty x^{2\alpha} f(x)\, dx \int_0^\infty x^{2\beta} f(x)\, dx.$$

最后, 对第一个因子进行一点代数操作后就可得到问题中所求的不等式.

除了一小点, 我们的解法至此完备: 还需要验证分部积分公式 (7.6) 的三次应用是合理的. 为此只要证明当 γ 等于 2α, 2β 或 $\alpha + \beta$ 时, 有极限 (7.5). 显然只要考察三者中最大的那个数, 不妨设为 2α. 此外, 除了问题的假设的条件, 我们还可以假设条件

$$\int_0^\infty x^{2\alpha} f(x)\, dx < \infty, \tag{7.7}$$

因为否则目标不等式 (7.4) 是平凡的.

逐点推论

上面的考虑展示了一个有趣的中间问题: 要在积分假设 (7.7) 下, 证明逐点条件 (7.5). 需要指出的是, 如果没有 f 单调递减的这一额外信息, 这个推论是不成立的.

我们需要仔细考察 f 在固定点的值. 必定有益的是注意到对任意 $0 \leqslant t < \infty$, 有

$$
\begin{aligned}
\int_0^t x^{2\alpha} f(x)\, dx &= \frac{f(t)t^{2\alpha+1}}{2\alpha+1} - \frac{1}{2\alpha+1}\int_0^t x^{2\alpha+1} f'(x)\, dx \\
&= \frac{f(t)t^{2\alpha+1}}{2\alpha+1} + \frac{1}{2\alpha+1}\int_0^t x^{2\alpha+1}|f'(x)|\, dx \qquad (7.8) \\
&\geqslant \frac{1}{2\alpha+1}\int_0^t x^{2\alpha+1}|f'(x)|\, dx.
\end{aligned}
$$

由假设 (7.7) 可知, 当 $t \to \infty$ 时, 第一个积分有有限的极限, 所以当 $t \to \infty$ 时, 最后一个积分也有有限的极限. 从等式 (7.8) 可知 $f(t)t^{2\alpha+1}/(2\alpha+1)$ 是这两个积分的差, 所以存在常数 $0 \leqslant c < \infty$ 使得

$$
\lim_{t \to \infty} t^{2\alpha+1} f(t) = c. \qquad (7.9)
$$

如果 $c > 0$, 则存在 T 使得对所有 $t \geqslant T$ 有 $t^{2\alpha+1}f(t) \geqslant c/2$. 在此情况下, 可得

$$
\int_0^\infty x^{2\alpha} f(x)\, dx \geqslant \int_T^\infty \frac{c}{2x}\, dx = \infty. \qquad (7.10)
$$

由于这个不等式与假设 (7.7) 矛盾, 必有 $c = 0$. 这个事实保证分部积分公式 (7.6) 的三次应用是合理的.

另外的逐点挑战

在上述挑战问题的求解中, 我们注意到 f 的单调性假设是必要的, 然而人们很容易忽略这个假设在证明中的应用. 这个假设悄悄地出现在 (7.8) 中, 在用分部积分公式展开 $f(t)t^{2\alpha+1}$ 为两个有有限极限的积分之差的时候.

数学分析中经常遇到的一个问题就是从函数的整体信息中提取该函数的局部的逐点信息. 整体信息常常借助于函数积分来表示. 如果不知道函数变化的方式或变化率, 这个任务通常不可能实现. 在某些情况, 只需要关于变化率的整体信息就能成功. 下一个挑战问题给出了一个有启发性的例子.

问题 7.3 (**逐点界**)   设 $f: [0,\infty) \to \mathbb{R}$ 满足如下两个积分不等式

$$
\int_0^\infty x^2 |f(x)|^2\, dx < \infty \quad \text{和} \quad \int_0^\infty |f'(x)|^2\, dx < \infty,
$$

证明对所有 $x > 0$, 有不等式

$$
|f(x)|^2 \leqslant \frac{4}{x}\left\{ \int_x^\infty t^2 |f(t)|^2\, dt \right\}^{1/2} \left\{ \int_x^\infty |f'(t)|^2\, dt \right\}^{1/2}. \qquad (7.11)
$$

由此可得当 $x \to \infty$ 时, $\sqrt{x}|f(x)| \to 0$.

方向与计划

与很多其他问题一样, 面对上面的问题, 虽然并不清楚如何才能最终达成目的, 我们必须找到一个方法来开始. 唯一的向导是我们知道必须将 f' 和 f 关联起来, 因此可以猜测微积分基本定理可能有些帮助.

本书是《柯西–施瓦茨大师课》, 所以不需多久就能想到应用 1 技巧与施瓦茨不等式来得到下面的不等式

$$\left| f(x+t) - f(x) \right| = \left| \int_x^{x+t} f'(u)\, du \right| \leqslant t^{1/2} \left\{ \int_x^{x+t} \left| f'(u) \right|^2 du \right\}^{1/2}.$$

事实上, 上面的估计既给出上界

$$|f(x+t)| \leqslant |f(x)| + t^{1/2} \left\{ \int_x^\infty \left| f'(u) \right|^2 du \right\}^{1/2}, \tag{7.12}$$

也给出了下界

$$|f(x+t)| \geqslant |f(x)| - t^{1/2} \left\{ \int_x^\infty \left| f'(u) \right|^2 du \right\}^{1/2}, \tag{7.13}$$

其中每一个不等式都使人感到有了一些进展. 我们需要找出如下两个积分

$$F^2(x) \stackrel{\text{def}}{=} \int_x^\infty u^2 |f(u)|^2 du \quad \text{和} \quad D^2(x) \stackrel{\text{def}}{=} \int_x^\infty \left| f'(u) \right|^2 du$$

所起的作用, 我们至少知道 $D(x)$ 如何发挥作用了.

为将 $F(x)$ 与 $D(x)$ 联系起来, 使用 $D(x)$ 与不等式 (7.12) 和 (7.13) 来建立 $F(x)$ 的上、下界估计是合理的. 老实说, 我们不清楚这样的估计是否有助于解决挑战问题, 但我们也没什么太多别的可做.

经过一番探索, 可发现正是巧妙的下界估计带来了成功. 为弄明白怎样做, 先注意到对任何满足 $h^{\frac{1}{2}} \leqslant |f(x)|/D(x)$ 的 $0 \leqslant h$, 有

$$F^2(x) \geqslant \int_x^{x+h} u^2 |f(u)|^2 du = \int_0^h (x+t)^2 |f(x+t)|^2 dt$$
$$\geqslant \int_0^h (x+t)^2 ||f(x)| - t^{\frac{1}{2}} D(x)|^2 dt$$
$$\geqslant h x^2 \{|f(x)| - h^{\frac{1}{2}} D(x)\}^2,$$

或者, 更简单点, 有

$$F(x) \geqslant h^{\frac{1}{2}} x \{|f(x)| - h^{\frac{1}{2}} D(x)\}.$$

为最大化下界, 取 $h^{\frac{1}{2}} = |f(x)|/\{2D(x)\}$, 可得

$$F(x) \geqslant \frac{x f^2(x)}{4 D(x)} \quad \text{或} \quad x f^2(x) \leqslant 4 F(x) D(x),$$

这正是我们要证明的.

局部化的观点

先前的两个问题要求我们从积分估计中提取逐点估计, 这常常是很精细的任务. 通常见到的问题要简单些: 将一种积分估计转化为另一种积分估计. 我们没有导数可用, 但仍可能从局部估计得到全局估计.

问题 7.4 (**发散积分**)   给定 $f : [1, \infty) \to (0, \infty)$ 和常数 $c > 0$, 证明

$$\text{如果对任何 } 1 \leqslant t < \infty, \quad \int_1^t f(x)\,dx \leqslant ct^2, \quad \text{则} \quad \int_1^\infty \frac{1}{f(x)}\,dx = \infty.$$

不那么成功的想法

由处理倒数和的经验 (例如习题 1.2), 能很自然地想到对分裂

$$1 = \sqrt{f(x)} \cdot \{1/\sqrt{f(x)}\}$$

应用施瓦茨不等式. 这个想法引导我们得到

$$(t-1)^2 = \left(\int_1^t 1\,dx \right)^2 \leqslant \int_1^t f(x)\,dx \int_1^t \frac{1}{f(x)}\,dx, \tag{7.14}$$

所以, 由假设, 可见

$$c^{-1}t^{-2}(t-1)^2 \leqslant \int_1^t \frac{1}{f(x)}\,dx,$$

令 $t \to \infty$, 可得不等式

$$c^{-1} \leqslant \int_1^\infty \frac{1}{f(x)}\,dx. \tag{7.15}$$

因为要证明最后一个积分是无穷的, 我们还没有实现目标, 还需要设法加强施瓦茨不等式.

聚焦于可以做得好的地方

当施瓦茨不等式令我们失望时, 比较应用施瓦茨不等式所能得到的最好结果与我们的要求之间的差距是有益的. 将施瓦茨不等式应用于 $\phi(x) = f(x)$ 和 $\psi(x) = 1/f(x)$ 的乘积, 还知道施瓦茨不等式取得等号当且仅当 $\phi(x)$ 和 $\psi(x)$ 成比例. 由于 $f(x)$ 和 $1/f(x)$ 在无穷区间 $[0, \infty)$ 上远不是成比例的, 我们可得到提示: 将施瓦茨不等式应用于恰当选择的有限区间 $[A, B]$ 上的积分, 或许能够做得更好.

设 $1 \leqslant A < B$, 在一般区间 $[A, B]$ 上重复之前的计算, 可得

$$(B-A)^2 \leqslant \int_A^B f(x)\,dx \int_A^B \frac{1}{f(x)}\,dx. \tag{7.16}$$

对第一个积分所能做的最好的估计就是利用假设并应用如下粗略的放缩:

$$\int_A^B f(x)\,dx < \int_1^B f(x)\,dx \leqslant cB^2,$$

由此, 不等式 (7.16) 给出

$$\frac{(B-A)^2}{cB^2} \leqslant \int_A^B \frac{1}{f(x)}\,dx. \tag{7.17}$$

至此, 问题变成考察参数 A 和 B 的灵活性是否有所帮助.

这是富有成果的想法. 取 $A = 2^j$ 与 $B = 2^{j+1}$, 则对任何 $0 \leqslant j < \infty$ 有

$$\frac{1}{4c} \leqslant \int_{2^j}^{2^{j+1}} \frac{1}{f(x)}\,dx.$$

在 $0 \leqslant j < k$ 上对这些估计求和, 可得

$$\frac{k}{4c} \leqslant \int_1^{2^k} \frac{1}{f(x)}\,dx \leqslant \int_1^\infty \frac{1}{f(x)}\,dx. \tag{7.18}$$

由于 k 是任意的, 最后的不等式给出了第四个挑战问题的解.

最后的问题: 积分形式的延森不等式

最后一个问题可以简单地描述为: "证明积分形式的延森不等式." 自然地, 可以利用这个机会给锅里加点料.

问题 7.5 (积分形式的延森不等式)　证明对任意区间 $I \subset \mathbb{R}$ 和任何凸函数 $\Phi: I \to \mathbb{R}$, 有不等式

$$\Phi\left(\int_D h(x)w(x)\,dx\right) \leqslant \int_D \Phi\big(h(x)\big)\,w(x)\,dx, \tag{7.19}$$

其中 $h: D \to I$, 加权函数 $w: D \to [0,\infty)$ 满足

$$\int_D w(x)\,dx = 1.$$

选择几何路径的机会

我们可以通过对有限和形式延森不等式的证明方式来找到所猜测的不等式 (7.19) 的证明, 但更有启发的是从图 7.1 中获取想法. 对比此图与我们的目标不等式, 并且自问 μ 的合适选择, 一个一定会出现在我们的候选列表上的是

$$\mu = \int_D h(x)w(x)\,dx;$$

毕竟, $\Phi(\mu)$ 已经出现在不等式 (7.19) 中.

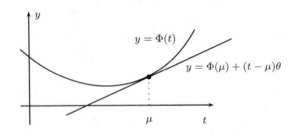

线性下界往往比
人们想象的更有力.

图 7.1   过凸函数 Φ 的图像上的每一个点 $p = (\mu, \Phi(\mu))$ 存在一条不高过 Φ 的直线. 若 Φ 可导, 这条直线的斜率 θ 就是 $\Phi'(\mu)$, 若 Φ 不可导, 则根据习题 6.19, 可取 θ 为由左右导数决定的区间 $[\Phi'_-(\mu), \Phi'_+(\mu)]$ 中的任何点.

注意到参数 t 仍受我们支配, 令 $t = h(x)$, 则 $\Phi(h(x))$ 可以起作用. 令 θ 为图 7.1 中支撑线的斜率, 有不等式

$$\Phi(\mu) + (h(x) - \mu)\theta \leqslant \Phi(h(x)), \qquad x \in D. \tag{7.20}$$

在不等式 (7.20) 两边乘上加权因子 $w(x)$ 并积分, 由

$$\int_D (h(x) - \mu)w(x)\theta \, dx = \theta \left\{ \int_D h(x)w(x) \, dx - \mu \right\} = 0$$

可以直接得到猜测的不等式 (7.19).

观点与推论

很多积分不等式可以通过两步法来证, 即先给出逐点不等式再积分. 如同延森不等式的证明所指出的那样, 当逐点不等式中包含一个非平凡的积分为零的项时, 这种模式尤其有效.

连续版本的延森不等式有很多推论, 但其中最重要的不等式是通过取 $\Phi(x) = e^x$ 并把 $h(x)$ 替换为 $\log h(x)$ 所得到的不等式. 这种情况下, 可得不等式

$$\exp\left(\int_D \log\{h(x)\} w(x) \, dx \right) \leqslant \int_D h(x)w(x) \, dx, \tag{7.21}$$

它恰好是 AM–GM 不等式的自然的积分类比.

为使此关系更清晰, 可在 $[k-1, k]$ 上令 $h(x) = a_k > 0$, $w(x) = p_k \geqslant 0$, $1 \leqslant k \leqslant n$. 则 $p_1 + p_2 + \cdots + p_n = 1$, 且不等式 (7.21) 正好退化为经典的 AM–GM 不等式,

$$\prod_{k=1}^{n} a_k^{p_k} \leqslant \sum_{k=1}^{n} p_k a_k. \tag{7.22}$$

AM–GM 不等式 (7.22) 的积分类比 (7.21) 有一个漫长而有些混乱的历史. 已经明朗的是, 这个不等式最早由布尼亚科夫斯基 (对 $w(x) \equiv 1$) 所记录. 布尼亚科夫斯基在其 1859 年著名的 *Mémoire* 中就介绍了柯西不等式的积分类比. 布尼亚科夫斯基的贡献似乎甚至被很多专家遗忘了.

练习

习题 7.1 (恰当选择的逐点不等式的积分)　　许多有意义的积分不等式可以通过对恰当选择的逐点不等式做积分来证明. 例如, 延森不等式的积分形式 (7.19) 就是这样证明的.

下面是一个更灵活的例子. 证明施瓦茨不等式有逐点积分证明. 这个不等式可利用对称替代

$$u \mapsto f(x)g(y), \quad v \mapsto f(y)g(x)$$

和熟知的不等式 $2uv \leqslant u^2 + v^2$ 得到.

习题 7.2 (中心版本的施瓦茨不等式)　　设对任何 $x \in \mathbb{R}$, $w(x) \geqslant 0$, 且 w 在 $\mathbb{R}$ 上的积分等于 1, 任何 (适当可积的) 函数 $f : \mathbb{R} \to \mathbb{R}$ 的加权平均用下面的公式

$$A(f) = \int_{-\infty}^{\infty} f(x)w(x)\,dx$$

定义. 证明对于函数 f 和 g 的乘积的平均 (只要积分都是可定义的), 有如下中心版本的不等式

$$\{A(fg) - A(f)A(g)\}^2 \leqslant \{A(f^2) - A^2(f)\}\{A(g^2) - A^2(g)\}.$$

与柯西不等式和施瓦茨不等式的其他变形一样, 上面的不等式之所以有用就在于它有助于我们将两个函数各自的信息转化为它们乘积的信息. 这里我们看到函数 f, g 的乘积的平均 $A(fg)$, 与它们各自的平均的乘积 $A(f)A(g)$ 相差不大, 只要两个方差项 $A(f^2) - A^2(f)$ 和 $A(g^2) - A^2(g)$ 不大.

习题 7.3 (尾部与光滑不等式)　　设 $f : \mathbb{R} \to \mathbb{R}$ 连续可导, 证明

$$\int_{-\infty}^{\infty} |f(x)|^2\,dx \leqslant 2\left(\int_{-\infty}^{\infty} x^2|f(x)|^2\,dx\right)^{\frac{1}{2}}\left(\int_{-\infty}^{\infty} |f'(x)|^2\,dx\right)^{\frac{1}{2}}.$$

习题 7.4 (正方形上的倒数)　　证明对于 $a \geqslant 0$ 和 $b \geqslant 0$, 有不等式

$$\frac{1}{a+b+1} < \int_a^{a+1} \int_b^{b+1} \frac{dx\,dy}{x+y},$$

这个不等式是通过对被积函数求下界再积分得到的下界 $1/(a+b+2)$ 的轻微但实用的改进.

习题 7.5 (利用积分表示做估计)   复杂的导数公式

$$\frac{d^4}{dt^4}\frac{\sin t}{t} = \frac{\sin t}{t} + \frac{2\cos t}{t^2} - \frac{12\sin t}{t^3} - \frac{24\cos t}{t^4} + \frac{25\sin t}{t^5}$$

会使人猜测是否可能给出如下简单不等式:

$$对任何 \ t \in \mathbb{R}, \qquad \left|\frac{d^4}{dt^4}\frac{\sin t}{t}\right| \leqslant \frac{1}{5}. \qquad (7.23)$$

然而, 这个不等式及其 n 阶导数情形的推广都很容易得到, 这只要使用积分表达

$$\frac{\sin t}{t} = \int_0^1 \cos(st)\,ds \qquad (7.24)$$

即可. 请指出如何用表达式 (7.24) 来证明不等式 (7.23), 并至少给出一个可以类似地应用积分表达式的例子. 这个故事的精神在于说明, 很多看起来微妙的量若能先被表示为积分就可以做出有效的估计.

习题 7.6 (通过改进来确定)   通过从一个更弱的假设得到相同的结论来证明你掌握了第 4 个挑战问题 (第 92 页). 例如, 设有常数 $0 < c < \infty$ 使得函数 $f : [1, \infty) \to (0, \infty)$ 满足不等式

$$\int_1^t f(x)\,dx \leqslant ct^2 \log t, \qquad (7.25)$$

证明它的倒数积分仍然发散

$$\int_1^\infty \frac{1}{f(x)}\,dx = \infty.$$

习题 7.7 (三角下界)   设函数 $f : [0, \infty) \to [0, \infty)$ 在 $[T, \infty)$ 上是凸的, 证明对任何 $t \geqslant T$, 有

$$\frac{1}{2}f^2(t)/|f'(t)| \leqslant \int_t^\infty f(u)\,du. \qquad (7.26)$$

它被称为三角下界, 经常被应用于概率论中. 例如, 若取 $f(u) = e^{-u^2/2}/\sqrt{2\pi}$, 则有下界

$$\frac{e^{-t^2/2}}{2t\sqrt{2\pi}} \leqslant \frac{1}{\sqrt{2\pi}}\int_t^\infty e^{-u^2/2}du, \qquad t \geqslant 1,$$

虽然在这个特殊情况下可有更好的结果.

习题 7.8 (插入技巧: 两个例子)   (a) 证明对任何 $n = 1, 2, \ldots,$ 有下界

$$I_n = \int_0^{\pi/2} (1 + \cos t)^n\,dt \geqslant \frac{2^{n+1} - 1}{n + 1}.$$

(b) 证明对任何 $x > 0$, 有上界

$$I_n' = \int_x^\infty e^{-u^2/2}\,du \leqslant \frac{1}{x}e^{-x^2/2}.$$

不要轻视这个问题. "插入技巧"是估计积分与和式的最通用的工具之一; 不熟悉它就会碰到不必要的障碍.

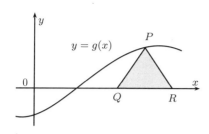

李特伍尔德用来说明图形
论证的合理性的最喜爱的例子.

图 7.2 考虑函数 $g(x)$, 设它满足 $|g'(x)| \leqslant B$, 所以 g 不能变化太快. 如果有 x_0 使 $g(x_0) = P > 0$, 则在 g 的图像下方一定存在一个三角形. 这个观察揭示了 g, g' 和 g 的积分之间的一个重要关系.

习题 7.9 (李特伍尔德的中间导数挤压) 设 $f : [0, \infty) \to \mathbb{R}$ 二次可导且 $|f''(x)|$ 有界. 证明

$$\lim_{x \to \infty} f(x) = 0 \quad \text{推出} \quad \lim_{x \to \infty} f'(x) = 0.$$

李特伍尔德在他的《随笔》中指出:"图形证明, 尽管不完全是常规的, 但相当合理."这个习题的结果是他的主要例子, 他提供的图本质上就是图 7.2.

习题 7.10 (单调性与积分估计) 尽管不是本章强调的重点, 许多每天都在用的最有用的积分估计来自单调性. 我们将通过本习题来获取一些经验. 证明

$$\text{对任何 } 0 < x < 1, \qquad \int_x^1 \log(1 + t) \frac{dt}{t} < (2 \log 2) \frac{1 - x}{1 + x},$$

同时证明系数 $2 \log 2$ 不能用更小的常数代替. 巧合的是, 在习题 11.6 中我们会再次见到这个不等式.

习题 7.11 (连续型卡莱曼不等式) 给定可积函数 $f : [a, b] \to [0, \infty)$, 设 $w : [a, b] \to [0, \infty)$ 为可积加权函数, 它在 $[a, b]$ 上积分为 1. 证明

$$\exp \int_a^b \{\log f(x)\} w(x) \, dx \leqslant e \int_a^b f(x) w(x) \, dx. \tag{7.27}$$

习题 7.12 (Grüss 不等式——乘积的积分) 设 $-\infty < \alpha \leqslant A < \infty$, $-\infty < \beta \leqslant B < \infty$, 函数 f, g 满足不等式

$$\alpha \leqslant f(x) \leqslant A \quad \text{及} \quad \beta \leqslant g(x) \leqslant B, \qquad 0 \leqslant x \leqslant 1.$$

证明

$$\left| \int_0^1 f(x) g(x) \, dx - \int_0^1 f(x) \, dx \int_0^1 g(x) \, dx \right| \leqslant \frac{1}{4} (A - \alpha)(B - \beta),$$

并举例说明因子 $1/4$ 不能被替换为更小的常数.

第八章 幂平均之梯

柯西不等式的上界是如下一般平均

$$M_t = M_t[\mathbf{x}; \mathbf{p}] \equiv \left\{ \sum_{k=1}^{n} p_k x_k^t \right\}^{1/t} \tag{8.1}$$

的特殊情形, 其中 $\mathbf{p} = (p_1, p_2, \ldots, p_n)$ 是权重为正且总权重之和 $p_1 + p_2 + \cdots + p_n = 1$ 的向量, $\mathbf{x} = (x_1, x_2, \ldots, x_n)$ 是分量非负的向量. 这里的参数 t 可取任意实值, 甚至可取 $t = -\infty$ 或 $t = \infty$, 只是在这两种情形以及 $t = 0$ 的情形, 一般公式 (8.1) 需要重新解释. 幂平均 M_0 的合适定义源自自然的需求, 即使得映射 $t \mapsto M_t$ 在整个 $\mathbb{R}$ 上成为连续函数. 第一个挑战问题指明如何做到这一点, 并为我们理解几何平均提供了新的直观.

问题 8.1 (作为极限的几何平均) 对任何非负实数 x_k, $k = 1, 2, \ldots, n$ 以及满足 $p_1 + p_2 + \cdots + p_n = 1$ 的非负权重 p_k, $k = 1, 2, \ldots, n$, 有极限

$$\lim_{t \to 0} \left\{ \sum_{k=1}^{n} p_k x_k^t \right\}^{1/t} = \prod_{k=1}^{n} x_k^{p_k}. \tag{8.2}$$

渐近等式与兰道记号

使用兰道 (Landau) 的小 o 和大 O 记号可以非常清楚地解释这个结果. 利用这个有用的略写记号, 可将 $\lim_{t \to 0} f(t)/g(t) = 0$ 简记为: 当 $t \to 0$ 时, $f(t) = o(g(t))$. 类似地, 比值 $f(t)/g(t)$ 在 0 的某个邻域内有界可简写为: 当 $t \to 0$ 时, $f(t) = O(g(t))$. 隐藏不相关细节, 这个记号通常可帮助我们将数学不等式用能迅速获取其本质信息的形式写出.

例如, 很容易验证, 对任何 $x > -1$, $\log(1 + x)$ 有一个很自然的双边估计

$$\frac{x}{1+x} \leqslant \int_1^{1+x} \frac{du}{u} = \log(1 + x) \leqslant x.$$

然而, 对许多目的来说, 上述不等式可更有效地由如下简单陈述来总结:

$$\log(1 + x) = x + O(x^2), \qquad x \to 0. \tag{8.3}$$

类似地, 对任何 $|x| \leqslant 1$, 有不等式

$$1 + x \leqslant e^x = \sum_{j=0}^{\infty} \frac{x^j}{j!} \leqslant 1 + x + x^2 \sum_{j=2}^{\infty} \frac{x^{j-2}}{j!} \leqslant 1 + x + ex^2.$$

在许多计算中, 只需知道上述不等式给出了如下关系:

$$e^x = 1 + x + O(x^2), \qquad x \to 0. \tag{8.4}$$

兰道的记号以及关于对数与指数的大 O 关系式 (8.3) 和 (8.4) 可帮助我们相当顺畅地计算: 当 $t \to 0$ 时有

$$
\begin{aligned}
\log\left\{ \left(\sum_{k=1}^{n} p_k x_k^t \right)^{1/t} \right\} &= \frac{1}{t} \log\left\{ \sum_{k=1}^{n} p_k e^{t \log x_k} \right\} \\
&= \frac{1}{t} \log\left\{ \sum_{k=1}^{n} p_k \left(1 + t \log x_k + O(t^2) \right) \right\} \\
&= \frac{1}{t} \log\left\{ 1 + t \sum_{k=1}^{n} p_k \log x_k + O(t^2) \right\} \\
&= \sum_{k=1}^{n} p_k \log x_k + O(t).
\end{aligned}
$$

上面的大 O 恒等式甚至比证明极限 (8.2) 所需要的结论还稍强. 因此, 这个挑战问题也就被解决了.

一个推论

公式 (8.2) 给出了把几何平均作为和的极限的一般表示. 值得注意的是只有两个和项的情形: 对任何非负数 a, b 以及 $\theta \in [0, 1]$,

$$\lim_{p \to \infty} \left\{ \theta a^{1/p} + (1 - \theta) b^{1/p} \right\}^p = a^\theta b^{1-\theta}. \tag{8.5}$$

这个公式及其更复杂的情形 (8.2) 为我们提供了一个将有关和的信息转化为积的信息的一般方法.

往后我们将借助这个观察推导出一些有趣的结论, 但我们先要建立一个幂平均与几何平均之间的重要关系. 我们将会使用在寻找新的不等式时常常很有用的一个工具.

西格尔二分法

在讲授 "几何数论" 时, 卡尔·路德维希·西格尔 (Carl Ludwig Siegel, 1896 − 1981) 发现利用几何平均的极限表示 (8.2) 可得到 AM–GM 不等式一个漂亮的改进. 这个证明只需要用到柯西不等式和几何平均的极限刻画, 同时它展示了一个可开启众妙之门的策略.

问题 8.2 (幂平均 – 几何平均不等式)　　沿用西格尔的方法, 证明对任意非负权重 p_k, $k = 1, 2, \ldots, n$, $p_1 + p_2 + \cdots + p_n = 1$, 任意非负实数 x_k, $k = 1, 2, \ldots, n$, 有

$$\prod_{k=1}^{n} x_k^{p_k} \leqslant \left\{ \sum_{k=1}^{n} p_k x_k^t \right\}^{1/t}, \qquad t > 0. \tag{8.6}$$

正如本节标题所揭示的那样, 证明上述幂平均 – 几何平均不等式 (缩写为 PM–GM 不等式) 的一个方法就是考虑将 t 二分 (或加倍). 先考虑如下形式的不等式:

$$M_t \leqslant M_{2t}, \qquad t > 0, \tag{8.7}$$

之后再设法将此不等式联系到极限 (8.2) .

与往常一样, 柯西不等式是我们的指南, 并且它再次把我们引向 "分裂技巧". 利用 $p_k x_k^t = p_k^{\frac{1}{2}} p_k^{\frac{1}{2}} x_k^t$, 可得

$$\begin{aligned} M_t^t = \sum_{k=1}^{n} p_k x_k^t &= \sum_{k=1}^{n} p_k^{1/2} p_k^{1/2} x_k^t \\ &\leqslant \left(\sum_{k=1}^{n} p_k \right)^{\frac{1}{2}} \left(\sum_{k=1}^{n} p_k x_k^{2t} \right)^{\frac{1}{2}} = M_{2t}^t, \end{aligned}$$

对上面的不等式的两边同时开 t 次方, 可得之前猜测的加倍不等式 (8.7).

为完全解答挑战问题, 可直接对 t 进行减半迭代. 在 j 步之后, 可见对任何 $t > 0$ 有

$$M_{t/2^j} \leqslant M_{t/2^{j-1}} \leqslant \cdots \leqslant M_{t/2} \leqslant M_t. \tag{8.8}$$

由几何平均的极限表示 (8.2) 可得

$$\lim_{j \to \infty} M_{t/2^j} = M_0 = \prod_{k=1}^{n} x_k^{p_k},$$

因此, 从二分不等式 (8.8) 可知,

$$\prod_{k=1}^{n} x_k^{p_k} = M_0 \leqslant M_t = \left\{ \sum_{k=1}^{n} p_k x_k^t \right\}^{1/t}, \qquad t > 0. \tag{8.9}$$

平均的单调性

西格尔的倍增关系 (8.7) 以及表示两项幂平均 $(px^t + qy^t)^{1/t}$ 的图 8.1 为我们理解一般平均 M_t 的定量、定性特点提供了有力的启发. 其中最基本的或许就是映射 $t \mapsto M_t$ 的单调性, 这正是我们在下一个挑战问题中将要着重探讨的.

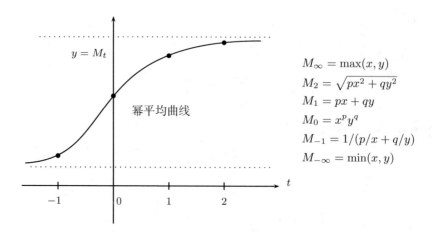

$$M_\infty = \max(x, y)$$
$$M_2 = \sqrt{px^2 + qy^2}$$
$$M_1 = px + qy$$
$$M_0 = x^p y^q$$
$$M_{-1} = 1/(p/x + q/y)$$
$$M_{-\infty} = \min(x, y)$$

图 8.1　设 $x > 0, y > 0, 0 < p < 1$ 且 $q = 1 - p$, 则 $M_t = (px^t + qy^t)^{1/t}$ 关于 $-\infty < t < \infty$ 的定性图像揭示了幂平均之间的关系. 或许其中最有价值的事实是 M_t 是关于指数 t 单增的函数. 但图例中所有的元素都很重要.

问题 8.3 (幂平均不等式)　考虑正权重 $p_k, k = 1, 2, \ldots, n$, 设总和为 $p_1 + p_2 + \cdots + p_n = 1$, 证明对非负实数 $x_k, k = 1, 2, \ldots, n$, 映射 $t \mapsto M_t$ 是 $\mathbb{R}$ 上的非降函数. 也就是说, 证明对任何 $-\infty < s < t < \infty$, 有

$$\left\{ \sum_{k=1}^{n} p_k x_k^s \right\}^{1/s} \leqslant \left\{ \sum_{k=1}^{n} p_k x_k^t \right\}^{1/t}. \tag{8.10}$$

最后, 证明不等式 (8.10) 中等号成立当且仅当 $x_1 = x_2 = \cdots = x_n$.

基本情形: $0 < s < t$

　　不难注意到目标不等式 (8.10) 与由延森不等式得到的关于映射 $x \mapsto x^p$ $(p > 1)$ 的不等式

$$\left\{ \sum_{k=1}^{n} p_k x_k \right\}^{p} \leqslant \sum_{k=1}^{n} p_k x_k^p$$

之间的相似性. 如果假设 $0 < s < t$, 则通过变量替换 $y_k^s = x_k$ 和 $p = t/s > 1$ 可得

$$\left\{ \sum_{k=1}^{n} p_k y_k^s \right\}^{t/s} \leqslant \sum_{k=1}^{n} p_k y_k^t, \tag{8.11}$$

然后求 t 次根即得到最简情形下的幂平均不等式 (8.10). 而且, 由 $p > 1$ 时 $x \mapsto x^p$ 的严格凸性, 可知若 $p_k > 0, k = 1, 2, \ldots, n$, 则不等式 (8.11) 的等号成立当且仅当 $x_1 = x_2 = \cdots = x_n$.

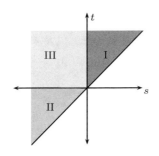

情形 I: $0 < s < t$

情形 II: $s < t < 0$

情形 III: $s < 0 < t$

图 8.2 　幂平均不等式允许 $-\infty < s < t < \infty$. 延森不等式可直接处理情形 I, 间接处理情形 II. 情形 III 可分为两部分: $s = 0 < t$ 及 $s < t = 0$, 这些都是幂平均–几何平均不等式 (8.6) 的结论.

剩余情形

从美学上看, 将问题分解为几类特殊情形来处理不那么吸引人, 但有时难以避免. 如图 8.2 所示, 还有两个情形需要考虑. 其中最紧迫的情形是情形 II, 即 $s < t < 0$, 而我们将应用情形 I 的结论来解决它. 由于 $-t > 0$ 比 $-s > 0$ 小, 根据情形 I 中的不等式可知

$$\left\{ \sum_{k=1}^{n} p_k x_k^{-t} \right\}^{-1/t} \leqslant \left\{ \sum_{k=1}^{n} p_k x_k^{-s} \right\}^{-1/s}.$$

通过取倒数可得

$$\left\{ \sum_{k=1}^{n} p_k x_k^{-s} \right\}^{1/s} \leqslant \left\{ \sum_{k=1}^{n} p_k x_k^{-t} \right\}^{1/t},$$

令 $x_k = y_k^{-1}$, 我们得到 $s < t < 0$ 情形下的幂平均不等式.

图 8.2 中的情形 III 是三个情况里面最简单的. 对 $x_k^{-s}, 1 \leqslant k \leqslant n, 0 \leqslant -s$, 应用 PM–GM 不等式 (8.6), 并取倒数, 可得

$$\left\{ \sum_{k=1}^{n} p_k x_k^{s} \right\}^{1/s} \leqslant \prod_{k=1}^{n} x_k^{p_k}, \qquad s < 0. \tag{8.12}$$

此不等式同不等式 (8.6) 一起就完成了对情形 III 的证明.

剩下的就只要"小修小补"了, 或者更详细地说, 边界情形 $0 = s < t$ 和 $s < t = 0$ 在图 8.2 的三个情形中被忽略了. 幸运的是, 这些情形都已经被不等式 (8.6) 和 (8.12) 涵盖了, 所以这个挑战问题得到圆满解决.

回头来看, 情形 II 和情形 III 比我们所设想的更简单地"自我解决"了. 利用几何平均解决带正负幂的幂平均的关系的方法也颇具魅力. 下次面对这样需要分类讨论的问题时, 也许我们可以从这次经验中得到鼓励.

一些特殊的平均

我们已经知道个别幂平均值得特别对待. 在 $t=2$, $t=1$ 以及 $t=0$ 之外最值得讨论的就是 $t=-1$ 和取正负极限的情况了. 当 $t=-1$ 时, 平均 M_{-1} 被称为调和平均, 即

$$M_{-1} = M_{-1}[\mathbf{x}; \mathbf{p}] = \frac{1}{p_1/x_1 + p_2/x_2 + \cdots + p_n/x_n}.$$

由幂平均不等式 (8.10), 可知 M_{-1} 是几何平均的下界, 当然也是算术平均的下界. 也就是说, 我们有调和平均 – 几何平均 (HM–GM) 不等式:

$$\frac{1}{p_1/x_1 + p_2/x_2 + \cdots + p_n/x_n} \leqslant x_1^{p_1} x_2^{p_2} \cdots x_n^{p_n}, \tag{8.13}$$

作为推论, 我们还有调和平均 – 算术平均 (HM–AM) 不等式:

$$\frac{1}{p_1/x_1 + p_2/x_2 + \cdots + p_n/x_n} \leqslant p_1 x_1 + p_2 x_2 + \cdots + p_n x_n. \tag{8.14}$$

有时, 我们直接使用这些不等式的标准形式, 但更多时候是两边同时取倒数, 由此得到两个有用的倒数加权和的下界:

$$\frac{1}{x_1^{p_1} x_2^{p_2} \cdots x_n^{p_n}} \leqslant \frac{p_1}{x_1} + \frac{p_2}{x_2} + \cdots + \frac{p_n}{x_n}, \tag{8.15}$$

$$\frac{1}{p_1 x_1 + p_2 x_2 + \cdots + p_n x_n} \leqslant \frac{p_1}{x_1} + \frac{p_2}{x_2} + \cdots + \frac{p_n}{x_n}. \tag{8.16}$$

逼近极端

最后需要特别讨论的是幂平均在极端值 $t=-\infty$ 和 $t=\infty$ 的情形, 它们的恰当定义为:

$$M_{-\infty}[\mathbf{x}; \mathbf{p}] \equiv \min_k x_k \quad 和 \quad M_{\infty}[\mathbf{x}; \mathbf{p}] \equiv \max_k x_k. \tag{8.17}$$

这个表达式满足如图 8.1 所示的幂平均的所有性质. 特别, 我们有两个很显然但很有用的不等式:

$$M_{-\infty}[\mathbf{x}; \mathbf{p}] \leqslant M_t[\mathbf{x}; \mathbf{p}] \leqslant M_{\infty}[\mathbf{x}; \mathbf{p}], \qquad t \in \mathbb{R}.$$

同时还有两个连续关系:

$$\lim_{t\to\infty} M_t[\mathbf{x}; \mathbf{p}] = M_{\infty}[\mathbf{x}; \mathbf{p}] \quad 和 \quad \lim_{t\to-\infty} M_t[\mathbf{x}; \mathbf{p}] = M_{-\infty}[\mathbf{x}; \mathbf{p}].$$

为验证上述极限, 首先注意到对任何 $t>0$, $1 \leqslant k \leqslant n$ 有基本不等式

$$p_k x_k^t \leqslant M_t^t[\mathbf{x}; \mathbf{p}] \leqslant M_{\infty}^t[\mathbf{x}; \mathbf{p}].$$

由于 $p_k > 0$, 当 $t\to\infty$ 时, 有 $p_k^{1/t} \to 1$. 所以可以对不等式开 t 次方并令 $t\to\infty$, 从而导出对任何 $1 \leqslant k \leqslant n$ 有

$$x_k \leqslant \liminf_{t\to\infty} M_t[\mathbf{x}; \mathbf{p}] \leqslant \limsup_{t\to\infty} M_t[\mathbf{x}; \mathbf{p}] \leqslant M_{\infty}[\mathbf{x}; \mathbf{p}].$$

因为 $\max_k x_k = M_\infty[\mathbf{x};\mathbf{p}]$，所以不等式两端的值相等，最终得到

$$\lim_{t\to\infty} M_t[\mathbf{x};\mathbf{p}] = M_\infty[\mathbf{x};\mathbf{p}].$$

这证实了第一个连续关系，另外，根据以下恒等式：

$$M_{-t}(x_1,x_2,\ldots,x_n;\mathbf{p}) = M_t^{-1}(1/x_1,1/x_2,\ldots,1/x_n;\mathbf{p}),$$

第二个连续关系也随之成立.

积分类比

幂平均的积分形式的类比也很重要. 积分形式的各种幂平均之间的关系十分类似求和形式的各种幂平均之间的关系. 为更清楚地描述这一概念，取 $D \subset \mathbb{R}$ 并考虑权重函数 $w : D \to [0,\infty)$ 使之满足

$$\int_D w(x)\,dx = 1 \quad 且 \quad w(x) > 0, \qquad x \in D.$$

对 $f : D \to [0,\infty]$ 和 $t \in (-\infty,0)\cup(0,\infty)$ 定义 f 的 t 阶幂平均如下：

$$M_t = M_t[f;w] \equiv \left\{ \int_D f^t(x)w(x)\,dx \right\}^{1/t}. \tag{8.18}$$

与离散情形类似，我们要特别留意均值 M_0. 对积分形式的平均，合理的定义是

$$M_0[f;w] \equiv \exp\left(\int_D \left\{ \log f(x) \right\} w(x)\,dx \right). \tag{8.19}$$

尽管 (8.18) 和 (8.19) 在形式上不同，但读者不必对定义 (8.19) 感到意外. 我们此前已看到，公式 (8.19) 是 f 关于权重函数 w 的几何平均的积分类比.

利用定义 (8.18) 和 (8.19)，我们有对离散幂平均不等式的完美类比. 更确切地说，有

$$M_s[f;w] \leqslant M_t[f;w], \qquad -\infty < s < t < \infty. \tag{8.20}$$

对于性质足够好的 f，例如连续函数，不等式 (8.20) 中的等号成立当且仅当 f 在 D 上为常数.

我们已经对离散幂平均不等式 (8.10) 花了足够的精力，因此不再花时间来证明连续情形 (8.20)，尽管它的证明是有价值的练习，值得鼓励每一位读者独自完成. 作为替代，我们提出一个问题，如对任何其他不等式所做的那样，说明基本不等式 $M_0[f;w] \leqslant M_1[f;w]$ 到底多有效. 事实上，我们只要考虑最简单的情形，即 $D = [0,1]$ 且对任意 $x \in D$, $w(x) = 1$.

卡莱曼不等式与连续 AM–GM 不等式

在第二章中, 我们看到对问题进行重组可以更有效地应用 AM–GM 不等式, 并以波利亚证明卡莱曼的几何平均不等式

$$\sum_{k=1}^{\infty}(a_1 a_2 \cdots a_k)^{1/k} \leqslant e \sum_{k=1}^{\infty} a_k \tag{8.21}$$

作为阐述这个方法之价值所在的载体. 波利亚的证明经典而有启发, 但如果仔细考虑卡莱曼不等式, 就会发现有些很自然的问题没有通过波利亚的分析得到解答.

波利亚的证明中令人困惑的一点是: 他可以直接给出 $\sum_{k=1}^{\infty}(a_1 a_2 \cdots a_k)^{1/k}$ 的有效估计, 却难以对单项 $(a_1 a_2 \cdots a_k)^{1/k}$ 进行估计. 下一个挑战问题将通过证明一个关于 $(a_1 a_2 \cdots a_k)^{1/k}$ 的不等式来解决这个难题, 对这个不等式求和就可以得到卡莱曼不等式.

问题 8.4 (卡莱曼不等式求和项的上界) 证明对任意正实数 a_k, $k = 1, 2, \ldots$, 有

$$(a_1 a_2 \cdots a_n)^{1/n} \leqslant \frac{e}{2n^2}\sum_{k=1}^{n}(2k-1)a_k, \qquad n = 1, 2, \ldots, \tag{8.22}$$

并证明这些不等式加起来能得到卡莱曼不等式 (8.21).

合理的第一步

这个问题出现在这里, 也就暗示了我们要利用幂平均的积分类比. 由于我们需要估计和项 $(a_1 a_2 \cdots a_n)^{1/n}$, 可以很合理地考虑被积函数 $f : [0, \infty) \to \mathbb{R}$, 并让 $f(x)$ 在区间 $(k-1, k](1 \leqslant k < \infty)$ 上等于 a_k. 这样的选择很容易使目标不等式 (8.22) 的左边变为积分形式:

$$\begin{aligned}
\left\{\prod_{k=1}^{n} a_k\right\}^{1/n} &= \exp\left\{\frac{1}{n}\sum_{k=1}^{n}\log a_k\right\}\\
&= \exp\left\{\frac{1}{n}\int_0^n \log f(x)\,dx\right\}\\
&= \exp\left\{\int_0^1 \log f(ny)\,dy\right\}.
\end{aligned} \tag{8.23}$$

几何平均的这种有力的表示方法很明显地提示我们要用连续型 AM–GM 不等式.

不幸的是, 如果使用这个不等式, 我们将陷入两难之境. 对公式 (8.23) 直接应用连续型 AM–GM 不等式只是回到了经典的离散型 AM–GM 不等式. 表面上看, 如此漂亮的表示 (8.23) 却得不到任何东西. 我们甚至可能想要彻底放弃这一研究思路. 此时此刻, 以及其他类似时刻, 我们应该小心谨慎, 不要轻易放弃任何自然的想法.

更加深入的观点

　　直接应用 AM–GM 不等式不能给我们带来任何有意义的东西, 不过还可以从其他角度考虑. 至少, 我们可以回顾波利亚提出的一些问题. 对照波利亚的问题列表逐一检查, 我们会注意到其中一个问题:"条件能得到满足吗?"

　　在这里, 条件和结论这两个概念是紧密联系的, 最终我们需要目标不等式 (8.22) 右边那样的上界. 一旦意识到这一点, 我们肯定会问: 常数 e 是怎么来的? 公式 (8.23) 中并没有这样一个因子, 不过我们或许可以把它添上去.

　　这个问题需要探索一下, 若思考怎样才可以将 e 表达成类似于不等式 (8.23) 右边的形式, 则你可能会灵光一现, 幸运地想到将 $f(ny)$ 替换为 y. 由此注意到

$$e = \exp\left\{-\int_0^1 \log y \, dy\right\},\tag{8.24}$$

这个等式给了我们灵感. 我们只需要把 $\log y$ 嵌入到被积函数中, 然后回到我们原来的计划, 有

$$\exp\left\{\int_0^1 \log f(ny)\,dy\right\} = \exp\left\{\int_0^1\left\{\log\{yf(ny)\} - \log y\right\}dy\right\}$$

$$= e\exp\left\{\int_0^1 \log\{yf(ny)\}\,dy\right\}$$

$$\leqslant e\int_0^1 yf(ny)\,dy,\tag{8.25}$$

其中的最后一步我们终于使用了积分版本的 AM–GM 不等式.

最后两步

　　对函数 $f(x) = a_k$, $x \in (k-1, k]$, 我们有基本的恒等式

$$\int_0^1 yf(ny)\,dy = \sum_{k=1}^n \int_{(k-1)/n}^{k/n} ya_k\,dy = \frac{1}{2n^2}\sum_{k=1}^n (2k-1)a_k.\tag{8.26}$$

由上述等式, 并综合不等式 (8.25) 以及恒等式 (8.23), 可得不等式 (8.22), 这是挑战问题中的第一个不等式.

　　剩下的只要将不等式 (8.22) 逐项加起来并且验证由这个和可以导出卡莱曼不等式 (8.21) 的经典形式. 这很简单, 但是仍需仔细放缩来得到不等式的右端. 我们注意到

$$\sum_{n=1}^\infty \frac{1}{n^2}\sum_{k=1}^n (2k-1)a_k = \sum_{k=1}^\infty (2k-1)a_k\sum_{n=k}^\infty \frac{1}{n^2}$$

$$\leqslant \sum_{k=1}^\infty (2k-1)a_k\sum_{n=k}^\infty \left\{\frac{1}{n-\frac{1}{2}} - \frac{1}{n+\frac{1}{2}}\right\}$$

$$= \sum_{k=1}^{\infty} \frac{2k-1}{k-\frac{1}{2}} a_k = 2 \sum_{k=1}^{\infty} a_k.$$

把这个不等式代入恒等式 (8.26) 中, 我们会看到 (8.25) 确实证明了卡莱曼不等式.

练习

习题 8.1 (乔装的幂平均)　为有效运用幂平均不等式, 要能够从式子中辨认出幂平均, 下面的习题提供了一些练习. 证明对任何正数 x, y 和 z, 有

$$\frac{9}{2(x+y+z)} \leqslant \frac{1}{x+y} + \frac{1}{x+z} + \frac{1}{y+z}, \tag{8.27}$$

且对任何 $p \geqslant 1$ 有

$$\frac{1}{2} 3^{2-p} (x+y+z)^{p-1} \leqslant \frac{x^p}{y+z} + \frac{y^p}{x+z} + \frac{z^p}{x+y}. \tag{8.28}$$

可注意到当 $p=1$ 时, 第二个不等式退化为已在习题 5.6 中证明了的 Nesbitt 不等式.

习题 8.2 (调和平均与已知和)　设 $x_1, x_2, \ldots, x_n$ 为正的并用 S 表示它们的和. 证明不等式

$$\frac{n^2}{(2n-1)} \leqslant \frac{S}{2S-x_1} + \frac{S}{2S-x_2} + \cdots + \frac{S}{2S-x_n}.$$

在这个问题 (和其他许多类似的问题) 中, 可以从不等式右端分母之和的简单表示获得提示.

习题 8.3 (积分形式的类比与 Σ 的齐次性)　(a) 证明对任何非负序列 $\{a_k : 1 \leqslant k \leqslant n\}$, 有

$$\left\{ \sum_{k=1}^{n} a_k^{1/2} \right\}^2 \leqslant \left\{ \sum_{k=1}^{n} a_k^{1/3} \right\}^3, \tag{8.29}$$

一定要注意这个不等式与幂平均不等式 (8.10) 在 $s=1/3$, $t=1/2$ 时的区别.

(b) 类比于不等式 (8.29), 有人可能不加深思地猜测: 对任何非负函数 f, 如下积分不等式

$$\left\{ \int_0^1 f^{1/2}(x) \, dx \right\}^2 \leqslant \left\{ \int_0^1 f^{1/3}(x) \, dx \right\}^3 \tag{8.30}$$

成立. 举例说明一般而言 (8.30) 不成立.

有一个直观原理来解释积分形式的类比是否存在. 在 Hardy, Littlewood 和 Pólya (1952, 第 4 页) 中, 这个原理被称为 "Σ 的齐次性", 它建议我们把不等式 (如 (8.29)) 中的 Σ 当作形式符号. 在这个例子中, 不等式左端 "关于 Σ 是二阶齐次的", 而右端 "关

于 Σ 是三阶齐次的". 因此两端不相容. 我们也就不能指望任何积分形式的类比了. 另一方面, 在柯西不等式和赫尔德不等式中, 两端关于 Σ 都是一阶齐次的, 所以它们有积分形式的类比就是很自然的事情了.

习题 8.4 (波利亚对极大极小的刻画) 假设你要猜测 $[a,b] \subset (0,\infty)$ 中的未知数 x 的值, 并且根据你猜测的相对误差支付罚款. 怎么猜才能使最坏情况下的罚款最小化? 如果你猜 p, 那么你的罚款最多为

$$F(p) = \max_{x \in [a,b]} \left\{ \frac{|p-x|}{x} \right\}, \tag{8.31}$$

问题用分析的语言表达出来就是找到 p^* 使得

$$F(p^*) = \min_p F(p) = \min_p \max_{x \in [a,b]} \left\{ \frac{|p-x|}{x} \right\}. \tag{8.32}$$

可以预期 p^* 是一熟知的平均, 不过是哪个呢?

习题 8.5 (作为最小值的几何平均) 证明几何平均有以下表示

$$\left\{ \prod_{k=1}^{n} a_k \right\}^{1/n} = \min \left\{ \frac{1}{n} \sum_{k=1}^{n} a_k x_k : (x_1, x_2, \ldots, x_n) \in D \right\}, \tag{8.33}$$

其中 D 是 $\mathbb{R}^n$ 中的一个区域, 定义如下:

$$D = \left\{ (x_1, x_2, \ldots, x_n) : \prod_{k=1}^{n} x_k = 1, \, x_k \geqslant 0, k = 1, 2, \ldots, n \right\}.$$

为了熟悉几何平均的这个表示形式, 请用它证明几何平均是超可加的; 也就是说, 用公式 (8.33) 推导出不等式 (2.31).

习题 8.6 (再探二分法) 二分法不只应用于不等式, 它同样可以用来证明一些巧妙的等式. 作为例子, 证明由熟知的半角公式 $\sin x = 2\sin(x/2)\cos(x/2)$ 可以推出无穷乘积恒等式

$$\frac{\sin x}{x} = \prod_{k=1}^{\infty} \cos(x/2^k), \tag{8.34}$$

验证由此可得到令人印象深刻的恒等式

$$\frac{2}{\pi} = \frac{\sqrt{2}}{2} \cdot \frac{\sqrt{2+\sqrt{2}}}{2} \cdot \frac{\sqrt{2+\sqrt{2+\sqrt{2}}}}{2} \cdots.$$

$\sin(x)/x$ 的乘积公式 (8.34) 自 1593 年起就知道了, 它被称为韦达恒等式.

习题 8.7 (不等式的导数)   一般, 我们无法通过对一个不等式的两端求导来得到有意义的结果, 但在一些特殊情形中 "不等式的导数" 确实有意义. 甚至有时候这些求导运算能带来令人惊奇的新结果. 下面的练习并不出奇, 但反映了什么是可能的.

(a) 考虑函数 f, 设它在 t_0 可导且对任何 $t \in [t_0, t_0 + \Delta)$ 及 $\Delta > 0$, 不等式 $f(t_0) \leqslant f(t)$ 成立. 证明 $0 \leqslant f'(t_0)$.

(b) 应用上面的结果证明由幂平均不等式可以导出

$$\left\{ \sum_{k=1}^{n} p_k x_k \right\} \log \left\{ \sum_{k=1}^{n} p_k x_k \right\} \leqslant \left\{ \sum_{k=1}^{n} p_k x_k \log x_k \right\} \tag{8.35}$$

对于 $x_k > 0$ 及所有的非负数 p_k 成立, 其中 $p_1 + p_2 + \cdots + p_n = 1$.

习题 8.8 (p 次幂的 Niven–Zuckerman 引理)   考虑非负 n 元实数组

$$(a_{1k}, a_{2k}, \ldots, a_{nk}), \qquad k = 1, 2, \ldots.$$

假设存在常数 $\mu \geqslant 0$ 使得

$$\text{当 } k \to \infty \text{ 时,} \quad a_{1k} + a_{2k} + \cdots + a_{nk} \to n\mu, \tag{i}$$

且存在 $1 < p < \infty$ 使得

$$\text{当 } k \to \infty \text{ 时,} \quad a_{1k}^p + a_{2k}^p + \cdots + a_{nk}^p \to n\mu^p. \tag{ii}$$

证明由这些条件可以推出 n 个极限

$$\lim_{k \to \infty} a_{jk} = \mu, \qquad 1 \leqslant j \leqslant n.$$

这个练习提供了应用一致性原理的一个例子. 该原理在这个情形中断言, 如果一个向量的分量之和及对应的 p 次幂之和都有极限, 且相应的极限与各分量都收敛于某相同常数时所得的极限一致, 则最终结果确实如此, 即各分量确实都收敛到同一常数. 一致性原理有很多变体, 并且, 如习题 2.8 中的最优原理一样, 它提供了有益的、有启发性的指导, 即使形式上并不可应用.

习题 8.9 (区间内的群聚点)   给定 $[-1, 1]$ 中 n 个点, 我们知道某两点会很接近, 有很多方法可以度量这种密集度. 保罗·厄多斯 (Paul Erdős) 提出过一个不常见但富有洞察力的方法, 即遍历两点之差的倒数和来度量.

(a) 假设 $-1 \leqslant x_1 < x_2 < \cdots < x_n \leqslant 1$, 证明

$$\sum_{1 \leqslant j < k \leqslant n} \frac{1}{x_k - x_j} \geqslant \frac{1}{8} n^2 \log n.$$

(b) 证明对任何排列 $\sigma : [n] \to [n]$ 有不等式

$$\max_{1 < k \leqslant n} \sum_{j=1}^{k-1} \frac{1}{|x_{\sigma(k)} - x_{\sigma(j)}|} \geqslant \frac{1}{8} n \log n.$$

第九章　赫尔德不等式

经典不等式理论的核心由四个结果构成, 我们已经见过其中三个: 柯西–施瓦茨不等式、AM–GM 不等式以及延森不等式. 罗杰斯 (L.C. Rogers) 在 1888 年最先发现的一个结果 (一年之后, 这个结果被奥托·赫尔德 (Otto Hölder) 以另一种方式导出) 和它们一起构成了不等式四重奏. 用现代形式表示, 这个不等式断言对所有非负实数 a_k 和 b_k, $k = 1, 2, \ldots, n$, 有不等式

$$\sum_{k=1}^{n} a_k b_k \leqslant \left(\sum_{k=1}^{n} a_k^p \right)^{1/p} \left(\sum_{k=1}^{n} b_k^q \right)^{1/q}, \tag{9.1}$$

其中幂 $p > 1$ 和 $q > 1$ 满足关系

$$\frac{1}{p} + \frac{1}{q} = 1. \tag{9.2}$$

不过, 罗杰斯和赫尔德的文章给人们的印象是他们所考虑的主要是 AM–GM 不等式的推广与应用. 虽然罗杰斯认为他们所给的版本 (9.1) 有价值, 并给出了两个证明, 但似乎并没有将其看得异常重要. 相反, 机会留给了弗里杰什·里斯 (Frigyes Riesz). 里斯以现代形式写出了不等式 (9.1) 并认识到了它的重要性. 因此, 人们可以争论, 说不等式 (9.1) 更适合被称为罗杰斯不等式, 甚或称之为罗杰斯–赫尔德–里斯不等式. 尽管不时地对一些历史记录进行追认是合理的, 但很久之前, 历史之手已挥笔写下 "赫尔德不等式", 要使人们改用别的名字是不切实际的.

第一个挑战问题容易预料: 我们需要证明不等式 (9.1), 并且需要确定其等号成立的条件. 与往常一样, 知道如何证明赫尔德不等式的读者可以尝试给出新的证明. 尽管赫尔德不等式的新证明出现的次数比柯西–施瓦茨不等式和 AM–GM 不等式更少, 但我们依然有信心将其找出来.

问题 9.1 (赫尔德不等式)　首先证明 Rogers (1888) 和 Hölder (1889) 给出的不等式的里斯版本 (9.1), 然后证明对非零序列 $a_1, a_2, \ldots, a_n$, 该不等式的等号成立当且仅当存在常数 $\lambda \in \mathbb{R}$ 使得

$$\lambda a_k^p = b_k^q, \qquad 1 \leqslant k \leqslant n. \tag{9.3}$$

在之前的基础上构造

人们首先想到的肯定是尝试修改柯西不等式的某个证明; 即使弄明白某些方法为何行不通也能给我们带来启发. 例如, 对 $p \neq 2$ 的情形, 由于不等式中没有二次项出现, 施瓦茨的证明方法不奏效. 同样的原因, 二次项的缺失意味着不大可能找到拉格朗日恒等式的有效类比.

这种情形将我们引向柯西不等式的最稳健的证明, 即所谓的"基本不等式":

$$xy \leqslant \frac{1}{2}x^2 + \frac{1}{2}y^2, \qquad x, y \in \mathbb{R}. \tag{9.4}$$

这个不等式可能会提醒我们利用一般 AM–GM 不等式 (2.9) 来得到

$$x^\alpha y^\beta \leqslant \frac{\alpha}{\alpha+\beta}x^{\alpha+\beta} + \frac{\beta}{\alpha+\beta}y^{\alpha+\beta}, \tag{9.5}$$

其中 $x \geqslant 0$, $y \geqslant 0$, $\alpha > 0$ 且 $\beta > 0$. 令 $u = x^\alpha$, $v = y^\beta$, $p = (\alpha+\beta)/\alpha$ 和 $q = (\alpha+\beta)/\beta$, 则对任意 $p > 1$, 有如下简单结论:

$$\frac{1}{p} + \frac{1}{q} = 1 \implies uv \leqslant \frac{1}{p}u^p + \frac{1}{q}v^q, \qquad u, v \in \mathbb{R}^+. \tag{9.6}$$

这是"基本不等式"(9.4) 的完美类比. 它被称为杨不等式, 正是它可帮助我们解答挑战问题.

由加法到乘法的另一种转换

赫尔德不等式的证明之未完成部分有熟知的解决套路. 在不等式 (9.6) 中做替换 $u \mapsto a_k$ 和 $v \mapsto b_k$, 并对 $1 \leqslant k \leqslant n$ 求和, 可得

$$\sum_{k=1}^n a_k b_k \leqslant \frac{1}{p}\sum_{k=1}^n a_k^p + \frac{1}{q}\sum_{k=1}^n b_k^q. \tag{9.7}$$

为将上面的加法上界变为乘法上界, 可以应用已经成功用过两次的归一化方法. 不失一般性, 假设两个序列都不恒等于零, 则可以合理地定义归一化的序列

$$\hat{a}_k = a_k \Big/ \Big(\sum_{k=1}^n a_k^p\Big)^{1/p} \quad \text{和} \quad \hat{b}_k = b_k \Big/ \Big(\sum_{k=1}^n b_k^q\Big)^{1/q}.$$

只需要将它们代入不等式 (9.7) 中, 通过简单的计算即可完成挑战问题的前半部分.

回顾——考虑共轭性

回顾证明过程, 里斯的论证直截了当, 但这个简单的证明并没有讲完全部故事. 事实上, 里斯的形式化看起来很复杂, 但他很聪明地让我们注意到满足 $1/p + 1/q = 1$ 的数对 p 和 q. 我们称这样的数对 (p, q) 为共轭的, 很多问题依赖于共轭数对的恰当选取. 这种平衡体现在"基本不等式"(9.4) 的 p-q 推广 (9.6) 中, 但我们会见到更深入的例子.

回溯与等号成立的情况

为完成挑战问题, 还要确定等号成立的条件. 首先注意到, 如果对任意 $1 \leqslant k \leqslant n$ 有 $b_k = 0$, 那么不等式等号成立. 在这种情况下, 等式 (9.3) 对 $\lambda = 0$ 成立; 因此, 不失一般性, 可以假设两个序列都不为零.

接下来, 注意到赫尔德不等式 (9.1) 中的等号成立当且仅当可加不等式 (9.7) 应用于归一化变量 $\hat{a}_k$ 和 $\hat{b}_k$ 时等号成立. 由逐项不等式 (9.6), 可进一步观察到可加不等式 (9.7) 的等号成立当且仅当

$$\hat{a}_k \hat{b}_k = \frac{1}{p}\hat{a}_k^p + \frac{1}{q}\hat{b}_k^q, \qquad k = 1, 2, \ldots, n.$$

接下来, 根据特殊情形下 AM–GM 不等式 (9.5) 中等号成立的条件, 可知对所有的 $1 \leqslant k \leqslant n$ 必有 $\hat{a}_k^p = \hat{b}_k^q$. 最终, 去掉表示归一化的符号 "^", 可见对任何 $1 \leqslant k \leqslant n$, $\lambda a_k^p = b_k^q$ 成立, 这里的 λ 由

$$\lambda = \left(\sum_{k=1}^{n} b_k^q\right)^{1/q} \Big/ \left(\sum_{k=1}^{n} a_k^p\right)^{1/p}$$

给出. 这与我们之前预测的结果一致, 从而挑战问题也就此解决.

用于更好检查的黑板工具

如上面论证所示的反推, 以易隐藏缺陷甚至是直接错误而知名. 然而, 在直接论证之后, 大多数人太易于相信任何论证反过来都没错. 不幸的是, 有时候这只是一厢情愿罢了.

如图 9.1 所示的半图形化 "板书" 可以帮助我们思考. 我们中很多人已经发现自己

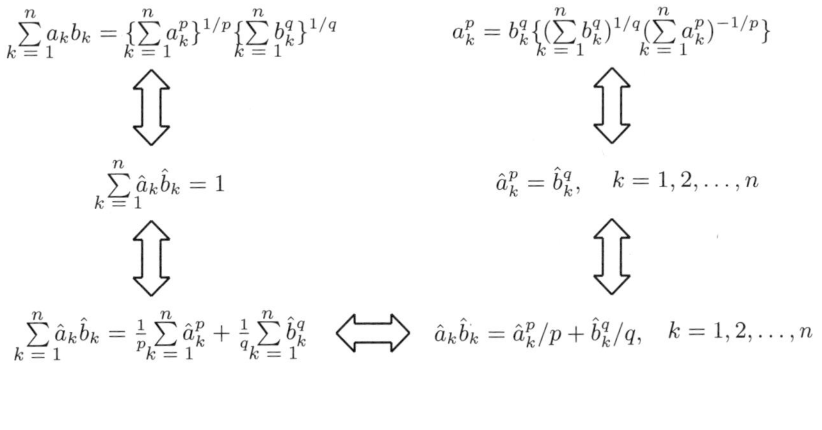

$$\sum_{k=1}^{n} a_k b_k = \{\sum_{k=1}^{n} a_k^p\}^{1/p}\{\sum_{k=1}^{n} b_k^q\}^{1/q} \qquad a_k^p = b_k^q\{(\sum_{k=1}^{n} b_k^q)^{1/q}(\sum_{k=1}^{n} a_k^p)^{-1/p}\}$$

$$\Updownarrow \qquad\qquad\qquad \Updownarrow$$

$$\sum_{k=1}^{n} \hat{a}_k \hat{b}_k = 1 \qquad\qquad \hat{a}_k^p = \hat{b}_k^q, \quad k = 1, 2, \ldots, n$$

$$\Updownarrow \qquad\qquad\qquad \Updownarrow$$

$$\sum_{k=1}^{n} \hat{a}_k \hat{b}_k = \frac{1}{p}\sum_{k=1}^{n}\hat{a}_k^p + \frac{1}{q}\sum_{k=1}^{n}\hat{b}_k^q \quad\Longleftrightarrow\quad \hat{a}_k \hat{b}_k = \hat{a}_k^p/p + \hat{b}_k^q/q, \quad k = 1, 2, \ldots, n$$

图 9.1 赫尔德不等式等号成立的条件很容易用板书展示, 这样的半图形化表示比用 "当且仅当" 的文字叙述更有优势. 论证过程一目了然, 有助于我们仔细推敲每一个步骤.

常被动地转向"当且仅当"的口吻, 而板书的可视化推导则易于激发更加活跃的思考. 这样的板书使证明过程完整体现, 且每一部分推导都能很容易独立出来.

赫尔德不等式的逆

逻辑上, 每个人都知道 $A \Rightarrow B$ 的逆命题是 $B \Rightarrow A$, 但在不等式理论中, 逆的概念更加模糊. 不过有一个结果可以名副其实地被称为逆向赫尔德不等式, 这就是我们下一个挑战问题.

问题 9.2 (逆向赫尔德不等式——通向对偶之门) 设 $1 < p < \infty$ 且存在常数 C 使得对于所有的 $x_k, 1 \leqslant k \leqslant n$,

$$\sum_{k=1}^{n} a_k x_k \leqslant C \left\{ \sum_{k=1}^{n} |x_k|^p \right\}^{1/p}. \tag{9.8}$$

证明不等式

$$\left\{ \sum_{k=1}^{n} |a_k|^q \right\}^{1/q} \leqslant C, \tag{9.9}$$

其中 $q = p/(p-1)$.

如何清理多余变量

这个问题有助于解释里斯共轭对 (p,q) 为什么是不可避免的. 在某种程度上, 上面这个简单结论令人惊讶. 众所周知, 非线性约束条件是很难对付的. 这里, 不等式 (9.8) 的两边都有 n 个变量 x_k 纠缠在一起. 要想消去它们需要一些技巧.

当一个关系式的两边都有自由变量时, 某些时候有用的想法是使得两边尽可能接近. 这个"两边相似原理"自然是模糊的, 不过在这里它暗示我们对所有的 $1 \leqslant k \leqslant n$ 选择合适的 x_k 使得 $a_k x_k = |x_k|^p$; 换句话说, 令 $x_k = \mathrm{sign}(a_k)|a_k|^{1/(p-1)}$, 这里, 当 $a_k \geqslant 0$ 时, $\mathrm{sign}(a_k)$ 为 1, 否则为 -1. 根据这个假设, 条件 (9.8) 变为

$$\sum_{k=1}^{n} |a_k|^{p/(p-1)} \leqslant C \left\{ \sum_{k=1}^{n} |a_k|^{p/(p-1)} \right\}^{1/p}. \tag{9.10}$$

不失一般性, 可设右边的和式不为零, 由此不等式两端可以除以它. 再结合关系式 $1/p + 1/q = 1$, 就可证明目标不等式 (9.9).

为赫尔德不等式设计的简写记号

赫尔德不等式及其对偶不等式 (9.9) 可改写为不同形式, 引入一些记号有助于写出最漂亮的形式. 设 $\mathbf{a} = (a_1, a_2, \ldots, a_n)$ 是实 n 维向量, $1 \leqslant p < \infty$. 可以定义

$$\|\mathbf{a}\|_p = \left(\sum_{k=1}^{n} |a_k|^p \right)^{1/p}. \tag{9.11}$$

当 $p = \infty$ 时, 设 $\|\mathbf{a}\|_{\infty} = \max_{1 \leqslant k \leqslant n} |a_k|$. 利用上述记号, $1 \leqslant p < \infty$ 时的赫尔德不等式 (9.1) 可以写成如下简单形式:

$$\left| \sum_{k=1}^{n} a_k b_k \right| \leqslant \|\mathbf{a}\|_p \|\mathbf{b}\|_q,$$

其中当 $1 < p < \infty$ 时, 数对 (p, q) 是满足如下关系的共轭数:

$$\frac{1}{p} + \frac{1}{q} = 1, \qquad 1 < p < \infty,$$

而当 $p = 1$ 时, 直接设 $q = \infty$.

我们称 $\|\mathbf{a}\|_p$ 为 n 维向量 $\mathbf{a}$ 的 p 范数, 或者 ℓ^p 范数. 为检验名称的合理性, 需要验证函数 $\mathbf{a} \mapsto \|\mathbf{a}\|_p$ 确实满足范数的定义所要求的性质. 确切地说, 需要验证如下三条性质:

　(i) $\|\mathbf{a}\|_p = 0$ 当且仅当 $\mathbf{a} = \mathbf{0}$,

　(ii) 对任何 $\alpha \in \mathbb{R}$, $\|\alpha\mathbf{a}\|_p = |\alpha|\,\|\mathbf{a}\|_p$,

　(iii) 对任何 $\mathbf{a}, \mathbf{b} \in \mathbb{R}^n$, $\|\mathbf{a} + \mathbf{b}\|_p \leqslant \|\mathbf{a}\|_p + \|\mathbf{b}\|_p$.

前两个性质由定义 (9.11) 很容易得出, 而第三条性质则更为本质. 它被称为闵可夫斯基不等式, 虽然它并不难证明, 但结果很重要, 值得作为一个挑战问题.

问题 9.3 (闵可夫斯基不等式)　　对任意 $\mathbf{a} = (a_1, a_2, \ldots, a_n)$, $\mathbf{b} = (b_1, b_2, \ldots, b_n)$, 证明

$$\|\mathbf{a} + \mathbf{b}\|_p \leqslant \|\mathbf{a}\|_p + \|\mathbf{b}\|_p, \tag{9.12}$$

或更详细地, 对任意 $p \geqslant 1$, 证明不等式

$$\left(\sum_{k=1}^{n} |a_k + b_k|^p \right)^{1/p} \leqslant \left(\sum_{k=1}^{n} |a_k|^p \right)^{1/p} + \left(\sum_{k=1}^{n} |b_k|^p \right)^{1/p}. \tag{9.13}$$

进一步, 证明如果 $\|\mathbf{a}\|_p \neq 0$ 且 $p > 1$, 则不等式 (9.12) 中的等号成立当且仅当 (1) 存在常数 $\lambda \in \mathbb{R}$ 使得对于所有的 $k = 1, 2, \ldots, n$, $|b_k| = \lambda|a_k|$ 成立, (2) 对任意 $k = 1, 2, \ldots, n$, a_k 和 b_k 同号.

里斯关于闵可夫斯基不等式的证明

有很多证明闵可夫斯基不等式的方法. 不过里斯的方法值得注意——特别是在讨论完赫尔德不等式之后被要求证明闵可夫斯基不等式之时. 我们可以问: "赫尔德不等式有什么用? " 我们很快就能看到, 代数运算就可以指引我们前行.

由于要寻求的上界是两项之和, 合理的做法是将和式拆为两部分

$$\sum_{k=1}^{n}|a_k+b_k|^p \leqslant \sum_{k=1}^{n}|a_k||a_k+b_k|^{p-1} + \sum_{k=1}^{n}|b_k||a_k+b_k|^{p-1}. \tag{9.14}$$

这个拆分已经给出了 $p=1$ 时的闵可夫斯基不等式 (9.13). 假设 $p>1$. 分别对不等式 (9.14) 右边每一个和式应用赫尔德不等式. 对第一个和, 有

$$\sum_{k=1}^{n}|a_k||a_k+b_k|^{p-1} \leqslant \left(\sum_{k=1}^{n}|a_k|^p\right)^{1/p}\left(\sum_{k=1}^{n}|a_k+b_k|^p\right)^{(p-1)/p},$$

而对第二个和, 有

$$\sum_{k=1}^{n}|b_k||a_k+b_k|^{p-1} \leqslant \left(\sum_{k=1}^{n}|b_k|^p\right)^{1/p}\left(\sum_{k=1}^{n}|a_k+b_k|^p\right)^{(p-1)/p}.$$

借助我们的简写记号, 由 (9.14) 可知

$$\|\mathbf{a}+\mathbf{b}\|_p^p \leqslant \|\mathbf{a}\|_p \cdot \|\mathbf{a}+\mathbf{b}\|_p^{p-1} + \|\mathbf{b}\|_p \cdot \|\mathbf{a}+\mathbf{b}\|_p^{p-1}. \tag{9.15}$$

由于闵可夫斯基不等式 (9.12) 在 $\|\mathbf{a}+\mathbf{b}\|_p = 0$ 时是平凡的, 不失一般性, 设 $\|\mathbf{a}+\mathbf{b}\|_p \neq 0$. 在不等式 (9.15) 两端同时除以 $\|\mathbf{a}+\mathbf{b}\|_p^{p-1}$ 即可完成证明.

隐藏的好处: 等号成立的情形

里斯证明闵可夫斯基不等式 (9.12) 的方法有一个好处: 其论证反过来可以确定等号成立的条件. 理论上说, 整个想法是简单的, 不过有些细节看起来比较繁琐.

首先, 注意到闵可夫斯基不等式 (9.12) 中等号成立可以推出不等式 (9.14) 等号成立, 即对每一个 $1 \leqslant k \leqslant n$ 有 $|a_k+b_k| = |a_k|+|b_k|$. 由此可设对任何 $1 \leqslant k \leqslant n$, a_k 和 b_k 符号相同. 实际上不妨假设对任何 $1 \leqslant k \leqslant n$, $a_k \geqslant 0$ 及 $b_k \geqslant 0$ 成立.

闵可夫斯基不等式 (9.12) 中的等号成立也意味着我们所使用的赫尔德不等式的等号成立. 因此, 从 $\|\mathbf{a}+\mathbf{b}\|_p \neq 0$ 可推出存在 $\lambda \geqslant 1$ 使得

$$\lambda|a_k|^p = \{|a_k+b_k|^{p-1}\}^q = |a_k+b_k|^p,$$

且存在 $\lambda' \geqslant 1$ 使得

$$\lambda'|b_k|^p = \{|a_k+b_k|^{p-1}\}^q = |a_k+b_k|^p.$$

由这些恒等式, 可以看到, 如果设 $\lambda'' = \lambda/\lambda'$, 则对任何 $k=1,2,\ldots,n$, $\lambda''|a_k|^p = |b_k|^p$ 成立.

这正是我们想要证明的条件. 原则上, 每一个回溯论证都需要检验; 需要验证它是否是天衣无缝的. 最好用类似于图 9.1 的形式来完成.

次可加性与拟线性化

根据闵可夫斯基不等式, 由 $h(\mathbf{a}) = \|\mathbf{a}\|_p$ 定义的函数 $h: \mathbb{R}^n \to \mathbb{R}$ 是次可加的, 即它满足不等式

$$h(\mathbf{a} + \mathbf{b}) \leqslant h(\mathbf{a}) + h(\mathbf{b}), \qquad \mathbf{a}, \mathbf{b} \in \mathbb{R}^n.$$

次可加关系比里斯的证明更显然, 因此有人可能会问是否有其他方法可以使人一眼就得到闵可夫斯基不等式. 下一个挑战问题给出了肯定的回答, 并给出了更加精细的结果.

问题 9.4 (ℓ^p 范数的拟线性化) 证明对任何 $1 \leqslant p \leqslant \infty$, 有恒等式

$$\|\mathbf{a}\|_p = \max \left\{ \sum_{k=1}^{n} a_k x_k : \|\mathbf{x}\|_q = 1 \right\}, \tag{9.16}$$

其中 $\mathbf{a} = (a_1, a_2, \ldots, a_n)$, p 与 q 共轭 (即 $p > 1$ 时 $q = p/(p-1)$, 而 $p = 1$ 时 $q = \infty$, $p = \infty$ 时 $q = 1$). 最后解释为什么借助这个等式无须更多计算便可导出闵可夫斯基不等式.

拟线性化

考虑这个问题之前, 介绍一点背景会有所帮助. 设 V 为向量空间 (例如 $\mathbb{R}^n$) 且 $L: V \times W \to \mathbb{R}$ 是对第一个变量可加的函数, 即 $L(\mathbf{a} + \mathbf{b}, \mathbf{w}) = L(\mathbf{a}, \mathbf{w}) + L(\mathbf{b}, \mathbf{w})$, 则如下定义的函数 $h: V \to \mathbb{R}$,

$$h(\mathbf{a}) = \max_{\mathbf{w} \in W} L(\mathbf{a}, \mathbf{w}) \tag{9.17}$$

总是次可加的, 这是因为有两个选择至少和一个选择一样好:

$$h(\mathbf{a} + \mathbf{b}) = \max_{\mathbf{w} \in W} L(\mathbf{a} + \mathbf{b}, \mathbf{w}) = \max_{\mathbf{w} \in W} \left\{ L(\mathbf{a}, \mathbf{w}) + L(\mathbf{b}, \mathbf{w}) \right\}$$

$$\leqslant \max_{\mathbf{w}_0 \in W} L(\mathbf{a}, \mathbf{w}_0) + \max_{\mathbf{w}_1 \in W} L(\mathbf{b}, \mathbf{w}_1) = h(\mathbf{a}) + h(\mathbf{b}).$$

公式 (9.17) 被称为 h 的拟线性表示, 不等式理论中许多最基础的量都有类似的表示.

恒等式的确认

函数 $h(\mathbf{a}) = \|\mathbf{a}\|_p$ 的拟线性表示 (9.16) 的存在性是赫尔德不等式及其逆的简单推论. 不过, 其中逻辑不易看清楚, 把它写得更清楚是有用的. 首先, 考虑集合

$$S = \left\{ \sum_{k=1}^{n} a_k x_k : \sum_{k=1}^{n} |x_k|^q \leqslant 1 \right\}.$$

根据赫尔德不等式, 对任意 $s \in S$, $s \leqslant \|\mathbf{a}\|_p$. 由此可得第一个不等式 $\max\{s \in S\} \leqslant \|\mathbf{a}\|_p$. 然后, 根据 S 的定义并通过放缩, 有

$$\text{对任何 } \mathbf{y} \in \mathbb{R}^n, \quad \sum_{k=1}^{n} a_k y_k \leqslant \|\mathbf{y}\|_q \max\{s \in S\}. \tag{9.18}$$

由此, 根据关于共轭数对 (q, p) 的逆向赫尔德不等式 (9.9)——不同的是原不等式 (9.9) 中的共轭数对是 (p, q) ——我们可得到第二个不等式 $\|\mathbf{a}\|_p \leqslant \max\{s \in S\}$. 将这两个不等式综合起来就是 $h(\mathbf{a}) = \|\mathbf{a}\|_p$ 的拟线性表示 (9.16).

赫尔德不等式的稳定性结果

在很多数学领域, 我们可同时发现刻画性结果和稳定性结果. 刻画性结果一般给出方程解的具体刻画, 而稳定性结果则断言当等式"几乎成立"时, 相应的刻画也"几乎成立".

在不等式理论中有很多稳定性结果的例子. 我们已经见过, 在 AM–GM 不等式中等号成立的情形有相应的稳定性结果 (习题 2.12), 而我们也会很自然地问, 对赫尔德不等式是否也有类似的结果?

详言之, 首先注意到, 由 1 技巧和赫尔德不等式, 可知对所有的 $p > 1$ 及对任意非负实数列 $a_1, a_2, \ldots, a_n$, 有不等式

$$\sum_{j=1}^{n} a_j \leqslant n^{(p-1)/p} \left(\sum_{j=1}^{n} a_j^p \right)^{1/p}.$$

定义偏差 $\delta(\mathbf{a})$ 如下:

$$\delta(\mathbf{a}) \overset{\text{def}}{=} \sum_{j=1}^{n} a_j^p - n^{1-p} \left(\sum_{j=1}^{n} a_j \right)^p, \tag{9.19}$$

我们有 $\delta(\mathbf{a}) \geqslant 0$. 说得更确切一些, 赫尔德不等式的等号成立的条件告诉我们 $\delta(\mathbf{a}) = 0$ 当且仅当存在常数 μ 使得对于所有的 $j = 1, 2, \ldots, n$, $a_j = \mu$ 成立. 也就是说, $\delta(\mathbf{a}) = 0$ 蕴含着 $\mathbf{a} = (a_1, a_2, \ldots, a_n)$ 为常数向量.

这个刻画反过来指向各种各样的稳定性结果, 我们下一个挑战问题关注其中最令人兴奋的结果. 这个结果介绍了平方和估计的一般方法.

问题 9.5 (赫尔德不等式的一个稳定性结果)   设 $p \geqslant 2$ 且对任何 $1 \leqslant j \leqslant n$, $a_j \geqslant 0$, 证明存在常数 $\lambda = \lambda(\mathbf{a}, p)$ 使得

$$\text{对任何 } j = 1, 2, \ldots, n, \qquad a_j \in [(\lambda - \delta^{\frac{1}{2}})^{2/p}, (\lambda + \delta^{\frac{1}{2}})^{2/p}], \tag{9.20}$$

也就是说, 如果偏差 $\delta = \delta(\mathbf{a})$ 很小, 则数列 $a_1, a_2, \ldots, a_n$ 几乎是一个常数.

考虑方向

有很多方式表示一列几乎相等的数. 上面用到的公式 (9.20) 只是其中之一. 不过, 这个选择确实给了我们一些如何前进的提示.

关系式 (9.20) 能被更紧凑地写为 $(a_j^{p/2} - \lambda)^2 \leqslant \delta(\mathbf{a})$. 如果能证明一个更强的假设, 即存在常数 λ 使得

$$\sum_{j=1}^{n} (a_j^{p/2} - \lambda)^2 \leqslant \delta(\mathbf{a}), \tag{9.21}$$

那么就能一次性证明 (9.20) 中所有的不等式. 当然, 不等式 (9.21) 的前提条件可能比较多, 不过它确实是一个很好的假设, 值得考虑.

为什么这个假设很好?

首先, 如果 $p = 2$, 只要令 $\lambda = (a_1 + a_2 + \cdots + a_n)/n$, 则按 $\delta(\mathbf{a})$ 的定义来直接计算即可知不等式 (9.21) 实际上是一个恒等式. 猜想在特殊情形下成立是一个好消息.

猜想 (9.21) 的精妙之处在于它间接地与二次多项式的实根的存在性有关. 也就是说, 如果不等式 (9.21) 对某些实数 λ 成立, 那么根据连续性, 也一定存在实数 λ 满足方程

$$\sum_{j=1}^{n}(a_j^{p/2} - \lambda)^2 = \delta(\mathbf{a}) \stackrel{\text{def}}{=} \sum_{j=1}^{n} a_j^p - n^{1-p}\left(\sum_{j=1}^{n} a_j\right)^p.$$

展开并简化之后, 可见猜想 (9.21) 成立当且仅当如下方程

$$n\lambda^2 - 2\lambda\sum_{j=1}^{n} a_j^{p/2} + n^{1-p}\left(\sum_{j=1}^{n} a_j\right)^p = 0 \tag{9.22}$$

有实根. 由于二次方程 $A\lambda^2 + 2B\lambda + C = 0$ 有实根当且仅当 $AC \leqslant B^2$, 所以要证明挑战问题等价于要证明

$$n^{2-p}\left(\sum_{j=1}^{n} a_j\right)^p \leqslant \left(\sum_{j=1}^{n} a_j^{p/2}\right)^2. \tag{9.23}$$

幸运的是, 这个不等式的证明很简单; 事实上这只是赫尔德不等式和 1 技巧的另一个推论. 更确切地说, 只需令 $p' = p/2$ 和 $q' = p/(p-2)$, 并对 $a_1 \cdot 1 + a_2 \cdot 1 + \cdots + a_n \cdot 1$ 应用赫尔德不等式即可.

插值

显然, ℓ^1 范数和 ℓ^∞ 范数是 ℓ^p 范数的两个很自然的极端情形. 可以合理地猜测, 在合适的条件下, ℓ^1 不等式与 ℓ^∞ 不等式的组合可以得到关于 ℓ^p ($1 < p < \infty$) 范数的类似不等式.

最后的挑战问题是这个可能性的重要例子. 它也引出了不等式理论中最普遍的主题——插值.

问题 9.6 (ℓ^1-ℓ^∞ **插值的例子**) 设 $1 \leqslant j \leqslant m$, $1 \leqslant k \leqslant n$, c_{jk} 为满足如下关系的非负实数组: 对任何 x_k, $1 \leqslant k \leqslant n$,

$$\sum_{j=1}^{m}\left|\sum_{k=1}^{n} c_{jk}x_k\right| \leqslant A\sum_{k=1}^{n}|x_k| \quad \text{和} \quad \max_{1\leqslant j\leqslant m}\left|\sum_{k=1}^{n} c_{jk}x_k\right| \leqslant B\max_{1\leqslant k\leqslant n}|x_k|.$$

设 $1 < p < \infty$ 且 $q = p/(1-p)$, 证明对任何 x_k, $1 \leqslant k \leqslant n$, 有插值不等式

$$\left(\sum_{j=1}^{m}\left|\sum_{k=1}^{n} c_{jk}x_k\right|^p\right)^{1/p} \leqslant A^{1/p}B^{1/q}\left(\sum_{k=1}^{n}|x_k|^p\right)^{1/p}. \tag{9.24}$$

寻找更简单的形式

不等式 (9.24) 中看起来比较麻烦的特点在于 p 次方根的存在. 人们很快就会去想办法消掉它. 右边的方根不是问题, 因为通过归一化 $\mathbf{x}$, 可以不失一般性地假设 $\|\mathbf{x}\|_p \leqslant 1$. 但如何处理左边的 p 次方根呢?

幸运的是, 恰好有一个工具能做这件事. 由赫尔德不等式的逆向不等式 (第 114 页), 为证明不等式 (9.24), 只需证明对任何满足 $\|\mathbf{x}\|_p \leqslant 1$ 和 $\|\mathbf{y}\|_q \leqslant 1$ 的实向量 $\mathbf{x}$ 和 $\mathbf{y}$, 有

$$\sum_{j=1}^{m}\sum_{k=1}^{n} c_{jk} x_k y_j \leqslant A^{1/p} B^{1/q}. \tag{9.25}$$

进一步, 因为假设对所有的 j 和 k 有 $c_{jk} \geqslant 0$, 只需对满足 $\|\mathbf{x}\|_p \leqslant 1$, $\|\mathbf{y}\|_q \leqslant 1$ 且对所有 j, k, $x_k \geqslant 0$ 且 $y_j \geqslant 0$ 的情形进行证明.

改写之后的式子 (9.25) 预示了真实的进步: p 次方根消掉了. 我们现在面对的是之前已经碰过多次的问题; 我们只需要估计一个受制于某个非线性限制条件的和.

从形式简化到结束

以前在研究这类不等式时, 分裂技巧发挥了很大的作用. 在这里, 从 $1/p + 1/q = 1$ 中寻找线索是很自然的思路. 使用分裂和赫尔德不等式, 可得

$$\sum_{j=1}^{m}\sum_{k=1}^{n} c_{jk} x_k y_j = \sum_{j=1}^{m}\sum_{k=1}^{n} (c_{jk} x_k^p)^{1/p} (c_{jk} y_j^q)^{1/q}$$
$$\leqslant \left(\sum_{j=1}^{m}\sum_{k=1}^{n} c_{jk} x_k^p\right)^{1/p} \left(\sum_{j=1}^{m}\sum_{k=1}^{n} c_{jk} y_j^q\right)^{1/q}. \tag{9.26}$$

因此, 只需要估计最后的两个因子.

第一个因子很容易处理. 这是因为第一个条件以及假设 $\|\mathbf{x}\|_p \leqslant 1$ 可以给出不等式

$$\sum_{j=1}^{m}\sum_{k=1}^{n} c_{jk} x_k^p \leqslant A \sum_{k=1}^{n} x_k^p \leqslant A. \tag{9.27}$$

第二个估计也不难处理. 做一番粗略的估计之后, 由第二个条件和假设 $\|\mathbf{y}\|_q \leqslant 1$ 可知

$$\sum_{j=1}^{m}\sum_{k=1}^{n} c_{jk} y_j^q \leqslant \sum_{j=1}^{m} y_j^q \left\{ \max_{1 \leqslant j \leqslant m} \sum_{k=1}^{n} c_{jk} \right\} \leqslant B \sum_{j=1}^{m} y_j^q \leqslant B. \tag{9.28}$$

最后, 利用估计 (9.27) 和 (9.28), 可以估计乘积 (9.26), 从而可得目标不等式 (9.25). 这就完成了最后的挑战问题.

练习

习题 9.1 (对赫尔德不等式求和) 在习题 1.8 中, 我们已见到, 柯西不等式的有效应用可能依赖于对其中一个上界和的估计. 在这方面, 赫尔德不等式是一个很自然的继承者. 作为热身, 请验证对于实数 $a_j, j = 1, 2, \ldots,$ 我们有

$$\sum_{k=1}^{n} \frac{a_k}{\{k(k+1)\}^{1/5}} < \left(\sum_{k=1}^{n} |a_k|^{5/4} \right)^{4/5}, \tag{a}$$

$$\sum_{k=1}^{n} \frac{a_k}{\sqrt{k}} < 6^{-1/4} \sqrt{\pi} \left(\sum_{k=1}^{n} |a_k|^{4/3} \right)^{3/4}, \tag{b}$$

$$\sum_{k=0}^{\infty} a_k x^k \leqslant (1-x^3)^{-1/3} \left(\sum_{k=0}^{\infty} |a_k|^{3/2} \right)^{2/3}, \qquad 0 \leqslant x < 1. \tag{c}$$

习题 9.2 (包含半径不等式) 设 $P(z) = z^n + a_{n-1} z^{n-1} + \cdots + a_1 z + a_0$ 为实或复系数多项式, 使得 P 的所有根包含在圆盘 $\{z : |z| \leqslant r(P)\}$ 内的最小值 $r(P)$ 称为 P 的包含半径. 证明对任意共轭对 $p > 1$ 和 $q = p/(p-1) > 1$, 有不等式

$$r(P) < \left(1 + A_p^q \right)^{1/q}, \qquad \text{其中} \ A_p = \left(\sum_{j=0}^{n-1} |a_j|^p \right)^{1/p}. \tag{9.29}$$

习题 9.3 (柯西不等式推出赫尔德不等式) 证明由柯西不等式可以推出赫尔德不等式. 具体而言, 先证明

$$\left\{ \sum_{j=1}^{n} a_j b_j c_j d_j e_j f_j g_j h_j \right\}^8 \leqslant \left\{ \sum_{j=1}^{n} a_j^8 \right\} \left\{ \sum_{j=1}^{n} b_j^8 \right\} \cdots \left\{ \sum_{j=1}^{n} h_j^8 \right\}$$

以说明由柯西不等式可以推出赫尔德不等式对 $p \in \{8/1, 8/2, 8/3, \ldots, 8/6, 8/7\}$ 成立. 用相同的方法, 可以证明赫尔德不等式对任何 $p = 2^k/j, 1 \leqslant j < 2^k$ 成立. 然后可以利用连续性来证明赫尔德不等式对任何 $1 \leqslant p < \infty$ 都成立.

这个论证提醒我们, 有时可以通过迭代有关 ℓ^2 的结果来得到关于 ℓ^p 的结果. 通过这种方法得到的不等式通常可以由其他方法更优雅地证明, 不过迭代仍是一个发现新不等式的相当有效的工具.

习题 9.4 (矩序列的插值不等式) 设 $t \in (0, \infty)$, $\phi : [0, \infty) \to [0, \infty)$ 为可积函数. 称积分

$$\mu_t = \int_0^\infty x^t \phi(x) \, dx$$

为 ϕ 的 t 阶矩. 对任意 $t \in (t_0, t_1)$ 证明

$$\mu_t \leqslant \mu_{t_0}^{1-\alpha} \mu_{t_1}^\alpha, \qquad t = (1-\alpha)t_0 + \alpha t_1, \qquad 0 < \alpha < 1.$$

换言之, 矩的线性插值由两个极端矩的几何插值所控制.

习题 9.5 (复赫尔德不等式及其取等号的条件)　　由实赫尔德不等式可推出对复数 $a_1, a_2, \ldots, a_n$ 及 $b_1, b_2, \ldots, b_n$, 有不等式

$$\left| \sum_{k=1}^{n} a_k b_k \right| \leqslant \left(\sum_{k=1}^{n} |a_k|^p \right)^{1/p} \left(\sum_{k=1}^{n} |b_k|^q \right)^{1/q}, \tag{9.30}$$

其中 $p > 1$ 和 $q > 1$ 满足 $1/p + 1/q = 1$. 对复数 $a_1, a_2, \ldots, a_n$ 及 $b_1, b_2, \ldots, b_n$, 不等式 (9.30) 取等号的充分必要条件是什么呢? 虽然这个习题很简单, 但它提供了一点不应该被忽视的有益洞见.

习题 9.6 (延森不等式推出闵可夫斯基不等式)　　根据延森不等式, 对凸函数 ϕ 及正权重 $w_1, w_2, \ldots, w_n$, 有

$$\phi\left(\frac{w_1 x_1 + w_2 x_2 + \cdots + w_n x_n}{w_1 + w_2 + \cdots + w_n} \right)$$
$$\leqslant \frac{w_1 \phi(x_1) + w_2 \phi(x_2) + \cdots + w_n \phi(x_n)}{w_1 + w_2 + \cdots + w_n}. \tag{9.31}$$

考虑 $[0, \infty]$ 上的凹函数 $\phi(x) = (1 + x^{1/p})^p$, 证明通过选择合适的权重 w_k 和延森不等式 (9.31) 中 x_k 的值, 可以得到闵可夫斯基不等式.

习题 9.7 (积分赫尔德不等式)　　很自然, 赫尔德不等式有积分形式的版本. 与现代习惯保持一致, 求和变为积分之后, 没有理由改变赫尔德不等式之名.

给定函数 $w : D \to [0, \infty)$. 检查之前的证明方法 (第 112 页), 强化对赫尔德不等式的掌握, 请类似地证明对所有从 D 到 $\mathbb{R}$ 的可积函数 f 和 g, 有

$$\int_D f(x) g(x) w(x)\, dx \leqslant \left(\int_D |f(x)|^p w(x)\, dx \right)^{1/p} \left(\int_D |g(x)|^q w(x)\, dx \right)^{1/q},$$

其中, p, q 与通常一样, $1 < p < \infty$ 且 $p^{-1} + q^{-1} = 1$.

习题 9.8 (勒让德变换与杨不等式)　　设 $f : (a, b) \to \mathbb{R}$, 以如下方式定义函数 $g : \mathbb{R} \to \mathbb{R}$:

$$g(y) = \sup_{x \in (a, b)} \{xy - f(x)\}, \tag{9.32}$$

并称之为 f 的勒让德变换. 它在不等式理论里有广泛的应用. 它的部分魅力在于能将乘积与求和联系起来. 例如, 由定义 (9.32) 立即可以推出不等式

$$对任何 \ (x, y) \in (a, b) \times \mathbb{R}, \quad xy \leqslant f(x) + g(y). \tag{9.33}$$

(a) 设 $p > 1$, 求 $f(x) = x^p/p$ 的勒让德变换, 并将一般不等式 (9.33) 与杨不等式 (9.6) 做比较.

(b) 求 $f(x) = e^x$ 和 $\phi(x) = x \log x - x$ 的勒让德变换.

(c) 证明对任意函数 f, 其勒让德变换 g 都是凸的.

习题 9.9 (赫尔德不等式的自推广) 赫尔德不等式是自推广的, 也就是说它可以推出一些明显更普遍的不等式. 本习题介绍了两个最令人欣赏的推广.

(a) 证明对任何两个都大于 r 的正数 p 和 q, 有

$$\frac{1}{p} + \frac{1}{q} = \frac{1}{r} \quad \Rightarrow \quad \left\{ \sum_{j=1}^{n} (a_j b_j)^r \right\}^{1/r} \leqslant \left\{ \sum_{j=1}^{n} a_j^p \right\}^{1/p} \left\{ \sum_{j=1}^{n} b_j^q \right\}^{1/q}.$$

(b) 设 p, q, r 都大于 1, 且

$$\frac{1}{p} + \frac{1}{q} + \frac{1}{r} = 1,$$

证明三元乘积不等式

$$\sum_{j=1}^{n} a_j b_j c_j \leqslant \left\{ \sum_{j=1}^{n} a_j^p \right\}^{1/p} \left\{ \sum_{j=1}^{n} b_j^q \right\}^{1/q} \left\{ \sum_{j=1}^{n} c_j^r \right\}^{1/r}.$$

习题 9.10 (历史上的赫尔德不等式) 赫尔德在他 1889 年写的文章中所证明的不等式断言, 对任何 $w_k \geqslant 0$, $y_k \geqslant 0$ 和 $p > 1$, 有

$$\sum_{k=1}^{n} w_k y_k \leqslant \left\{ \sum_{k=1}^{n} w_k \right\}^{(p-1)/p} \left\{ \sum_{k=1}^{n} w_k y_k^p \right\}^{1/p}. \tag{9.34}$$

证明, 正如赫尔德所做的, 这个不等式来自延森不等式的加权版本 (9.31). 最后通过证明赫尔德不等式的历史版本 (9.34) 等价于由弗里杰什·里斯给出的现代版本来得到不等式链. 也就是说验证不等式 (9.34) 蕴含不等式 (9.1), 且反之亦真.

习题 9.11 (闵可夫斯基不等式蕴含赫尔德不等式) 因为三角不等式蕴含柯西不等式, 所以有理由猜测闵可夫斯基不等式可推出赫尔德不等式. 这个猜测是对的, 不过证明较为精巧. 提示: 考虑当 s 充分大时, 对 $\theta(a_1^{p/s}, a_2^{p/s}, \ldots, a_n^{p/s})$ 及 $(1 - \theta)(b_1^{q/s}, b_2^{q/s}, \ldots, b_n^{q/s})$ 使用关于 ℓ^s 的不等式 (9.12).

习题 9.12 (数组的赫尔德不等式) 任何将赫尔德不等式推广到数组的公式看起来都可能很复杂. 不过, 如图 9.2 所示的, 依然可能使这个公式在概念上简单.

证明对非负实数 a_{jk}, $1 \leqslant j \leqslant m$, $1 \leqslant k \leqslant n$, 以及相加之和为 1 的正权重 $w_1, \ldots, w_n$, 有不等式

$$\sum_{j=1}^{m} \prod_{k=1}^{n} a_{jk}^{w_k} \leqslant \prod_{k=1}^{n} \left(\sum_{j=1}^{m} a_{jk} \right)^{w_k}. \tag{9.35}$$

证明这个不等式, 且用它证明 Kiran Kedlaya 的混合平均不等式: 对非负数 x, y, z 有

$$\frac{x + (xy)^{\frac{1}{2}} + (xyz)^{\frac{1}{3}}}{3} \leqslant \left(x \cdot \frac{x+y}{2} \cdot \frac{x+y+z}{3} \right)^{1/3}. \tag{9.36}$$

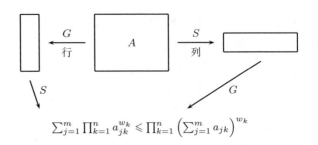

$$\sum_{j=1}^{m} \prod_{k=1}^{n} a_{jk}^{w_k} \leqslant \prod_{k=1}^{n} \left(\sum_{j=1}^{m} a_{jk} \right)^{w_k}$$

图 9.2　对关于数组的赫尔德不等式 (9.35) 的意义进行可视化后就很容易记住. 事实上, 它断言求和运算 S 与几何平均运算 G 之间自然的交换关系. 如图所示, 令 G 作用在行上, 而令 S 作用在列上, 则不等式 (9.35) 告诉我们, 先做几何平均运算 G 所得值比先做求和运算 S 得到值更小.

习题 9.13 (罗杰斯不等式——最初的赫尔德不等式)　罗杰斯在其 1888 年的文章中证明的不等式断言, 对任何 $0 < r < s < t < \infty$ 和非负的 $a_k, b_k, k = 1, 2, \ldots, n$, 有不等式

$$\left(\sum_{k=1}^{n} a_k b_k^s \right)^{t-r} \leqslant \left(\sum_{k=1}^{n} a_k b_k^r \right)^{t-s} \left(\sum_{k=1}^{n} a_k b_k^t \right)^{s-r}.$$

我们可以将其更清楚地写为

$$(S_s)^{t-r} \leqslant (S_r)^{t-s} (S_t)^{s-r}, \qquad \text{其中 } S_p = \sum_{k=1}^{n} a_k b_k^p, \quad p > 0. \tag{9.37}$$

罗杰斯对其不等式 (9.37) 给出了两个证明. 在第一个证明中, 他引用了柯西－比内恒等式 [参考 (3.7)]. 在第二个证明中, 他用了写成如下形式的 AM–GM 不等式:

$$x_1^{w_1} x_2^{w_2} \cdots x_n^{w_n} \leqslant \left(\frac{w_1 x_1 + w_2 x_2 + \cdots + w_n x_n}{w_1 + w_2 + \cdots + w_n} \right)^{w_1 + w_2 + \cdots + w_n},$$

其中 $w_1, w_2, \ldots, w_n$ 都假设为正的且是随机的.

跟随罗杰斯的脚步, 使用非常巧妙的代换 $w_k = a_k b_k^s$ 和 $x_k = b_k^{t-s}$, 推导不等式

$$\left(b_1^{a_1 b_1^s} b_2^{a_2 b_2^s} \cdots b_n^{a_n b_n^s} \right)^{t-s} \leqslant (S_t / S_s)^{S_s}, \tag{9.38}$$

并用代换 $w_k = a_k b_k^s$ 和 $x_k = b_k^{r-s}$ 来导出不等式

$$\left(b_1^{a_1 b_1^s} b_2^{a_2 b_2^s} \cdots b_n^{a_n b_n^s} \right)^{r-s} \leqslant (S_r / S_s)^{S_s}. \tag{9.39}$$

最后, 请写出如何由这两个关系导出罗杰斯不等式 (9.37).

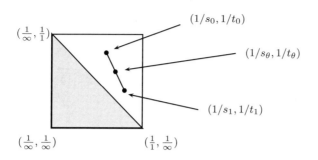

图 9.3 限制条件 $1 \leqslant s_0, t_0, s_1, t_1 \leqslant \infty$ 意味着倒数包含在单位正方形区域 $S = [0,1] \times [0,1]$ 中, 而指数关系 (9.42) 说明 $(1/s, 1/t)$ 在连接 $(1/s_1, 1/t_1)$ 和 $(1/s_0, 1/t_0)$ 的线段上. 参数 θ 由显式插值公式 $(1/s, 1/t) = \theta(1/s_1, 1/t_1) + (1 - \theta)(1/s_0, 1/t_0)$ 确定.

习题 9.14 (对正矩阵的插值) 考虑一个 $m \times n$ 矩阵 T, 设对任何 $1 \leqslant k \leqslant n$, $1 \leqslant j \leqslant m$, T 的元素 c_{jk} 都非负. 给定 $1 \leqslant s_0, t_0, s_1, t_1 \leqslant \infty$. 设存在常数 M_0 和 M_1, 使对任何 $\mathbf{x} \in \mathbb{R}^m$ 有

$$\|T\mathbf{x}\|_{t_0} \leqslant M_0 \|\mathbf{x}\|_{s_0} \quad \text{和} \quad \|T\mathbf{x}\|_{t_1} \leqslant M_1 \|\mathbf{x}\|_{s_1}, \tag{9.40}$$

证明对任何 $0 \leqslant \theta \leqslant 1$, 有不等式

$$\|T\mathbf{x}\|_t \leqslant M_\theta \|\mathbf{x}\|_s, \qquad \mathbf{x} \in \mathbb{R}^m, \tag{9.41}$$

其中 M_θ 定义为 $M_\theta = M_1^\theta M_0^{1-\theta}$, s 和 t 如下定义

$$\frac{1}{s} = \frac{\theta}{s_1} + \frac{1-\theta}{s_0}, \quad \frac{1}{t} = \frac{\theta}{t_1} + \frac{1-\theta}{t_0}. \tag{9.42}$$

这个问题需要一些时间去理解, 但其结果很重要, 任何努力都将得到丰厚的回报. 图 9.3 将条件 (9.42) 与参数 $1 \leqslant s_0, t_0, s_1, t_1 \leqslant \infty$ 的限制做了可视化. 不等式 (9.40) 显然可通过在 (9.41) 中取 $\theta = 0$ 或 $\theta = 1$ 导出. 同时, 不等式 (9.41) 可自动导出挑战问题 9.6 中的不等式 (9.24), 只需取 $t_1 = 1$, $s_1 = 1$, $M_1 = A$, $t_0 = \infty$, $s_0 = \infty$, $M_0 = B$, 以及 $\theta = 1/p$.

尽管习题 9.14 看起来很复杂, 但不难快速得到证明插值公式 (9.41) 的思路. 处理问题 9.6 的方法似乎也能够在这里应用, 只不过需要熟练应用分裂技巧.

最后, 对那些还在犹豫是否挑战习题 9.14 的读者, 还有最后一个诱惑: 首先考虑证明下面更具体的不等式 (9.43). 这个不等式是一大类难题的典型, 但只要应用插值公式 (9.41), 就能被迅速求解.

习题 9.15 (ℓ^2 插值不等式) 设 $1 \leqslant j \leqslant m$, $1 \leqslant k \leqslant n$, c_{jk} 为非负实数, 且有如下

关系:

$$对任何 \ j = 1, 2, \ldots, m, \quad X_j = \sum_{k=1}^{n} c_{jk} x_k \quad \Rightarrow \quad \sum_{j=1}^{n} |X_j|^2 \leqslant \sum_{k=1}^{n} |x_k|^2.$$

证明对任何 $1 \leqslant p \leqslant 2$, 有不等式

$$\left(\sum_{j=1}^{m} |X_j|^q \right)^{1/q} \leqslant M^{(2-p)/p} \left(\sum_{k=1}^{n} |x_k|^p \right)^{1/p}, \tag{9.43}$$

其中 $q = p/(p-1)$ 且 $M = \max |c_{jk}|$.

第十章 希尔伯特不等式与补偿困难

问题解决过程中, 一些最令人满意的经历发生在从自然开始的路途中遇上意外困难之时. 此时对问题更深层次的剖析促使我们去寻求全新的办法, 而新方法常常只需要对原始方案进行适当的修改. 这就是所谓的"山重水复疑无路, 柳暗花明又一村".

本章的开篇问题就有这样的启发意义. 我们会发现两个难点. 我们将以难攻难, 用其中一个难点对付另一个.

问题 10.1 (希尔伯特不等式)   证明存在常数 C 使对任何一对实数列 $\{a_n\}$ 和 $\{b_n\}$, 有

$$\sum_{m=1}^{\infty}\sum_{n=1}^{\infty}\frac{a_m b_n}{m+n} < C\left(\sum_{m=1}^{\infty}a_m^2\right)^{\frac{1}{2}}\left(\sum_{n=1}^{\infty}b_n^2\right)^{\frac{1}{2}}. \tag{10.1}$$

历史背景

这个著名的不等式是大卫·希尔伯特 (David Hilbert) 在 20 世纪初发现的. 具体而言, 希尔伯特证明了当 $C = 2\pi$ 时, 不等式 (10.1) 成立. 几年后, 伊赛·舒尔 (Issai Schur) 给出了新的证明, 同时还证明了不等式在 $C = \pi$ 时也成立. 我们将很快看到, 不存在使不等式成立的更小的常数 C.

尽管希尔伯特不等式与柯西不等式有相似之处, 但希尔伯特原始的证明没有使用柯西不等式. 他使用了完全不同的方法, 利用了一些巧妙地选取的三角积分的值. 实际上, 恰当地应用柯西不等式也能证明希尔伯特不等式. 这样的证明既简单又有启发意义.

设 S 为任一可数集, $\{\alpha_s\}$ 和 $\{\beta_s\}$ 是以 S 为指标集的实数集, 则柯西不等式可以写成

$$\sum_{s\in S}\alpha_s\beta_s \leqslant \left(\sum_{s\in S}\alpha_s^2\right)^{\frac{1}{2}}\left(\sum_{s\in S}\beta_s^2\right)^{\frac{1}{2}}. \tag{10.2}$$

这个稍微改写了的柯西不等式, 有时能让我们更清晰地看到切入点. 当然, 需要构造较好的集合 S, $\{\alpha_s\}$ 和 $\{\beta_s\}$, 以便我们能从不等式 (10.2) 得到希尔伯特不等式 (10.1).

自然的初试

如果不仔细考虑, 我们可能直接取指标集为 $S = \{(m,n) : m \geq 1, n \geq 1\}$, 并通过分裂法定义 α_s 和 β_s:

$$\alpha_s = \frac{a_m}{\sqrt{m+n}} \qquad 及 \qquad \beta_s = \frac{b_n}{\sqrt{m+n}}, \qquad 其中 \; s = (m,n).$$

这样一来, 乘积 $\alpha_s \beta_s$ 就变成了希尔伯特不等式左边的项, 但应用柯西不等式所得到的不等式 (10.2) 却令人失望. 确切地说, 它给出了双重求和估计

$$\left(\sum_{m=1}^{\infty} \sum_{n=1}^{\infty} \frac{a_m b_n}{m+n} \right)^2 \leq \sum_{m=1}^{\infty} \sum_{n=1}^{\infty} \frac{a_m^2}{m+n} \sum_{n=1}^{\infty} \sum_{m=1}^{\infty} \frac{b_n^2}{m+n}. \tag{10.3}$$

不幸的是, 后面两个因子都是无穷的.

不等式 (10.3) 右边第一个因子在对 n 求和时, 如同调和级数一样发散; 第二个因子在对 m 求和时, 也如调和级数一样发散. 因此, 本质上不等式 (10.3) 本身没什么价值. 不过, 如果我们仔细考虑, 自然而然就会发现, 这些缺点的互补性质指引着我们更明智地选取更好的 $\{\alpha_s\}$ 和 $\{\beta_s\}$.

探索补偿困难

刚刚得到的不等式 (10.3) 中右边两个求和会发散, 不过好在它们是出于不同的原因而发散. 从某种意义上说, 第一个因子发散是因为

$$\alpha_s = \frac{a_m}{\sqrt{m+n}}$$

作为 n 的函数而言太大了, 同时, 第二个因子发散是因为

$$\beta_s = \frac{b_n}{\sqrt{m+n}}$$

作为 m 的函数来说太大了. 总之, 这表明我们可以在 α_s 和 β_s 上下功夫, 不妨将 α_s 与一个关于 n 的递减函数相乘, 再将 β_s 与关于 m 的递减函数相乘. 因为我们想保留如下基本性质

$$\alpha_s \beta_s = \frac{a_m b_n}{m+n},$$

不须多久便能想到引入一个参数, 如

$$\alpha_s = \frac{a_m}{\sqrt{m+n}} \left(\frac{m}{n} \right)^{\lambda} \quad 和 \quad \beta_s = \frac{b_n}{\sqrt{m+n}} \left(\frac{n}{m} \right)^{\lambda}, \tag{10.4}$$

其中 $s = (m,n)$, 而 $\lambda > 0$ 是待定常数. 这位新成员一出现就迫切地把我们领向希尔伯特不等式的证明.

执行方案

对新构造的数列对 (10.4) 使用柯西不等式 (10.2), 可得

$$\left(\sum_{m=1}^{\infty}\sum_{n=1}^{\infty}\frac{a_m b_n}{m+n}\right)^2 \leqslant \sum_{m=1}^{\infty}\sum_{n=1}^{\infty}\frac{a_m^2}{m+n}\left(\frac{m}{n}\right)^{2\lambda}\sum_{n=1}^{\infty}\sum_{m=1}^{\infty}\frac{b_n^2}{m+n}\left(\frac{n}{m}\right)^{2\lambda}.$$

我们先来考虑右边第一个因子

$$\sum_{m=1}^{\infty}\sum_{n=1}^{\infty}\frac{a_m^2}{m+n}\left(\frac{m}{n}\right)^{2\lambda} = \sum_{m=1}^{\infty}a_m^2\sum_{n=1}^{\infty}\frac{1}{m+n}\left(\frac{m}{n}\right)^{2\lambda}.$$

根据目标求和 $a_m b_n/(m+n)$ 中被加数的对称性, 立即可知, 完成希尔伯特不等式证明之前, 先要证明对某个 λ 存在常数 $B_\lambda < \infty$ 使对任意 $m \geqslant 1$,

$$\sum_{n=1}^{\infty}\frac{1}{m+n}\left(\frac{m}{n}\right)^{2\lambda} \leqslant B_\lambda. \tag{10.5}$$

现在只需估计 (10.5) 中的和. 对任意非负递减函数 $f:[0,\infty)\to\mathbb{R}$, 有积分不等式

$$\sum_{n=1}^{\infty}f(n) \leqslant \int_0^{\infty}f(x)\,dx.$$

对函数 $f(x) = m^{2\lambda}x^{-2\lambda}(m+x)^{-1}$ 应用上述不等式可得

$$\sum_{n=1}^{\infty}\frac{1}{m+n}\left(\frac{m}{n}\right)^{2\lambda} \leqslant \int_0^{\infty}\frac{1}{m+x}\frac{m^{2\lambda}}{x^{2\lambda}}\,dx = \int_0^{\infty}\frac{1}{(1+y)}\frac{1}{y^{2\lambda}}\,dy, \tag{10.6}$$

其中最后一个等号源于变量替换 $x = my$. 当 λ 满足 $0 < \lambda < 1/2$ 时, 不等式 (10.6) 右边的积分显然收敛. 根据之前得到的 (10.5), 只要这样的一个 λ 存在便足以证明希尔伯特不等式 (10.1).

把握机会

至此, 我们的问题已经解决, 但若不花时间给出证明中常数 C 的取值, 不算完美. 回顾论证过程, 我们已经证明 $C = C_\lambda$ 且

$$C_\lambda = \int_0^{\infty}\frac{1}{(1+y)}\frac{1}{y^{2\lambda}}\,dy, \qquad 0 < \lambda < 1/2, \tag{10.7}$$

则希尔伯特不等式 (10.1) 成立. 自然, 应该找出 λ 的值以使 C_λ 达到最小.

借助于数学软件 Mathematica 或 Maple, 我们可以偷个懒. 运气还不错, 算出来的积分 C_λ 既简单又有显式表达:

$$\int_0^{\infty}\frac{1}{(1+y)}\frac{1}{y^{2\lambda}}\,dy = \frac{\pi}{\sin 2\pi\lambda}, \qquad 0 < \lambda < 1/2. \tag{10.8}$$

由于 $\sin 2\pi\lambda$ 在 $\lambda = 1/4$ 时取得最大值, 所以在 $0 < \lambda < 1/2$ 范围内 C_λ 的最小值为

$$C = C_{1/4} = \int_0^\infty \frac{1}{1+y}\frac{1}{\sqrt{y}}\,dy = \pi. \tag{10.9}$$

值得注意的是, 这样直接的论证几乎毫不费力就得到了当初舒尔给出的最优常数 $C = \pi$.

通过柯西不等式实现目的很漂亮, 但是不必过分夸耀. 有很多希尔伯特不等式的证明, 有的相当简洁. 不过, 对于充分掌握柯西不等式技术的内行来说, 这样的证明倒也值得玩味.

最后, 有一点值得注意, 积分 (10.8) 的计算其实是教学中的经典问题. Bak 和 Newman (1997) 以及 Cartan (1995) 都用它为例来讲解标准积分技巧. 这是形如 $R(x)/x^\alpha$ 在 $[0,\infty)$ 的积分, 其中 $R(x)$ 是有理函数, 且 $0 < \alpha < 1$. 这一积分和习题 10.8 中描述的著名的伽马函数等式也有联系.

奇迹与逆转

柯西 – 施瓦茨的论证需要足够精确以证明在希尔伯特不等式中取 $C = \pi$. 这看起来要有奇迹出现, 但有另一种看待不等式两端的方式, 此时不需要奇迹. 采用合适的观点, 可见 π 以及特殊积分 (10.8) 有不可忽略的作用. 为发展其中的联系, 我们证明第一个问题的逆命题.

问题 10.2 设存在常数 C 使对任意一对实数列 $\{a_n\}$ 和 $\{b_n\}$ 都有

$$\sum_{m=1}^\infty \sum_{n=1}^\infty \frac{a_m b_n}{m+n} < C\left(\sum_{m=1}^\infty a_m^2\right)^{\frac{1}{2}}\left(\sum_{n=1}^\infty b_n^2\right)^{\frac{1}{2}}. \tag{10.10}$$

证明 $C \geqslant \pi$.

将任意一对数列 $\{a_n\}$ 和 $\{b_n\}$ 代入不等式 (10.10) 中, 可得 C 的一个下界. 除非能找到系统的方法以指导我们的选择, 这种方法走不了多远. 我们真正想要的是一对含参数的数列 $\{a_n(\epsilon)\}$ 和 $\{b_n(\epsilon)\}$, 它们能给出一列 C 的下界, 但当 $\epsilon \to 0$ 时, 它们逼近于 π. 这看起来自然很好, 但怎样找到合适的 $\{a_n(\epsilon)\}$ 和 $\{b_n(\epsilon)\}$ 呢?

极限测试法

有两个基本的想法有助于缩小搜寻范围. 第一, 我们得能够计算 (或估计) 不等式 (10.10) 里的求和. 很多求和是算不出来的, 于是搜寻范围当然就变小了. 第二个想法更精妙, 我们得对不等式取极限. 这是一个大体上的概念, 有多种可行的解释. 但是在这里, 它至少表明了, 我们寻找的数列 $\{a_n(\epsilon)\}$ 和 $\{b_n(\epsilon)\}$ 要使得不等式 (10.10) 中所有的量在 $\epsilon \to 0$ 时都趋于无穷. 当第一次见到对不等式 (10.10) 采用极限测试的策略时人们似乎并不信服, 但是看过几个例子后便足以使多数人觉得这种原理很不简单.

毫无疑问, $\{a_n(\epsilon)\}$ 和 $\{b_n(\epsilon)\}$ 的最自然的构造是让其相等

$$a_n(\epsilon) = b_n(\epsilon) = n^{-\frac{1}{2}-\epsilon}.$$

这样一来, 对希尔伯特不等式右边项的估计就容易多了. 确切地说, 当 $\epsilon \to 0$ 时, 有

$$\left(\sum_{m=1}^{\infty} a_m^2(\epsilon)\right)^{\frac{1}{2}} \left(\sum_{n=1}^{\infty} b_n^2(\epsilon)\right)^{\frac{1}{2}} = \sum_{n=1}^{\infty} \frac{1}{n^{1+2\epsilon}} \sim \int_1^{\infty} \frac{dx}{x^{1+2\epsilon}} = \frac{1}{2\epsilon}. \tag{10.11}$$

结束回路

为了完成对问题 10.2 的解答, 只需要说明希尔伯特不等式 (10.10) 左边的求和在 $\epsilon \to 0$ 时趋于 $\pi/2\epsilon$. 事实的确如此, 计算过程也值得人们研习. 不妨把结果作为一个引理.

双重和引理

$$\text{当 } \epsilon \to 0 \text{ 时,} \qquad \sum_{m=1}^{\infty}\sum_{n=1}^{\infty} \frac{1}{n^{\frac{1}{2}+\epsilon}} \frac{1}{m^{\frac{1}{2}+\epsilon}} \frac{1}{m+n} \sim \frac{\pi}{2\epsilon}.$$

为此, 我们首先注意到积分近似告诉我们, 只要说明

$$\text{当 } \epsilon \to 0 \text{ 时,} \qquad I(\epsilon) = \int_1^{\infty}\int_1^{\infty} \frac{1}{x^{\frac{1}{2}+\epsilon}} \frac{1}{y^{\frac{1}{2}+\epsilon}} \frac{1}{x+y}\, dxdy \sim \frac{\pi}{2\epsilon}$$

即可. 做变量替换 $u = y/x$, 得到

$$I(\epsilon) = \int_1^{\infty} x^{-1-2\epsilon}\left[\int_{1/x}^{\infty} u^{-\frac{1}{2}-\epsilon} \frac{du}{1+u}\right] dx. \tag{10.12}$$

如果把内层积分的下限 $1/x$ 换成 0, 那么这个积分就容易计算了. 为估计这一改变会造成多大的误差, 我们先来列出

$$0 < \int_0^{1/x} u^{-\frac{1}{2}-\epsilon} \frac{du}{1+u} < \int_0^{1/x} u^{-\frac{1}{2}-\epsilon}\, du = \frac{x^{-\frac{1}{2}-\epsilon}}{\frac{1}{2}-\epsilon}.$$

再在 (10.12) 中使用这一不等式, 并以兰道的大 O 记号 (见 99 页的定义) 表示, 即有

$$I(\epsilon) = \int_1^{\infty} x^{-1-2\epsilon}\left\{\int_0^{\infty} u^{-\frac{1}{2}-\epsilon} \frac{du}{1+u}\right\} dx + O\left(\int_1^{\infty} x^{-\frac{3}{2}-\epsilon}\, dx\right)$$

$$= \frac{1}{2\epsilon}\int_0^{\infty} u^{-\frac{1}{2}-\epsilon} \frac{du}{1+u} + O(1).$$

最后, 令 $\epsilon \to 0$, 便得到积分 (10.9) 中遇到过的

$$\int_0^{\infty} u^{-\frac{1}{2}-\epsilon} \frac{du}{1+u} \to \int_0^{\infty} u^{-\frac{1}{2}} \frac{du}{1+u} = \pi.$$

引理的证明到此结束.

寻找希尔伯特不等式中的圆

一个问题里出现了 π 却看不到圆, 一定是因为还有秘密没有被解开. 有时, 这样的秘密得不到令人满意的解答. 对希尔伯特不等式, Krysztof Oleszkiewicz 在 1993 年发现了 π 的几何解释. 这一发现稍微偏离中心主题, 但它恰好基于之前的计算基础; 它如此精彩以致我无法割舍.

四分之一圆引理 对任意 $m \geqslant 1$, 有如下关系

$$\sum_{n=1}^{\infty} \frac{1}{m+n} \left(\frac{m}{n}\right)^{\frac{1}{2}} < \pi. \tag{10.13}$$

为证明这个不等式, 我们首先注意到, 图 10.1 中灰色的三角形相似于以 $(0,0)$, $(\sqrt{m}, \sqrt{n-1})$ 和 $(\sqrt{m}, \sqrt{n})$ 为顶点的三角形 T. T 的面积是 $\frac{1}{2}\sqrt{m}(\sqrt{n} - \sqrt{n-1})$. 于是, 根据相似比, 我们就得到灰色三角形的面积 A_n:

$$A_n = \left(\frac{\sqrt{m}}{\sqrt{n+m}}\right)^2 \frac{1}{2}\sqrt{m}(\sqrt{n} - \sqrt{n-1}). \tag{10.14}$$

由于 $1/\sqrt{x}$ 在 $[0,\infty)$ 上递减, 便有

$$\sqrt{n} - \sqrt{n-1} = \frac{1}{2}\int_{n-1}^{n} \frac{dx}{\sqrt{x}} > \frac{1}{2\sqrt{n}}.$$

于是可得

$$A_n > \frac{1}{4} \frac{m}{m+n} \frac{\sqrt{m}}{\sqrt{n}}. \tag{10.15}$$

最后要说, 这个几何解释最有意思的地方是, 所有的灰色三角形都包含于四分之一圆内. 它们互不重叠, 所以面积之和的上限是包含它们的半径为 $\sqrt{m}$ 的四分圆的面积, 即 $\pi m / 4$.

练习

习题 10.1 (保证非负)   试证对任意实数 $a_1, a_2, \ldots, a_n$ 有

$$\sum_{j,k=1}^{n} \frac{a_j a_k}{j+k} \geqslant 0. \tag{10.16}$$

更一般地, 证明对任意正数 $\lambda_1, \lambda_2, \ldots, \lambda_n$ 有

$$\sum_{j,k=1}^{n} \frac{a_j a_k}{\lambda_j + \lambda_k} \geqslant 0. \tag{10.17}$$

显然, 第二个不等式可以推出第一个, 所以不等式 (10.16) 的主要作用在于提醒我们它与希尔伯特不等式的联系. 更好的提示是, 可以考虑把 $1/\lambda_j$ 表示成积分的可能性.

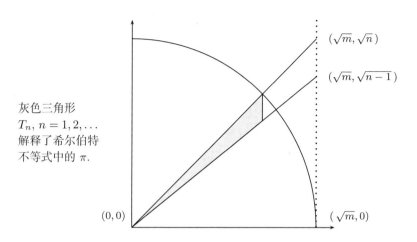

图 10.1 灰色三角形与以 $(0,0)$, $(\sqrt{m}, \sqrt{n-1})$ 和 $(\sqrt{m}, \sqrt{n})$ 为顶点的三角形相似. 这一几何关系可以帮助确定面积. 同时, 各个三角形 T_n 互不重叠, 所以它们的面积之和不会超过 $\pi m/4$. 这些即是四分之一圆引理的证明思路.

习题 10.2 (插入因子)   有多种方式继承问题 10.1 的主题, 本习题就是其中最有效的一个. 它提供了推广不等式 (如希尔伯特不等式) 的一般方法.

设复数数阵 $\{a_{jk} : 1 \leqslant j \leqslant m, 1 \leqslant k \leqslant n\}$ 满足如下不等式

$$\left| \sum_{j,k} a_{jk} x_j y_k \right| \leqslant M \|x\|_2 \|y\|_2, \tag{10.18}$$

则如下不等式也成立

$$\left| \sum_{j,k} a_{jk} h_{jk} x_j y_k \right| \leqslant \alpha \beta M \|x\|_2 \|y\|_2. \tag{10.19}$$

其中, 因子 h_{jk} 有如下形式的积分表示

$$h_{jk} = \int_D f_j(x) g_k(x)\, dx, \tag{10.20}$$

对每一个 j 和 k, 有不等式

$$\int_D |f_j(x)|^2\, dx \leqslant \alpha^2 \quad \text{和} \quad \int_D |g_k(x)|^2\, dx \leqslant \beta^2. \tag{10.21}$$

习题 10.3 (取最大值的希尔伯特不等式)   证明对每一对实数列 $\{a_n\}$ 和 $\{b_n\}$, 有

$$\sum_{m=1}^{\infty} \sum_{n=1}^{\infty} \frac{a_m b_n}{\max(m,n)} < 4 \left(\sum_{m=1}^{\infty} a_m^2 \right)^{\frac{1}{2}} \left(\sum_{n=1}^{\infty} b_n^2 \right)^{\frac{1}{2}}, \tag{10.22}$$

并证明没有更小的数可以替代 4.

习题 10.4 (积分版本) 证明积分形式的希尔伯特不等式. 即证明对任意 $f, g : [0, \infty) \to \mathbb{R}$, 有

$$\int_0^\infty \int_0^\infty \frac{f(x)g(y)}{x+y}\, dxdy < \pi \left(\int_0^\infty |f(x)|^2\, dx \right)^{\frac{1}{2}} \left(\int_0^\infty |g(y)|^2\, dy \right)^{\frac{1}{2}}.$$

离散的希尔伯特不等式 (10.1) 可以用于证明连续版本, 但在证明过程中, 严格的不等关系会丢失. 一般最好是模仿之前的论证过程, 而不是应用之前的结论.

习题 10.5 (齐次核形式) 如果函数 $K : [0, \infty) \times [0, \infty) \to [0, \infty)$ 有齐次性, 即对任意 $\lambda > 0$ 有 $K(\lambda x, \lambda y) = \lambda^{-1} K(x, y)$, 则对任意一对函数 $f, g : [0, \infty) \to \mathbb{R}$, 有

$$\int_0^\infty \int_0^\infty K(x, y) f(x) g(y)\, dxdy$$
$$< C \left(\int_0^\infty |f(x)|^2\, dx \right)^{\frac{1}{2}} \left(\int_0^\infty |g(y)|^2\, dy \right)^{\frac{1}{2}},$$

其中常数 C 是如下积分的共同值

$$\int_0^\infty K(1, y) \frac{1}{\sqrt{y}}\, dy = \int_0^\infty K(y, 1) \frac{1}{\sqrt{y}}\, dy = \int_1^\infty \frac{K(1, y) + K(y, 1)}{\sqrt{y}}\, dy.$$

习题 10.6 (参数化参数法) 对任意正权重 $w_k, k = 1, 2, \ldots, n$, 柯西不等式可写为一般和的平方的上界

$$(a_1 + a_2 + \cdots + a_n)^2 \leqslant \left\{ \sum_{k=1}^n \frac{1}{w_k} \right\} \left\{ \sum_{k=1}^n a_k^2 w_k \right\}. \tag{10.23}$$

给定上面的上界, 注意到对任何 $k = 1, 2, \ldots, n$, 将 w_k 的值视作自由参数有时是有益的. 那么问题来了, "这样的自由度能干什么呢?"一个古怪的想法是, 引入另一个实参数 t 或许有好处. 如此一来, 可将每一个 w_k 写作 $w_k(t)$. 我们希望这个纯粹的想法可以使我们更容易地把 w_k 构造得好一些. 于是, 我们要关注函数 $w_k(t)$ $(k = 1, 2, \ldots, n)$ 所要满足的性质.

我们想从不等式 (10.23) 中提取些信息出来. 一个具体的想法是, 构造的函数需满足 (1) 乘积 (10.23) 的第一个因子在 t 的范围内一致有界; (2) 第二个因子在 t 的范围内的最小值能被算出来. 这些要求似乎离谱, 但它们可以被满足; 接下来三个步骤便展现了上面的构想是如何引领我们走向令人诧异的推论的.

(a) 取 $w_k(t) = t + k^2/t$, $k = 1, 2, \ldots, n$, 证明对任意 $t \geqslant 0$, $n = 1, 2, \ldots$, 不等式 (10.23) 中第一个因子以 $\pi/2$ 为上界.

(b) 证明在上述选择下有如下恒等式:

$$\min_{t:t\geqslant 0}\left\{\sum_{k=1}^{n}a_k^2 w_k(t)\right\}=2\left\{\sum_{k=1}^{n}a_k^2\right\}^{\frac{1}{2}}\left\{\sum_{k=1}^{n}k^2 a_k^2\right\}^{\frac{1}{2}}.$$

(c) 综合之前的观察证明

$$\left\{\sum_{k=1}^{n}a_k\right\}^4\leqslant \pi^2\left\{\sum_{k=1}^{n}a_k^2\right\}\left\{\sum_{k=1}^{n}k^2 a_k^2\right\}. \tag{10.24}$$

这个有趣的不等关系被称为卡尔松不等式, 自 1934 年它就被人们所知[①]. 尽管在得到不等式 (10.24) 的过程中有随意的步骤, 但是 π^2 却无法被更小的数代替. 可以用极限测试法 (130 页) 来证明它.

习题 10.7 (用托普利兹 (Toeplitz) 方法证明希尔伯特不等式)　证明从基本积分

$$\frac{1}{2\pi}\int_0^{2\pi}(t-\pi)e^{int}dt=\frac{1}{i\,n}, \quad n\neq 0$$

可推出积分表示

$$I=\frac{1}{2\pi}\int_0^{2\pi}(t-\pi)\sum_{k=1}^{N}a_k\,e^{ikt}\sum_{k=1}^{N}b_k\,e^{ikt}dt=\frac{1}{i}\sum_{m=1}^{N}\sum_{n=1}^{N}\frac{a_m\,b_n}{m+n},$$

其中 $a_k, b_k, 1\leqslant k\leqslant N$ 为实数. 利用这个表达式和施瓦茨不等式, 可给出希尔伯特不等式的一个简洁证明.

习题 10.8 (伽马函数的函数方程)　回忆伽马函数是由如下积分来定义的

$$\Gamma(\lambda)=\int_0^{\infty}x^{\lambda-1}e^{-x}\,dx.$$

试用 $1/(1+y)$ 的一个积分表达证明

$$\int_0^{\infty}\frac{1}{(1+y)}\frac{1}{y^{2\lambda}}\,dy=\Gamma(2\lambda)\Gamma(1-2\lambda), \qquad \text{其中 } 0<\lambda<1/2. \tag{10.25}$$

作为推论, 可从积分 (10.8) 的取值得到著名的伽马函数的函数方程

$$\Gamma(2\lambda)\Gamma(1-2\lambda)=\frac{\pi}{\sin 2\pi\lambda}.$$

[①]译注: 相关文献为: F. Carlson, Une inegalit, Ark. Mat. Astr. Fysik, 25B (1934), 1–5.

第十一章　哈代不等式与消落

消落 (flop)是一个简单的代数操作, 但很多掌握了这个技巧的人觉得它总是在变. 这不是说它有多么神奇; 事实上, 它非常普通. 不同于其他众多数学技巧的原因在于它在两个层次上都发挥作用: 在技术上, 这只是证明中的一小步; 在战略上, 它建议了可能有各种迂回转折的变体的一般方法.

为展示消落, 我们考虑一个有挑战且有独立兴趣的具体问题. 首当其冲的挑战问题是证明哈代 (G.H. Hardy) 不等式. 这个不等式是哈代在寻找上一章介绍的著名的希尔伯特不等式的新证明时发现的. 目前, 哈代不等式在纯粹数学和应用数学中有着广泛的应用, 很多人认为它与希尔伯特不等式同样重要.

问题 11.1 (哈代不等式)　证明任何可积函数 $f:(0,T) \to \mathbb{R}$ 满足不等式

$$\int_0^T \left\{ \frac{1}{x} \int_0^x f(u)\, du \right\}^2 dx \leqslant 4 \int_0^T f^2(x)\, dx, \tag{11.1}$$

并证明常数 4 不能被任何更小的数代替.

为熟悉这个不等式, 我们注意到这个不等式具体地说明了一个一般思想: 函数的均值与函数本身的作用非常相似, 至少相差不大. 由哈代不等式可见, 函数均值的平方的积分永远不大于函数本身平方的积分的四倍.

为加深对不等式 (11.1) 的理解, 我们先验证常数 4 是最优的. 自然的想法是使用极限测试法 (第 130 页), 这个方法已经帮了我们很多忙. 几乎每个人都能首先想到的检验函数是幂函数 $x \mapsto x^\alpha$. 将这个函数代入不等式

$$\int_0^T \left\{ \frac{1}{x} \int_0^x f(u)\, du \right\}^2 dx \leqslant C \int_0^T f^2(x)\, dx \tag{11.2}$$

可得

$$\frac{1}{(\alpha+1)^2(2\alpha+1)} \leqslant \frac{C}{2\alpha+1}, \qquad 2\alpha+1 > 0.$$

令 $\alpha \to -1/2$, 可见为使不等式 (11.2) 对一般情况也成立, 必须要求 $C \geqslant 4$. 我们又一次成功地应用了极限测试法. 知道一个不等式不能再被改进, 总能使我们更迫切地希望去证明它.

分部积分——碰碰运气

处理积分时, 一定要记得可以通过变量替换或者其他变形来得到各种等价形式. 这里我们想求出两个函数乘积的积分的上界. 把积分改写成

$$I = \int_0^T \left\{ \int_0^x f(u)\, du \right\}^2 \frac{1}{x^2}\, dx = -\int_0^T \left\{ \int_0^x f(u)\, du \right\}^2 \left(\frac{1}{x}\right)'\, dx,$$

可见分部积分是自然的. 我们没有办法先验地知道分部积分是否可以给出待处理问题更加方便的表达式, 但试试总是无妨. 直接计算可得

$$I = 2\int_0^T \left\{ \int_0^x f(u)\, du \right\} f(x)\frac{1}{x}\, dx - \left.\left\{ \int_0^x f(u)\, du \right\}^2 \frac{1}{x}\right|_0^T. \tag{11.3}$$

为简化最后一项, 设 f 是平方可积的, 否则目标不等式 (11.1) 就是平凡的. 对任何平方可积函数 f, 由施瓦茨不等式和 1 技巧可知, 对任意 $x \geqslant 0$, 有

$$\left| \int_0^x f(u)\, du \right| \leqslant x^{\frac{1}{2}} \left\{ \int_0^x f^2(u)\, du \right\}^{\frac{1}{2}} = o(x^{\frac{1}{2}}), \qquad x \to 0.$$

所以分部积分 (11.3) 被简化为

$$I = 2\int_0^T \left\{ \int_0^x f(u)\, du \right\} f(x)\frac{1}{x}\, dx - \frac{1}{T}\left\{ \int_0^T f(u)\, du \right\}^2.$$

初看起来这种形式的积分 I 并不比原来的积分简单, 但它建议了一个大胆的操作. 上面的等式右边最后一项是非正的, 我们干脆将其从等式中去掉, 从而得到

$$\int_0^T \left\{ \frac{1}{x}\int_0^x f(u)\, du \right\}^2 dx \leqslant 2\int_0^T \left\{ \frac{1}{x}\int_0^x f(u)\, du \right\} f(x)\, dx. \tag{11.4}$$

至此, 我们面临一个重要的问题: 新等式 (11.4) 是否足以推出目标不等式 (11.1)? 答案很简单且有启发意义.

消落技巧的运用

令

$$\varphi(x) = \frac{1}{x}\int_0^x f(u)\, du, \quad \psi(x) = f(x), \tag{11.5}$$

则新不等式 (11.4) 可以写为

$$\int_0^T \varphi^2(x)\, dx \leqslant C\int_0^T \varphi(x)\psi(x)\, dx, \tag{11.6}$$

其中 $C = 2$. 这个不等式的关键特征是函数 φ 在不等式左边的指数比右边的指数大. 这远非微小的细节, 它让一个已经多次运用的方法成为可能.

一个重要的观察是: 对不等式 (11.6) 的右边应用施瓦茨不等式可得

$$\int_0^T \varphi^2(x)\,dx \leqslant C\left\{\int_0^T \varphi^2(x)\,dx\right\}^{\frac{1}{2}}\left\{\int_0^T \psi^2(x)\,dx\right\}^{\frac{1}{2}}. \tag{11.7}$$

所以, 如果 $\varphi(x)$ 不恒为 0, 我们可以在这个不等式两边同时除以

$$\left\{\int_0^T \varphi^2(x)\,dx\right\}^{\frac{1}{2}} \neq 0.$$

做除法后得到

$$\left\{\int_0^T \varphi^2(x)\,dx\right\}^{\frac{1}{2}} \leqslant C\left\{\int_0^T \psi^2(x)\,dx\right\}^{\frac{1}{2}}, \tag{11.8}$$

两边同时取平方, 然后用 (11.5) 替换 C, φ 和 ψ, 所得消落后的不等式 (11.8) 恰好是我们想证的目标不等式 (11.1).

对应的离散形式

人们总是会问, 对实或复函数成立的结果是否对有限或无穷的数列也有类似的结论. 答案是肯定的. 然而我们有时也会遇到一些意想不到同时又为我们打开新视野的困难. 我们将会在接下来第二个问题中遇到这样的情况.

问题 11.2 (离散形式的哈代不等式) 证明对任何非负实数列 $a_1, a_2, \ldots, a_N$ 有不等式

$$\sum_{n=1}^N \left\{\frac{1}{n}(a_1 + a_2 + \cdots + a_n)\right\}^2 \leqslant 4\sum_{n=1}^N a_n^2. \tag{11.9}$$

解决这个问题的最自然的方法是模仿在第一个问题中使用的方法. 先前的经验也可以作为里程标志来衡量我们的进展. 可以猜测, 要用消落技巧证明不等式 (11.9), 就要尽力寻找如下形式的"消落前"的不等式:

$$\sum_{n=1}^N \left\{\frac{1}{n}(a_1 + a_2 + \cdots + a_n)\right\}^2 \leqslant 2\sum_{n=1}^N \left\{\frac{1}{n}(a_1 + a_2 + \cdots + a_n)\right\}a_n, \tag{11.10}$$

这是先前不等式 (11.4) 的自然类比.

按照自然的计划进行

分部求和虽然不如分部积分那样机械化, 但仍是分部积分的自然类比. 在上面的问题中, 我们要将 $1/n^2$ 表示成两个数的差, 可把它写成

$$\frac{1}{n^2} = s_n - s_{n+1}, \qquad s_n = \sum_{k=n}^\infty \frac{1}{k^2}.$$

另外一种方法是借助初始和:

$$\frac{1}{n^2} = \tilde{s}_n - \tilde{s}_{n-1}, \qquad \tilde{s}_n = \sum_{k=1}^{n} \frac{1}{k^2}.$$

实践是作出好的选择的唯一普遍基础. 我们先尝试第一种方法.

用 T_N 表示目标不等式 (11.9) 左边的和, 则有

$$T_N = \sum_{n=1}^{N} (s_n - s_{n+1})(a_1 + a_2 + \cdots + a_n)^2,$$

展开等式可得

$$T_N = \sum_{n=1}^{N} s_n (a_1 + a_2 + \cdots + a_n)^2 - \sum_{n=2}^{N+1} s_n (a_1 + a_2 + \cdots + a_{n-1})^2.$$

把求和项放在一起, 我们发现 T_N 等于

$$s_1 a_1^2 - s_{N+1}(a_1 + a_2 + \cdots + a_N)^2 + \sum_{n=2}^{N} s_n \big\{ 2(a_1 + a_2 + \cdots + a_{n-1})a_n + a_n^2 \big\},$$

又因为 $s_{N+1}(a_1 + a_2 + \cdots + a_N)^2 \geqslant 0$, 我们有

$$\sum_{n=1}^{N} \Big\{ \frac{1}{n}(a_1 + a_2 + \cdots + a_n) \Big\}^2 \leqslant 2 \sum_{n=1}^{N} \big\{ s_n(a_1 + a_2 + \cdots + a_n) \big\} a_n. \tag{11.11}$$

这个不等式看起来很像我们想要的消落前的不等式 (11.10), 但有一个小问题: 我们希望不等式右边的 s_n 等于 $1/n$. 因为 $s_n = 1/n + O(1/n^2)$, 我们取得了一些进展, 但还没得到不等式 (11.10).

近在咫尺, 但……

沿着我们的思路, 一种自然的做法是将不等式 (11.11) 中的 s_n 替换成一个合适的上界. 积分比较是估计 s_n 的最系统的方法, 但通过裂项相消也能得到相同的结论. 关键观察是注意到当 $n \geqslant 2$ 时,

$$s_n = \sum_{k=n}^{\infty} \frac{1}{k^2} \leqslant \sum_{k=n}^{\infty} \frac{1}{k(k-1)}$$

$$= \sum_{k=n}^{\infty} \Big\{ \frac{1}{k-1} - \frac{1}{k} \Big\} = \frac{1}{n-1} \leqslant \frac{2}{n}.$$

又因为 $s_1 = 1 + s_2 \leqslant 1 + 1/(2-1) = 2$, 所以对任何 $n \geqslant 1$, 都有

$$\sum_{k=n}^{\infty} \frac{1}{k^2} \leqslant \frac{2}{n}. \tag{11.12}$$

将上述不等式应用到分部求和不等式 (11.11) 中, 可得

$$\sum_{n=1}^{N}\left\{\frac{1}{n}(a_1+a_2+\cdots+a_n)\right\}^2 \leqslant 4\sum_{n=1}^{N}\left\{\frac{1}{n}(a_1+a_2+\cdots+a_n)\right\}a_n, \qquad (11.13)$$

该不等式几乎就是我们想证明的不等式 (11.10). 唯一的区别是预消落不等式 (11.10) 中的常数 2 在这里变成了 4. 不幸的是, 正是这个细微差别导致我们无法得到最终的结论. 对不等式 (11.13) 应用消落技巧, 我们得不到挑战问题中所要求的常数; 我们得到的是 8, 但问题中的常数是 4.

以消落作为引导

显然的计划再次出现问题. 需要找其他方法改进我们的证明. 显然, 可以对 s_n 作更加精确的估计, 但在考虑分析方面的细节之前, 应该重新审视一下我们的计划. 我们希望可以借鉴分部积分的成功经验, 所以使用了分部求和, 但证明中最重要的部分是证明预消落不等式

$$\sum_{n=1}^{N}\left\{\frac{1}{n}(a_1+a_2+\cdots+a_n)\right\}^2 \leqslant 2\sum_{n=1}^{N}\left\{\frac{1}{n}(a_1+a_2+\cdots+a_n)\right\}a_n. \qquad (11.14)$$

我们不一定要从不等式左边下手并利用分部求和证明这个不等式. 通过灵活变通, 或许可以找到一个新的方法.

灵活思考获希望

在开始找新方法前, 我们先设法简化问题的表达; 显然, 令

$$A_n = (a_1+a_2+\cdots+a_n)/n$$

有助于我们处理问题. 同时, 如果考虑预消落不等式 (11.14) 中和项的逐项差 Δ_n, 则有简单等式 $\Delta_n = A_n^2 - 2A_n a_n$. 因此证明预消落不等式 (11.14) 等价于证明增量 Δ_n 关于 $1 \leqslant n \leqslant N$ 的求和小于 0.

现在我们有了具体的目标, 但仅此而已. 我们或许会回想起简化和式的方法之一——裂项相消. 虽然目前没有可供裂项相消的求和式, 但我们可探讨 Δ_n 的代数变形以寻求裂项求和的可能性. 尝试用 A_n 和 A_{n-1} 来表示 Δ_n, 有

$$\begin{aligned}
\Delta_n &= A_n^2 - 2A_n a_n \\
&= A_n^2 - 2A_n\big(nA_n - (n-1)A_{n-1}\big) \\
&= (1-2n)A_n^2 + 2(n-1)A_n A_{n-1},
\end{aligned}$$

不幸的是, 乘积 $A_n A_{n-1}$ 的出现似乎是一个新的麻烦. 我们可以借助 "基本不等式" 消除这个乘积项, 同时注意到用 $(A_n^2 + A_{n-1}^2)/2$ 替换 $A_n A_{n-1}$, 可得

$$\Delta_n \leqslant (1-2n)A_n^2 + (n-1)\big(A_n^2 + A_{n-1}^2\big)$$

$$= (n-1)A_{n-1}^2 - nA_n^2.$$

历经重重困难, 我们看到了胜利的曙光: 最后一个不等式非常有利于裂项相消. 对前 n 项求和, 可得

$$\sum_{n=1}^{N} \Delta_n \leqslant \sum_{n=1}^{N} \left\{ (n-1)A_{n-1}^2 - nA_n^2 \right\} = -NA_N^2,$$

由于最后一项是负的, 这就证明了预消落不等式 (11.14). 最后, 我们已经知道利用消落技巧能从不等式 (11.14) 推出我们想要的不等式 (11.9), 所以问题就解决了.

问题回顾

熟悉消落技巧使我们具备证明积分不等式与求和不等式的许多技巧. 在第二个问题中, 我们类比连续情形的解法取得了一些进展, 但只有当我们专注于消落技巧并直接证明预消落不等式

$$\sum_{n=1}^{N} \left\{ \frac{1}{n}(a_1 + a_2 + \cdots + a_n) \right\}^2 \leqslant 2 \sum_{n=1}^{N} \left\{ \frac{1}{n}(a_1 + a_2 + \cdots + a_n) \right\} a_n,$$

才能取得有效的进展. 幸运的是, 这个新的切入点是正确的, 我们发现可以通过裂项相消的技巧得到预消落不等式, 实际上我们不过是利用了不等式 $xy \leqslant (x^2 + y^2)/2$.

消落技巧能在前两个例子中成功应用得益于柯西不等式 (或者施瓦茨不等式), 但基本思想却是十分平常的. 在下一个问题中 (和接下来的习题里), 我们会发现赫尔德不等式或许是消落技巧更默契的搭档.

卡勒松不等式——以卡莱曼不等式为推论

接下来的问题中没有直接出现消落技巧, 甚至没有出现乘积. 然而, 我们很快会发现其实并不是没有乘积和消落, 只是没有被发现.

问题 11.3 (卡勒松凸不等式)   设 $\varphi : [0, \infty) \to \mathbb{R}$ 是凸的, 且 $\varphi(0) = 0$, 证明对任何 $-1 < \alpha < \infty$, 有积分不等式

$$I = \int_0^\infty x^\alpha \exp\left(-\frac{\varphi(x)}{x} \right) dx \leqslant e^{\alpha+1} \int_0^\infty x^\alpha \exp\left(-\varphi'(x) \right) dx, \tag{11.15}$$

其中 $e = 2.71828\ldots$ 是自然底数.

不等式 (11.15) 跟我们之前遇到的不等式的形式都不太一样, 读者可能一时想不到合理的解法. 但有一点是肯定的, 我们可以利用其凸性. 凸性给出了*平移差* $\varphi(y+t) - \varphi(y)$ 的估计. 不幸的是, 这个估计在这里似乎没什么用.

卡勒松 (Lennart Axel Edvard Carleson, 1928 —) 解决这个棘手的问题的方法是考虑*尺度平移差* $\varphi(py) - \varphi(y)$, 其中 $p > 1$ 是一个待优化的参量. 这是一个十分巧妙的想法, 仔细思量, 它可以成为我们解题的一个法宝.

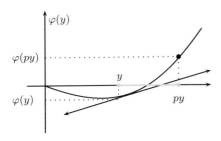

图 11.1　$p > 1$ 时的凸不等式 $\varphi(py) \geqslant \varphi(y) + (p-1)y\varphi'(y)$ 告诉我们从 y 到 py, φ 是如何变化的. 结合变量替换、赫尔德不等式以及消落技巧, 它可以得到很漂亮的结果.

另外一种消落

卡勒松先作变量替换 $x \mapsto py$, 再利用如图 11.1 所示的函数凸性

$$\varphi(py) \geqslant \varphi(y) + (p-1)y\varphi'(y) \tag{11.16}$$

来估计积分 I. 以 e 为底、以这个和式为指数的幂可以写成乘积形式, 因此可以运用赫尔德不等式和消落技巧.

为使积分不发散, 把积分限制到有限区间 $[0, A]$ 上, 可得

$$I_A = \int_0^A x^\alpha \exp\left(-\frac{\varphi(x)}{x}\right) dx = p^{\alpha+1} \int_0^{A/p} y^\alpha \exp\left(-\frac{\varphi(py)}{py}\right) dy$$

$$\leqslant p^{\alpha+1} \int_0^A y^\alpha \exp\left(\frac{-\varphi(y) - (p-1)y\varphi'(y)}{py}\right) dy,$$

其中第二步利用了凸不等式 (11.16), 并将积分区间从 $[0, A/p]$ 扩展到 $[0, A]$. 引入共轭数 $q = p/(p-1)$, 并对 $1/p + 1/q = 1$ 所提示的分裂形式运用赫尔德不等式, 可得

$$p^{-\alpha-1} I_A \leqslant \int_0^A \left\{y^{\alpha/p} \exp\left(-\frac{\varphi(y)}{py}\right)\right\}\left\{y^{\alpha/q} \exp\left(-\frac{p-1}{p}\varphi'(y)\right)\right\} dy$$

$$\leqslant I_A^{1/p} \left\{\int_0^A y^\alpha \exp\left(-\varphi'(y)\right) dy\right\}^{1/q}.$$

因为 $I_A < \infty$, 两边同时除以 $I_A^{1/p}$ 可得消落形式. 再对不等式两边取 q 次方, 可发现

$$I_A = \int_0^A y^\alpha \exp\left(-\frac{\varphi(y)}{y}\right) dy \leqslant p^{(\alpha+1)p/(p-1)} \int_0^A y^\alpha \exp\left(-\varphi'(y)\right) dy,$$

这个不等式的内涵比我们想证的不等式更为丰富.

为得到如 (11.15) 所描述的卡勒松不等式, 首先令 $A \to \infty$ 和 $p \to 1$. 由 $\log(1+\epsilon) = \epsilon + O(\epsilon^2)$ 可推得当 $p \to 1$ 时, $p^{p/(p-1)} \to e$, 至此我们彻底解决了这个问题.

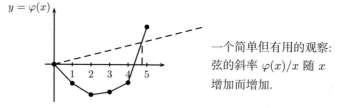

一个简单但有用的观察:
弦的斜率 $\varphi(x)/x$ 随 x
增加而增加.

图 11.2   如果 $y = \varphi(x)$ 是将点 $(n, s(n))$ 按顺序连接而得的曲线, 其中 $s(n) = \log(1/a_1) + \log(1/a_2) + \cdots + \log(1/a_n)$, 那么在区间 $(n-1, n)$, 有 $\varphi'(x) = \log(1/a_n)$. 若 $a_n \geqslant a_{n+1}$, 则 $\varphi'(x)$ 是非降的, 且 $\varphi(x)$ 是凸函数. 同时, 因为 $\varphi(0) = 0$, 所以弦的斜率 $\varphi(x)/x$ 是单调递增的.

φ 的巧妙选取

卡勒松不等式的部分魅力在于它是著名的卡莱曼不等式的巧妙推广, 我们已经两度遇见卡莱曼不等式了 (第 21 页和 106 页). 事实上, 我们只需合理地选取 φ.

根据提示, 再花一点时间尝试, 通过图 11.2 我们可能很快就可以想到目标函数. 对图中定义的 φ, 有等式

$$\int_{n-1}^{n} \exp(-\varphi'(x)) \, dx = a_n, \tag{11.17}$$

因为 $\varphi(x)/x$ 是非减的, 可得不等式

$$\left(\prod_{k=1}^{n} a_k \right)^{1/n} = \exp \left(\frac{-\varphi(n)}{n} \right) \leqslant \int_{n-1}^{n} \exp \left(\frac{-\varphi(x)}{x} \right) dx. \tag{11.18}$$

对 (11.17) 和 (11.18) 进行求和, 借助 $\alpha = 0$ 时的卡勒松不等式 (11.15), 可得

$$\sum_{n=1}^{\infty} \left(\prod_{k=1}^{n} a_k \right)^{1/n} \leqslant \int_{0}^{\infty} \exp \left(\frac{-\varphi(x)}{x} \right) dx$$

$$\leqslant e \int_{0}^{\infty} \exp(-\varphi'(x)) \, dx = e \sum_{n=1}^{\infty} a_n.$$

因此, 我们通过附加的假设条件 $a_1 \geqslant a_2 \geqslant a_3 \cdots$ 再次证明了卡莱曼不等式. 而且这种假设并不失一般性, 这在习题 11.7 中可以验证.

练习

习题 11.1 (L^p **消落和通用准则**)   假设 $1 < \alpha < \beta$ 且有界非负函数 φ 和 ψ 满足不等式

$$\int_{0}^{T} \varphi^{\beta}(x) \, dx \leqslant C \int_{0}^{T} \varphi^{\alpha}(x) \psi(x) \, dx. \tag{11.19}$$

证明可以把"φ 移到左边", 也就是说可以得到

$$\int_0^T \varphi^\beta(x)\,dx \leqslant C^{\beta/(\beta-\alpha)} \int_0^T \psi^{\beta/(\beta-\alpha)}(x)\,dx. \tag{11.20}$$

不等式 (11.20) 是如下通用 (但表述比较含糊的) 准则的一个例子: 如果一个式子两边有相同的因子, 并且其"右边"因子的幂次小于"左边"因子的幂次, 则可以将因子移到左边, 得到一个全新的、可能有用的不等式.

习题 11.2 (通用准则的一个简单例子)　习题 11.1 的准则可以用一个简单的例子来说明. 例如, 证明对非负的 x 和 y 有

$$2x^3 \leqslant y^3 + y^2 x + y x^2 \quad \Longrightarrow \quad x^3 \leqslant 2y^3.$$

习题 11.3 (弗里杰什·里斯出题时的发现)　证明对 $[-\pi, \pi]$ 上的任意一对函数 u 和 v, 如果

$$\int_{-\pi}^{\pi} v^4(\theta)\,d\theta \leqslant \int_{-\pi}^{\pi} u^4(\theta)\,d\theta + 6\int_{-\pi}^{\pi} u^2(\theta)v^2(\theta)\,d\theta, \tag{11.21}$$

则存在不依赖于 u 和 v 的常数 A 使得

$$\int_{-\pi}^{\pi} v^4(\theta)\,d\theta \leqslant A\int_{-\pi}^{\pi} u^4(\theta)\,d\theta. \tag{11.22}$$

据 J.E. Littlewood (1988, 194 页), 弗里杰什·里斯在出考试题目时偶然发现, 对单位圆盘上的解析函数 $f(z)$, 不等式 (11.21) 对 $f(e^{i\theta})$ 的实部 u 和虚部 v 成立. 这个观察及其推论 (11.22) 使里斯得到一系列重要的成果.

习题 11.4 (均值的 L^p 范数)　证明如果 $f:[0,\infty) \to \mathbb{R}^+$ 可积且 $p > 1$, 则

$$\int_0^\infty \left\{ \frac{1}{x}\int_0^x f(u)\,du \right\}^p dx \leqslant \left(\frac{p}{p-1}\right)^p \int_0^\infty f^p(x)\,dx. \tag{11.23}$$

习题 11.5 (哈代与希尔伯特不等式的定性版本)　使用哈代不等式的离散版本 (11.9) 证明

$$S = \sum_{n=1}^\infty a_n^2 < \infty \quad \Longrightarrow \quad \sum_{m=1}^\infty \sum_{n=1}^\infty \frac{a_n a_m}{m+n} \quad \text{收敛}.$$

这是定性版本的希尔伯特不等式, 是哈代思考问题 11.1 和 11.2 时所想到的.

习题 11.6 (最优?——取决于上下文)　许多不等式通常不能改进, 但在某些特殊的条件下是可以的. 1991 年 Walther Janous 在《美国数学月刊》给出的一个问题说明了这种可能性. 该问题要求读者证明对任意 $0 < x < 1$ 以及任意 $N \geqslant 1$, 有不等式

$$\sum_{j=1}^N \left(\frac{1 + x + x^2 + \cdots + x^{j-1}}{j} \right)^2 \leqslant (4\log 2)(1 + x^2 + x^4 + \cdots + x^{2N-2}).$$

(a) 请证明如果直接运用哈代不等式, 可得到类似的不等式, 其中 $4\log 2$ 被 4 代替. 由于 $\log 2 = 0.693\ldots$, Janous 不等式比用哈代不等式得到的不等式更优.

(b) 证明 Janous 不等式成立, 且 $4\log 2$ 不能被常数 $C < 4\log 2$ 代替.

习题 11.7 (**对"显然"的证明**)　证明如果 $a_1 \geqslant a_2 \geqslant a_3 \cdots$, 且 $b_1, b_2, b_3, \ldots$ 是序列 $a_1, a_2, a_3, \ldots$ 的任一置换, 则对 $N = 1, 2, \ldots$, 有

$$\sum_{n=1}^{N} \left(\prod_{k=1}^{n} b_k \right)^{1/n} \leqslant \sum_{n=1}^{N} \left(\prod_{k=1}^{n} a_k \right)^{1/n}. \tag{11.24}$$

因为重新排列不改变卡莱曼不等式右边的值, 在证明卡莱曼不等式时, 不失一般性, 可设 $a_1 \geqslant a_2 \geqslant a_3 \cdots$.

习题 11.8 (**克罗内克** (Kronecker) **引理**)　证明对任何实或复数列 $a_1, a_2, \ldots$, 有

$$\sum_{n=1}^{\infty} \frac{a_n}{n} \text{ 收敛} \quad \Longrightarrow \quad \lim_{n \to \infty} (a_1 + a_2 + \cdots + a_n)/n = 0. \tag{11.25}$$

与哈代不等式类似, 这个结果告诉我们如何把关于平均的信息转换成另外一种信息. 这个推理在概率论中十分有用, 由此可以将某些随机和的收敛性与著名的大数定律联系起来.

第十二章 对称和

变量 $x_1, x_2, \ldots, x_n$ 的第 k 个初等对称函数定义为如下多项式

$$e_k(x_1, x_2, \ldots, x_n) = \sum_{1 \leqslant i_1 < i_2 < \cdots < i_k \leqslant n} x_{i_1} x_{i_2} \cdots x_{i_k}.$$

这一列多项式的前三个形式简单, 为

$$e_0(x_1, x_2, \ldots, x_n) = 1, \quad e_1(x_1, x_2, \ldots, x_n) = x_1 + x_2 + \cdots + x_n,$$

$$e_2(x_1, x_2, \ldots, x_n) = \sum_{1 \leqslant j < k \leqslant n} x_j x_k,$$

而第 n 个初等对称函数就是这 n 个变量的乘积

$$e_n(x_1, x_2, \ldots, x_n) = x_1 x_2 \cdots x_n.$$

几乎每一个数学领域都要用到这些函数. 然而, 它们的重要性主要是因为它们给出了多项式的系数与根的函数之间的联系. 确切地说, 若将多项式 $P(t)$ 写为乘积形式 $P(t) = (t - x_1)(t - x_2) \cdots (t - x_n)$, 则它也可表示为

$$P(t) = t^n - e_1(\mathbf{x}) t^{n-1} + \cdots + (-1)^k e_k(\mathbf{x}) t^{n-k} + \cdots + (-1)^n e_n(\mathbf{x}), \tag{12.1}$$

其中 $e_k(\mathbf{x})$ 表示 $e_k(x_1, x_2, \ldots, x_n)$.

牛顿和麦克劳林的经典不等式

初等多项式与不等式理论有着诸多联系. 其中最著名的两个可归功于伟大的艾萨克·牛顿 (Isaac Newton, 1642 — 1727) 与苏格兰天才科林·麦克劳林 (Colin Maclaurin, 1696 — 1746). 以他们的名字命名的不等式的最佳表达是利用如下均值

$$E_k(\mathbf{x}) = E_k(x_1, x_2, \ldots, x_n) = \frac{e_k(x_1, x_2, \ldots, x_n)}{\binom{n}{k}}.$$

这两个不等式带给我们第一个挑战问题.

问题 12.1 (**牛顿和麦克劳林不等式**)   证明对任何 $\mathbf{x} \in \mathbb{R}^n$ 都有牛顿不等式

$$E_{k-1}(\mathbf{x}) \cdot E_{k+1}(\mathbf{x}) \leqslant E_k^2(\mathbf{x}), \qquad 0 < k < n \tag{12.2}$$

并由此可得麦克劳林不等式

$$E_n^{1/n}(\mathbf{x}) \leqslant E_{n-1}^{1/(n-1)}(\mathbf{x}) \leqslant \cdots \leqslant E_2^{1/2}(\mathbf{x}) \leqslant E_1(\mathbf{x}) \tag{12.3}$$

对所有分量 $x_k \geqslant 0 \, (1 \leqslant k \leqslant n)$ 的 $\mathbf{x} = (x_1, x_2, \ldots, x_n)$ 成立.

定向与 AM–GM 关系

取 $n = 3$ 并设 $\mathbf{x} = (x, y, z)$, 则麦克劳林不等式为

$$(xyz)^{1/3} \leqslant \left(\frac{xy + xz + yz}{3} \right)^{1/2} \leqslant \frac{x + y + z}{3},$$

这是 AM–GM 不等式的一个巧妙加细. 在更为一般的情形, 麦克劳林不等式在几何平均 $(x_1 x_2 \cdots x_n)^{1/n}$ 与算术平均 $(x_1 + x_2 + \cdots + x_n)/n$ 之间插入了一列递增的表达式.

利用几何从牛顿到麦克劳林

设向量 $\mathbf{x} \in \mathbb{R}^n$ 的分量都是非负的, 则 $\{E_k(\mathbf{x}) : 0 \leqslant k \leqslant n\}$ 的值也都是非负的, 因此通过对牛顿不等式取对数可推出

$$\frac{\log E_{k-1}(\mathbf{x}) + \log E_{k+1}(\mathbf{x})}{2} \leqslant \log E_k(\mathbf{x}) \tag{12.4}$$

对任意 $1 \leqslant k < n$ 都成立. 由此可见, 对任意 $\mathbf{x} \in [0, \infty)^n$, 牛顿不等式等价于断言: 由点集 $\{(k, \log E_k(\mathbf{x})) : 0 \leqslant k \leqslant n\}$ 确定的分段线性曲线是凹的.

用 L_k 表示由点 $(0, 0) = (0, \log E_0(\mathbf{x}))$ 和 $(k, \log E_k(\mathbf{x}))$ 决定的线段, 则如图 12.1 所示, 对任意 $k = 1, 2, \ldots, n - 1$, L_{k+1} 的斜率恒小于 L_k 的斜率. 由于 L_k 的斜率是 $\log E_k(\mathbf{x})/k$, 可知 $\log E_k(\mathbf{x})/k \leqslant \log E_{k+1}(\mathbf{x})/(k+1)$, 这正是第 k 个麦克劳林不等式.

真正的挑战是证明牛顿不等式. 对这样一个古老又基本的结果, 可以期望很多可行的证明. 大多数证明方法或多或少都依赖于微积分, 但牛顿从未给出过这个以他的名字命名的不等式的证明, 所以我们无从得知他的论证是否依赖于他的 "流数法".

多项式及其导数

即使牛顿用了其他方法, 研究从导数 $P'(t)$ 能得到特殊多项式 $E_k(x_1, x_2, \ldots, x_n)$ 的何种信息仍是有意义的, 这里 $1 \leqslant k \leqslant n$. 若将恒等式 (12.1) 写成如下形式

$$P(t) = (t - x_1)(t - x_2) \cdots (t - x_n)$$

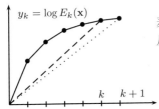

麦克劳林不等式可从如下观察得到:
从原点出发的连续弦的斜率是不增的.

图 12.1 若对任何 $1 \leqslant k \leqslant n$ 都有 $E_k(\mathbf{x}) \geqslant 0$, 则牛顿不等式等价于断言: 由点 $(k, y_k)(1 \leqslant k \leqslant n)$ 决定的分段线性曲线是凹的. 麦克劳林不等式仅利用了这个几何结构的一部分.

$$= \sum_{k=0}^{n} (-1)^k \binom{n}{k} E_k(x_1, x_2, \ldots, x_n) t^{n-k}, \tag{12.5}$$

则它的导数几乎是自己的完美克隆. 更确切地说, 有

$$Q(t) = \frac{1}{n} P'(t) = \sum_{k=0}^{n-1} (-1)^k \binom{n}{k} \frac{n-k}{n} E_k(x_1, x_2, \ldots, x_n) t^{n-k-1}$$
$$= \sum_{k=0}^{n-1} (-1)^k \binom{n-1}{k} E_k(x_1, x_2, \ldots, x_n) t^{n-k-1},$$

在第二行中我们使用了熟悉的恒等式

$$\binom{n}{k} \frac{n-k}{n} = \frac{n!}{k!(n-k)!} \frac{n-k}{n} = \frac{(n-1)!}{k!(n-k-1)!} = \binom{n-1}{k}.$$

设 x_k, $k = 1, 2, \ldots, n$, 来自区间 $[a, b]$, 则多项式 $P(t)$ 在 $[a, b]$ 中有 n 个实根, 根据罗尔定理, 导数 $P'(x)$ 在 $[a, b]$ 中必有 $n-1$ 个实根. 若用 $\{y_1, y_2, \ldots, y_{n-1}\}$ 表示这些根, 就有恒等式

$$Q(t) = \frac{1}{n} P'(t) = (t - y_1)(t - y_2) \cdots (t - y_{n-1})$$
$$= \sum_{k=0}^{n-1} (-1)^k \binom{n-1}{k} E_k(y_1, y_2, \ldots, y_{n-1}) t^{n-k-1}.$$

因 $Q(t)$ 的两个表达式中的对应系数相等, 可发现对任何 $0 \leqslant k \leqslant n-1$, 有如下不寻常的恒等式

$$E_k(x_1, x_2, \ldots, x_n) = E_k(y_1, y_2, \ldots, y_{n-1}). \tag{12.6}$$

为什么它如此不寻常?

恒等式 (12.6) 的左侧是 n 维向量 $\mathbf{x} = (x_1, x_2, \ldots, x_n)$ 的函数, 而右侧是 $n-1$ 维向量 $\mathbf{y} = (y_1, y_2, \ldots, y_{n-1})$ 的函数. 因此, 如果能够证明不等式

$$0 \leqslant F\left(E_0(\mathbf{y}), E_1(\mathbf{y}), \ldots, E_{n-1}(\mathbf{y})\right), \qquad \mathbf{y} \in [a, b]^{n-1},$$

就可得到不等式

$$0 \leqslant F\left(E_0(\mathbf{x}), E_1(\mathbf{x}), \ldots, E_{n-1}(\mathbf{x})\right), \qquad \mathbf{x} \in [a, b]^n.$$

即对任何 $\mathbf{y} \in [a, b]^{n-1}$ 都成立的 n 个数 $E_0(\mathbf{y}), E_1(\mathbf{y}), \ldots, E_{n-1}(\mathbf{y})$ 之间的任何关系——等式或不等式——都可自动扩张为对所有 $\mathbf{x} \in [a, b]^n$ 都成立的 n 个数 $E_0(\mathbf{x}), E_1(\mathbf{x}), \ldots, E_{n-1}(\mathbf{x})$ 之间的关系.

这是一个罕见却有价值的情形, 要想证明有 n 个变量的函数之间的关系, 只要证明 $n-1$ 个变量的函数之间的类似关系. 这个观察特别适用于构造许多用其他方法很难得到的特殊恒等式. 另外它还可以系统地用于归纳证明, 例如牛顿不等式的证明.

对变量个数用归纳法

考虑归纳假设 H_n, 它断言对任何 $x \in \mathbb{R}^n$, $1 \leqslant j < n$,

$$E_{j-1}(x_1, x_2, \ldots, x_n) E_{j+1}(x_1, x_2, \ldots, x_n) \leqslant E_j^2(x_1, x_2, \ldots, x_n) \tag{12.7}$$

都成立. 由于 $n = 1$ 时该断言没有意义, 因此我们的归纳论证从 H_2 开始, 在这种情形, 只需证明一个不等式,

$$E_0(x_1, x_2) E_2(x_1, x_2) \leqslant E_1^2(x_1, x_2) \quad \text{或} \quad x_1 x_2 \leqslant \left(\frac{x_1 + x_2}{2}\right)^2. \tag{12.8}$$

我们之前已经见过许多次, 因为显而易见的关系 $(x_1 - x_2)^2 \geqslant 0$, 上面这个不等式对所有的实数 x_1 和 x_2 都成立.

按照逻辑, 现在可以处理一般的归纳步骤, 但首先需要搞清楚潜在的模式, 弄明白归纳的框架. 因此我们先考虑假设 H_3, 它包含如下两个断言:

$$E_0(x_1, x_2, x_3) E_2(x_1, x_2, x_3) \leqslant E_1^2(x_1, x_2, x_3), \tag{12.9}$$

$$E_1(x_1, x_2, x_3) E_3(x_1, x_2, x_3) \leqslant E_2^2(x_1, x_2, x_3). \tag{12.10}$$

此时, 前面所提到的"不寻常恒等式" (12.6) 开始充分展现出它的作用. 不等式 (12.9) 对三个变量的断言正是不等式 (12.8) 对两个变量所说的. 因此, 由 (12.6) 可知第一个不等式 (12.9) 是成立的. 实际上我们不需要做任何事情就证明了 H_3 的一半.

为完成 H_3 的全部证明, 现在仅需证明第二个不等式 (12.10). 为看得更清楚, 先把不等式 (12.10) 展开为如下形式

$$\left\{\frac{x_1 + x_2 + x_3}{3}\right\}\{x_1 x_2 x_3\} \leqslant \left\{\frac{x_1 x_2 + x_1 x_3 + x_2 x_3}{3}\right\}^2. \tag{12.11}$$

该不等式在 $x_1 x_2 x_3 = 0$ 时显然成立. 因此, 不失一般性, 可设 $x_1 x_2 x_3 \neq 0$. 将不等式两边同时除以 $(x_1 x_2 x_3)^2$ 就得到

$$\frac{1}{3}\left\{\frac{1}{x_1 x_2} + \frac{1}{x_1 x_3} + \frac{1}{x_2 x_3}\right\} \leqslant \frac{1}{9}\left\{\frac{1}{x_1} + \frac{1}{x_2} + \frac{1}{x_3}\right\}^2.$$

上述不等式可展开并简化为

$$\frac{1}{x_1 x_2} + \frac{1}{x_1 x_3} + \frac{1}{x_2 x_3} \leqslant \frac{1}{x_1^2} + \frac{1}{x_2^2} + \frac{1}{x_3^2}.$$

作为已经学习至本阶段的 "大师课" 的读者, 我们可以轻易地看出上述不等式是正确的. 若想写出证明梗概, 可对向量对 $(1/x_1, 1/x_3, 1/x_2)$ 和 $(1/x_2, 1/x_1, 1/x_3)$ 应用柯西不等式, 或更一般地, 对三组 AM–GM 不等式

$$\frac{1}{x_j x_k} \leqslant \frac{1}{2}\left\{\frac{1}{x_j^2} + \frac{1}{x_k^2}\right\}, \qquad 1 \leqslant j < k \leqslant 3$$

直接求和. 至此, H_3 的证明便完成了. 同时我们还找到了一个可以引领我们完成一般归纳步骤的模式.

模式确认

一般地, 假设 H_n 由 $n - 1$ 个不等式组成, 这些不等式可分成两组. 首先, 对 $\mathbf{x} = (x_1, x_2, \ldots, x_n)$, 我们有 $n - 2$ 个仅涉及 $E_j(\mathbf{x})(0 \leqslant j < n)$ 的不等式

$$E_{k-1}(\mathbf{x})E_{k+1}(\mathbf{x}) \leqslant E_k^2(\mathbf{x}), \qquad 1 \leqslant k \leqslant n - 2. \tag{12.12}$$

另有最后一个不等式

$$E_{n-2}(\mathbf{x})E_n(\mathbf{x}) \leqslant E_{n-1}^2(\mathbf{x}) \tag{12.13}$$

涉及了 $E_n(\mathbf{x})$. 类似于对 H_3 的分析, 可见第一组 (12.12) 不等式中的所有不等式都可由归纳假设 H_n 与恒等式 (12.6) 得出. 因此, 除去一个例外, H_n 的所有不等式都可简单得到.

将不等式 (12.13) 展开, 用 $\hat{x}_j$ 表示被去掉的 x_j, 则仅需证明如下关系式

$$\frac{2}{n(n-1)}\left\{\sum_{1 \leqslant j < k \leqslant n} x_1 \cdots \hat{x}_j \cdots \hat{x}_k \cdots x_n\right\} x_1 x_2 \cdots x_n$$
$$\leqslant \left\{\frac{1}{n}\sum_{j=1}^n x_1 x_2 \cdots \hat{x}_j \cdots x_n\right\}^2. \tag{12.14}$$

与之前的做法类似, 不失一般性, 可设 $x_1 x_2 \cdots x_n \neq 0$. 在不等式两边同时除以 $(x_1 x_2 \cdots x_n)^2$ 并化简, 可以看到不等式 (12.14) 等价于

$$\frac{1}{\binom{n}{2}} \sum_{1 \leqslant j < k \leqslant n} \frac{1}{x_j x_k} \leqslant \left\{ \frac{1}{n} \sum_{j=1}^{n} \frac{1}{x_j} \right\}^2. \tag{12.15}$$

我们现在仍可以沿用解决 H_3 的模式, 但有一种几乎近在眼前的更为优美的方法来解决问题. 采用对称函数的语言, 目标不等式 (12.15) 可被写成更为对称的形式

$$E_0(1/x_1, 1/x_2, \ldots, 1/x_n) E_2(1/x_1, 1/x_2, \ldots, 1/x_n)$$
$$\leqslant E_1^2(1/x_1, 1/x_2, \ldots, 1/x_n),$$

我们发现这个不等式可被第一组 (12.12) 不等式中的第一个不等式所覆盖. 因此, 牛顿不等式的证明就完成了.

牛顿或麦克劳林不等式中的相等关系

由图 12.1 可见, 第 k 个麦克劳林不等式 $y_{k+1}/(k+1) \leqslant y_k/k$ 取等号当且仅当点 (虚) 线与短划线有相同的斜率. 由经过点 $\{(j, y_j) : 0 \leqslant j \leqslant n\}$ 的分段线性曲线的凹性, 取等号当且仅当 $(k-1, y_{k-1})$, (k, y_k) 和 $(k+1, y_{k+1})$ 三点共线. 这等价于 $y_k = (y_{k-1} + y_{k+1})/2$, 因此由几何知识, 可知第 k 个麦克劳林不等式的相等关系成立当且仅当第 k 个牛顿不等式中的相等关系成立.

不需要多少工夫就可以验证当 $x_1 = x_2 = \cdots = x_n$ 时, 牛顿不等式中的相等关系成立. 有几种方法可以证明这就是等号成立的唯一情况. 对我们来说, 证明这一推断的最简单的方法也许是对之前的归纳论述做一点小的修改. 事实上, 用功的读者肯定会想确认此前的归纳论证可以逐字照搬在归纳假设 (12.7) 改为严格不等式的情形.

通向缪尔黑德不等式

希尔伯特曾说: "做数学的艺术在于找到一个特例, 其中包含了全部一般性的胚芽." 下面的挑战问题比希尔伯特所想的例子一定更为简单, 但通过本章和下一章, 我们会看到它充分阐述了希尔伯特的观点.

问题 12.2 (对称的开胃菜)   证明对非负数 x, y 和 z, 有如下不等式

$$x^2 y^3 + x^2 z^3 + y^2 x^3 + y^2 z^3 + z^2 x^3 + z^2 y^3$$
$$\leqslant xy^4 + xz^4 + yx^4 + yz^4 + zx^4 + zy^4, \tag{12.16}$$

并通过你的发现得到灵感, 尽可能地推广这个结果.

构建联系

我们已经遇到过一些可以用 AM–GM 不等式来辅助我们理解两个齐次多项式之间的关系的问题. 如果想在这里使用类似的想法, 就要证明不等式左端的每一个被加项可以写成不等式右端某些被加项的加权几何平均. 经过一番尝试, 定能发现对任意非负数 a 和 b, 有乘积表示 $a^2b^3 = (ab^4)^{\frac{2}{3}}(a^4b)^{\frac{1}{3}}$. 由加权 AM–GM 不等式 (2.9) 可得到不等式

$$a^2b^3 = (ab^4)^{\frac{2}{3}}(a^4b)^{\frac{1}{3}} \leqslant \frac{2}{3}ab^4 + \frac{1}{3}a^4b, \tag{12.17}$$

下面仅需了解如何应用这个不等式.

依次用有序对 (x,y) 和 (y,x) 替换 (a,b), 则所得不等式之和就变为 $x^2y^3 + y^2x^3 \leqslant xy^4 + x^4y$. 再用完全相同的方式, 分别对用 (x,z) 与 (z,x) 和用 (y,z) 与 (z,y) 代替 (12.17) 中的 (a,b) 之后得到的两个不等式求和, 可得两个类似的不等式. 最后对所得的三个不等式求和, 就是目标不等式 (12.16).

通向恰当的推广

上面的论证可以几乎不加修正地应用到任意二项乘积 x^ay^b 的对称和中, 但我们可能不确定如何处理包含如 $x^ay^bz^c$ 的三项乘积的对称和. 这样的对称和可能有很多项, 它们的复杂程度能难住最聪明的人.

幸运的是, 几何为我们指明了道路. 从图 12.2 中容易看出 $(2,3) = \frac{2}{3}(1,4) + \frac{1}{3}(4,1)$, 并通过取幂, 可得之前的分解 $a^2b^3 = (ab^4)^{\frac{2}{3}}(a^4b)^{\frac{1}{3}}$. 几何使得这样的二项分解得以快速完成, 但几何视角的真正好处是, 它给出了三个或多个变量乘积的更为有用的表示. 关键是要找到图 12.2 的正确的类比.

利用抽象术语, 第一个挑战问题的解基于如下观察: $(2,3)$ 在 $(1,4)$ 及其置换 $(4,1)$ 组成的凸包中. 一般地, 对任意 n 维向量对 $\alpha = (\alpha_1, \alpha_2, \ldots, \alpha_n)$ 和 $\beta = (\beta_1, \beta_2, \ldots, \beta_n)$, 考虑类似的情况, α 在点集 $(\beta_{\tau(1)}, \beta_{\tau(2)}, \ldots, \beta_{\tau(n)})$ 组成的凸包 $H(\beta)$ 中, 其中 $\tau \in \mathcal{S}_n$, $\mathcal{S}_n$ 为 $\{1, 2, \ldots, n\}$ 的全部 $n!$ 个置换组成的集合.

上面的建议指出了第二个挑战性问题的深远推广. 该结果由另一位苏格兰人缪尔黑德 (Robert Franklin Muirhead, 1860 − 1941) 所给出. 自 1903 年以来, 它已广为人知. 初看起来, 这个结构似乎较为复杂, 然而, 有经验的人会感知它简洁又永恒的优美.

问题 12.3 (缪尔黑德不等式) 设 $\alpha \in H(\beta)$, 其中 $\alpha = (\alpha_1, \alpha_2, \ldots, \alpha_n)$, $\beta = (\beta_1, \beta_2, \ldots, \beta_n)$, 证明对所有正数 $x_1, x_2, \ldots, x_n$, 有如下不等式

$$\sum_{\sigma \in \mathcal{S}_n} x_{\sigma(1)}^{\alpha_1} x_{\sigma(2)}^{\alpha_2} \cdots x_{\sigma(n)}^{\alpha_n} \leqslant \sum_{\sigma \in \mathcal{S}_n} x_{\sigma(1)}^{\beta_1} x_{\sigma(2)}^{\beta_2} \cdots x_{\sigma(n)}^{\beta_n}. \tag{12.18}$$

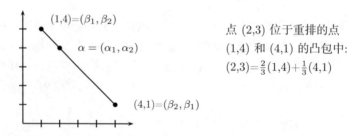

图 12.2 如果点 (α_1, α_2) 在 (β_1, β_2) 和 (β_2, β_1) 的凸包中, 则 $x^{\alpha_1} y^{\alpha_2}$ 被 $x^{\beta_1} y^{\beta_2}$ 和 $x^{\beta_2} y^{\beta_1}$ 的一个线性组合所控制. 在应用于乘积的对称和时, 我们能够得到令人惊喜的不等式, 还可对这些不等式做有意义的推广.

快速定位

为熟悉相关记号, 可先验证缪尔黑德不等式确实蕴含了第二个挑战问题 (第 152 页) 中的不等式. 在该情形, $\mathcal{S}_3$ 是集合 $\{1, 2, 3\}$ 的六个置换的全集, $(x_1, x_2, x_3) = (x, y, z)$. 另外还有

$$(\alpha_1, \alpha_2, \alpha_3) = (2, 3, 0) \quad \text{和} \quad (\beta_1, \beta_2, \beta_3) = (1, 4, 0),$$

并由 $(2, 3, 0) = \frac{2}{3}(1, 4, 0) + \frac{1}{3}(4, 1, 0)$, 可得 $\alpha \in H(\beta)$. 最终, 有如下 α 阶对称和

$$\sum_{\sigma \in \mathcal{S}_3} x_{\sigma(1)}^{\alpha_1} x_{\sigma(2)}^{\alpha_2} x_{\sigma(3)}^{\alpha_3} = x^2 y^3 + x^2 z^3 + y^2 x^3 + y^2 z^3 + z^2 x^3 + z^2 y^3,$$

而 β 阶对称和由下式给出

$$\sum_{\sigma \in \mathcal{S}_3} x_{\sigma(1)}^{\beta_1} x_{\sigma(2)}^{\beta_2} x_{\sigma(3)}^{\beta_3} = x y^4 + x z^4 + y x^4 + y z^4 + z x^4 + z y^4.$$

所以缪尔黑德不等式 (12.18) 确实给出了第二个挑战性问题中的不等式 (12.16) 的推广.

最后, 在讲解证明之前, 应该注意到缪尔黑德不等式中 α 和 β 的坐标的正负是没有限制的. 举例来说, 如取 $\alpha = (1/2, 1/2, 0)$, $\beta = (-1, 2, 0)$, 则由缪尔黑德不等式, 对取值为正的 x, y 和 z 有

$$2\left(\sqrt{xy} + \sqrt{xz} + \sqrt{yz}\right) \leqslant \frac{x^2}{y} + \frac{x^2}{z} + \frac{y^2}{x} + \frac{y^2}{z} + \frac{z^2}{x} + \frac{z^2}{y}. \tag{12.19}$$

这个有启发意义的不等式有多种证明方法; 例如, 柯西不等式和均值不等式都给出了简单的推导方法. 然而, 缪尔黑德不等式的方法最为直接, 并将这个不等式置于丰富的背景中.

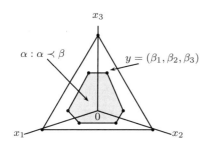

$\mathbb{R}^3$ 中的集合 $H(\beta)$ 是 $\mathbb{R}^3$ 中二维超平面的子集, 该超平面由置换 $\beta = (\beta_1, \beta_2, \beta_3)$ 的坐标所得到的六个点扩张而成.

图 12.3 在二维情形下, 条件 $\alpha \in H(\beta)$ 的几何表示显而易见, 同时该图还展示了它在三维情形下可能的直观表达. 在更高的维度下, 几何的直观表达仍具有提示意义, 但代数给出了更为可靠的方式.

缪尔黑德不等式的证明

第一个挑战问题的解引导我们猜出缪尔黑德不等式, 所以我们自然希望利用之前的方法来证明它. 首先, 为使假设 $\alpha \in H(\beta)$ 更为具体, 我们注意到它等价于如下结论:

$$(\alpha_1, \alpha_2, \ldots, \alpha_n) = \sum_{\tau \in \mathcal{S}_n} p_\tau (\beta_{\tau(1)}, \beta_{\tau(2)}, \ldots, \beta_{\tau(n)}),$$

$$\text{其中} \quad p_\tau \geqslant 0 \quad \text{且} \quad \sum_{\tau \in \mathcal{S}_n} p_\tau = 1.$$

用上述恒等式的第 j 个坐标将 $x_{\sigma(j)}^{\alpha_j}$ 表示为乘积, 再对所有 j 求 $x_{\sigma(j)}^{\alpha_j}$ 的乘积, 可得

$$x_{\sigma(1)}^{\alpha_1} x_{\sigma(2)}^{\alpha_2} \cdots x_{\sigma(n)}^{\alpha_n} = \prod_{\tau \in \mathcal{S}_n} \left(x_{\sigma(1)}^{\beta_{\tau(1)}} x_{\sigma(2)}^{\beta_{\tau(2)}} \cdots x_{\sigma(n)}^{\beta_{\tau(n)}} \right)^{p_\tau}.$$

均值不等式和计算将完成余下的工作. 具体而言, 我们有

$$\begin{aligned}
\sum_{\sigma \in \mathcal{S}_n} x_{\sigma(1)}^{\alpha_1} x_{\sigma(2)}^{\alpha_2} \cdots x_{\sigma(n)}^{\alpha_n} &\leqslant \sum_{\sigma \in \mathcal{S}_n} \sum_{\tau \in \mathcal{S}_n} p_\tau x_{\sigma(1)}^{\beta_{\tau(1)}} x_{\sigma(2)}^{\beta_{\tau(2)}} \cdots x_{\sigma(n)}^{\beta_{\tau(n)}} \\
&= \sum_{\tau \in \mathcal{S}_n} p_\tau \sum_{\sigma \in \mathcal{S}_n} x_{\sigma(1)}^{\beta_{\tau(1)}} x_{\sigma(2)}^{\beta_{\tau(2)}} \cdots x_{\sigma(n)}^{\beta_{\tau(n)}} \\
&= \sum_{\tau \in \mathcal{S}_n} p_\tau \sum_{\sigma \in \mathcal{S}_n} x_{\sigma(1)}^{\beta_1} x_{\sigma(2)}^{\beta_2} \cdots x_{\sigma(n)}^{\beta_n} \\
&= \sum_{\sigma \in \mathcal{S}_n} x_{\sigma(1)}^{\beta_1} x_{\sigma(2)}^{\beta_2} \cdots x_{\sigma(n)}^{\beta_n},
\end{aligned}$$

正如所希望的那样, 上述不等式链的两端给出了缪尔黑德不等式 (12.18).

回顾: 对称的好处

得到缪尔黑德不等式 (12.18) 的计算的单个步骤并没有什么难度, 但 p_τ 的突然消失似乎是额外的好运气. 诚然, 我们对这些有时通过改变求和的顺序所带来的好处并不陌生. 但是, 正如这个例子所指出的, 当涉及对称和时这些好处显得尤为引人注目.

在很多情况下, 戏剧性的简化只是简单地通过观察 "置换的置换是一个置换" 得到. 有时, 我们需要检验一个一一对应的关系如我们所想的那样运行, 但即使这一步也只是需要耐心. 奇迹正在形成.

随着经验的积累, 可发现缪尔黑德不等式 (12.18) 是理解对称和之间的关系的一个非常有效的工具. 然而, 缪尔黑德不等式的应用是有代价的: 我们必须用某种方法检验假设 $\alpha \in H(\beta)$. 在许多有用的情形, 可以验证这个条件. 但是缪尔黑德不等式还有它自己的条件, 因此在广泛使用缪尔黑德不等式之前, 我们需要系统的方式来检验缪尔黑德条件 $\alpha \in H(\beta)$. 值得注意的是, 有一个几乎能自动检验的等价条件. 它被称为控制, 这正是我们下一章的中心主题.

练习

习题 12.1 (正根多项式)   证明若实多项式 $P(x) = x^n - a_1 x^{n-1} + \cdots + (-1)^k a_k x^{n-k} + \cdots + (-1)^{n-1} a_{n-1} x + (-1)^n a_n$ 只有正根, 则有不等式 $n a_n \leqslant a_1 a_{n-1}$.

习题 12.2 (三个缪尔黑德不等式小故事)

(a) 证明对 3 个非负数 a, b 和 c 有

$$8abc \leqslant (a+b)(b+c)(c+a). \tag{12.20}$$

(b) 证明对实数 a_j, $1 \leqslant j \leqslant n$, 有

$$2 \sum_{1 \leqslant j < k \leqslant n} a_j a_k \leqslant (n-1) \sum_{j=1}^{n} a_j^2. \tag{12.21}$$

(c) 证明对非负的 a_j, $1 \leqslant j \leqslant n$, 有

$$(a_1 a_2 \cdots a_n)^{1/n} \leqslant \frac{2}{n(n-1)} \sum_{1 \leqslant j < k \leqslant n} \sqrt{a_j a_k}. \tag{12.22}$$

习题 12.3 (齐次化技巧)   设 x, y 和 z 为正数且满足关系 $xyz = 1$, 证明有不等式

$$x^2 + y^2 + z^2 \leqslant x^3 + y^3 + z^3. \tag{12.23}$$

该不等式的显著特点是, 左边为 2 次齐次的而右边为 3 次齐次的. 因此需要约束条件 $xyz = 1$ 用来弥补这里的非齐次性.

或许不是显而易见的是如何利用约束条件 $xyz = 1$, 但有一个常用的特别技巧, 那就是利用附加条件来将当前问题推广为一般的齐次问题. 再用缪尔黑德不等式或相关工具来解决这个齐次问题.

习题 12.4 (幂和不等式) 证明对正数 $x_k, 1 \leqslant k \leqslant n$, 由 $S_m(\mathbf{x}) = x_1^m + x_2^m + \cdots + x_n^m$ 定义的幂和满足下列不等式

$$S_m^2(\mathbf{x}) \leqslant S_{m-1}(\mathbf{x}) S_{m+1}(\mathbf{x}), \qquad m = 1, 2, \ldots \tag{12.24}$$

这些不等式让我们想起牛顿不等式, 但它们更为基本. 它们还告诉我们数列 $\{\log S_m(\mathbf{x})\}$ 是凸的, 而牛顿不等式告诉我们, $\{\log E_m(\mathbf{x})\}$ 是凹的.

习题 12.5 (对称问题与对称解) 设 $p(x,y)$ 为实对称多项式, 当 $|x| \to \infty$ 且 $|y| \to \infty$ 时有 $p(x,y) \to \infty$. 可以合理猜测 p 在一个"对称点"上取到最小值. 也就是说, 猜测存在 $t \in \mathbb{R}$ 使得

$$p(t,t) = \min_{x,y} p(x,y).$$

这个猜想在三次或更低次多项式的情形由布尼亚科夫斯基在 1854 年证明, 时值他关于积分不等式的著作 *Mémoire* 发表约五年前. 布尼亚科夫斯基还给出了一个反例, 表明该猜想在四次多项式的情形下是错误的. 你能找到这样的例子吗?

习题 12.6 (特意破坏对称性) 1999 年加拿大奥林匹克数学竞赛的参与者被要求证明, 如果 x, y 和 z 为满足 $x + y + z = 1$ 的非负实数, 则有如下不等式

$$f(x, y, z) = x^2 y + y^2 z + z^2 x \leqslant \frac{4}{27}.$$

作为一个提示, 首先用微积分验证当 $x = 2/3$ 且 $y = 1/3$ 时, $f(x,y,z)$ 在集合 $x+y=1$ 上取到最大值, 因此关键的一步是要证明假设 $z = 0$ 不失一般性.

习题 12.7 (创造性的累积) 在 Jim Pitman 著的广受读者青睐的教材《概率论》(*Probability*) 中, 有一个问题. 它本质上相当于要证明, 若 x, y 和 z 为非负实数且满足 $x + y + z = 1$, 则

$$\frac{1}{4} \leqslant x^3 + y^3 + z^3 + 6xyz.$$

你能证明这个不等式吗? 能用多种方法来证明它吗?

习题 12.8 (魏尔斯特拉斯多项式乘积不等式) 设 $a_1, a_2, \ldots, a_n$ 和 $b_1, b_2, \ldots, b_n$ 为复数, 且对任意 $1 \leqslant j \leqslant n$, $|a_j| \leqslant 1$, $|b_j| \leqslant 1$, 请证明

$$|a_1 a_2 \cdots a_n - b_1 b_2 \cdots b_n| \leqslant \sum_{j=1}^{n} |a_j - b_j|. \tag{12.25}$$

第十三章 控制和舒尔凸

控制①和舒尔凸是不等式理论中两个非常多产的概念. 它们使我们对很多熟悉的不等式有统一的理解, 还能将我们指向一大类没有它们的帮助时只能模糊地感觉到的结果. 虽然控制和舒尔凸需要花费一些篇幅来说明, 但如果读者很有经验, 就会发现这些概念其实十分简单. 它们本该广为人知, 但并非如此, 因此可成为你的秘密武器.

两个基本定义

给定 n 维实数组 $\gamma = (\gamma_1, \gamma_2, \ldots, \gamma_n)$, 对 $1 \leqslant j \leqslant n$, 用 $\gamma_{[j]}$ 表示 n 个坐标中第 j 大的数, 所以有 $\gamma_{[1]} = \max\{\gamma_j : 1 \leqslant j \leqslant n\}$, 最终可得 $\gamma_{[1]} \geqslant \gamma_{[2]} \geqslant \cdots \geqslant \gamma_{[n]}$. 对任何非负 n 维实数组 $\alpha = (\alpha_1, \alpha_2, \ldots, \alpha_n)$ 和 $\beta = (\beta_1, \beta_2, \ldots, \beta_n)$, 我们称 α 被 β 控制 (或 α 受控于 β), 并记为 $\alpha \prec \beta$, 如果 α 和 β 满足下列 $n-1$ 个不等式

$$\alpha_{[1]} \leqslant \beta_{[1]},$$
$$\alpha_{[1]} + \alpha_{[2]} \leqslant \beta_{[1]} + \beta_{[2]},$$
$$\vdots \leqslant \vdots$$
$$\alpha_{[1]} + \alpha_{[2]} + \cdots + \alpha_{[n-1]} \leqslant \beta_{[1]} + \beta_{[2]} + \cdots + \beta_{[n-1]},$$

并满足等式

$$\alpha_{[1]} + \alpha_{[2]} + \cdots + \alpha_{[n]} = \beta_{[1]} + \beta_{[2]} + \cdots + \beta_{[n]}.$$

例如, 如下控制关系成立:

$$(1,1,1,1) \prec (2,1,1,0) \prec (3,1,0,0) \prec (4,0,0,0). \tag{13.1}$$

因为关系 $\alpha \prec \beta$ 的定义仅取决于两个数组中各自对应的第 j 大的值 $\{\alpha_{[j]}\}$ 和 $\{\beta_{[j]}\}$, 可以将 (13.1) 写作

$$(1,1,1,1) \prec (0,1,1,2) \prec (1,3,0,0) \prec (0,0,4,0).$$

我们给一个更一般的例子. 对任意数组 $(\alpha_1, \alpha_2, \ldots, \alpha_n)$, 有以下两种关系:

$$(\bar{\alpha}, \bar{\alpha}, \ldots, \bar{\alpha}) \prec (\alpha_1, \alpha_2, \ldots, \alpha_n) \prec (\alpha_1 + \alpha_2 + \cdots + \alpha_n, 0, \ldots, 0),$$

---

①译注: 有文献译为受控、占优或优超, 对应的英文为 majorization.

与通常一样, 这里 $\bar{\alpha} = (\alpha_1 + \alpha_2 + \cdots + \alpha_n)/n$. 由控制的定义可知关系 $\prec$ 有传递性: $\alpha \prec \beta$ 和 $\beta \prec \gamma$ 可以推出 $\alpha \prec \gamma$. 因此, 四链关系 (13.1) 事实上包含六个关系.

设 $\mathcal{A} \subset \mathbb{R}^d$, $f : \mathcal{A} \to \mathbb{R}$, 如果不等式

$$f(\alpha) \leqslant f(\beta), \qquad \alpha, \beta \in \mathcal{A}, \alpha \prec \beta \tag{13.2}$$

成立, 则称 f 在 $\mathcal{A}$ 上是舒尔凸的. 这个函数可能更适合被称为舒尔单调而不是舒尔凸, 但术语舒尔凸是传统叫法. 出于同样的原因, 如果 (13.2) 中的 "$\leqslant$" 换成 "$\geqslant$", 则称 f 在 $\mathcal{A}$ 上是舒尔凹的.

典型模式与实际挑战

按照通常做法, 现在应该通过一些具体的问题来讲解如何应用控制和舒尔凸. 例如, 考虑如下不等式, 对正数 a, b 和 c, 有倒数不等式

$$\frac{1}{a} + \frac{1}{b} + \frac{1}{c} \leqslant \frac{1}{x} + \frac{1}{y} + \frac{1}{z}, \tag{13.3}$$

其中 $x = b + c - a$, $y = a + c - b$, $z = a + b - c$, 且 x, y 和 z 都严格大于 0.

这是 Walker (1971) 发表在《美国数学月刊》上的问题 "E2284" 的一个稍做修改了的版本. 如果想利用基本原理来解决这个问题, 需要一些技巧, 然而我们发现这个不等式其实是映射 $(t_1, t_2, t_3) \mapsto 1/t_1 + 1/t_2 + 1/t_3$ 的舒尔凸和控制关系 $(a, b, c) \prec (x, y, z)$ 的推论.

在使用控制和舒尔凸去解决类似于 E2284 的问题之前, 需要一些工具. 我们需要可行的方法验证函数的舒尔凸性. 我们将介绍 1923 年舒尔发表的方法. 即使到现在, 这种方法依然可以解决大多数类似的问题.

问题 13.1 (**舒尔判别准则**)   设 $f : (a, b)^n \to \mathbb{R}$ 为连续可导且对称的函数, 则 f 在 $(a, b)^n$ 上是舒尔凸的当且仅当对任何 $1 \leqslant j < k \leqslant n$, $\mathbf{x} \in (a, b)^n$, 有

$$0 \leqslant (x_j - x_k) \left(\frac{\partial f(\mathbf{x})}{\partial x_j} - \frac{\partial f(\mathbf{x})}{\partial x_k} \right). \tag{13.4}$$

例子

可能很多人不很熟悉舒尔判别准则, 但它的应用并不神秘. 举一个例子, 考虑 Walker 不等式 (13.3) 中出现的函数

$$f(t_1, t_2, t_3) = 1/t_1 + 1/t_2 + 1/t_3.$$

易得

$$(t_j - t_k) \left(\frac{\partial f(\mathbf{t})}{\partial t_j} - \frac{\partial f(\mathbf{t})}{\partial t_k} \right) = (t_j - t_k)(1/t_k^2 - 1/t_j^2).$$

这个值是非负的, 因为 (t_j, t_k) 和 $(1/t_j^2, 1/t_k^2)$ 的大小顺序相反, 因此, 函数 f 是舒尔凸的.

导数条件的解释

条件 (13.4) 仅仅包含一阶导数, 这可能意味着某个对象的单调性, 问题在于是关于谁的单调性? 答案不那么显然, 但控制的定义中的部分和确实给出了一些线索.

为了方便起见, 对 n 维数组 $\mathbf{w} = (w_1, w_2, \ldots, w_n)$, 记 $\widetilde{w}_j = w_1 + w_2 + \cdots + w_j$ 并令 $\widetilde{\mathbf{w}} = (\widetilde{w}_1, \widetilde{w}_2, \ldots, \widetilde{w}_n)$. 利用这个记号, 可见控制关系 $\mathbf{x} \prec \mathbf{y}$ 成立当且仅当对任意 $1 \leqslant j < n$, $\widetilde{x}_j \leqslant \widetilde{y}_j$ 且 $\widetilde{x}_n \leqslant \widetilde{y}_n$. 这种"波浪变换"的好处是让控制看起来更像是平常的向量之间对应分量的比较.

因为假设 f 是对称的, 我们知道 f 在 $(a, b)^n$ 是舒尔凸的当且仅当它在集合 $\mathcal{B} = (a, b)^n \cap \mathcal{D}$ 上是舒尔凸的, 其中 $\mathcal{D} = \{(x_1, x_2, \ldots, x_n) : x_1 \geqslant x_2 \geqslant \cdots \geqslant x_n\}$. 引入集合 $\widetilde{\mathcal{B}} = \{\widetilde{\mathbf{x}} : \mathbf{x} \in \mathcal{B}\}$, 设对任何 $\widetilde{\mathbf{x}} \in \widetilde{\mathcal{B}}$, $\widetilde{f}(\widetilde{\mathbf{x}}) = f(\mathbf{x})$ 可以定义一个新的函数 $\widetilde{f} : \widetilde{\mathcal{B}} \to \mathbb{R}$. 新函数 $\widetilde{f}$ 的作用是它保留了 f 的性质, 并且用"波浪坐标"简化了表达.

利用上面的记号, 对任何满足 $\mathbf{x} \prec \mathbf{y}$ 的 $\mathbf{x}, \mathbf{y} \in \mathcal{B}$, $f(\mathbf{x}) \leqslant f(\mathbf{y})$ 成立当且仅当对任何 $\widetilde{\mathbf{x}}, \widetilde{\mathbf{y}} \in \widetilde{\mathcal{B}}$,

$$\widetilde{x}_n = \widetilde{y}_n, \quad \widetilde{x}_j \leqslant \widetilde{y}_j, \qquad 1 \leqslant j < n,$$

有 $\widetilde{f}(\widetilde{\mathbf{x}}) \leqslant \widetilde{f}(\widetilde{\mathbf{y}})$. 总而言之, f 在 $\mathcal{B}$ 上是舒尔凸的, 当且仅当函数 $\widetilde{f}$ 在 $\widetilde{\mathcal{B}}$ 上关于前 $n-1$ 个坐标是单调增函数.

设 f 是连续可导的函数, 则 f 是舒尔凸的当且仅当对所有在 $\widetilde{\mathcal{B}}$ 的内部的 $\widetilde{\mathbf{x}}$ 有

$$0 \leqslant \frac{\partial \widetilde{f}(\widetilde{\mathbf{x}})}{\partial \widetilde{x}_j}, \qquad 1 \leqslant j < n.$$

又因 $\widetilde{f}(\widetilde{\mathbf{x}}) = f(\widetilde{x}_1, \widetilde{x}_2 - \widetilde{x}_1, \ldots, \widetilde{x}_n - \widetilde{x}_{n-1})$, 由链式法则有

$$0 \leqslant \frac{\partial \widetilde{f}(\widetilde{\mathbf{x}})}{\partial \widetilde{x}_j} = \frac{\partial f(\mathbf{x})}{\partial x_j} - \frac{\partial f(\mathbf{x})}{\partial x_{j+1}}, \qquad 1 \leqslant j < n. \tag{13.5}$$

所以, 取 $1 \leqslant j < k \leqslant n$ 并且对 (13.5) 关于下标 $j, j+1, \ldots, k-1$ 求和, 可得

$$0 \leqslant \frac{\partial f(\mathbf{x})}{\partial x_j} - \frac{\partial f(\mathbf{x})}{\partial x_k}, \qquad \mathbf{x} \in \mathcal{B}.$$

由于 f 在 $(a, b)^n$ 上对称, 上述条件等价于

$$0 \leqslant (x_j - x_k) \left(\frac{\partial f(\mathbf{x})}{\partial x_j} - \frac{\partial f(\mathbf{x})}{\partial x_k} \right), \qquad \mathbf{x} \in (a, b)^n.$$

至此第一个挑战问题得到解答.

重要例子: 由舒尔凹推出 AM–GM 不等式

为用简单的例子说明如何应用舒尔判别准则, 考虑函数 $f(x_1, x_2, \ldots, x_n) = x_1 x_2 \cdots x_n$, 其中 $0 < x_j < \infty, 1 \leqslant j \leqslant n$. 对应的舒尔微分 (13.4) 为

$$(x_j - x_k)(f_{x_j} - f_{x_k}) = -(x_j - x_k)^2 (x_1 \cdots x_{j-1} x_{j+1} \cdots x_{k-1} x_{k+1} \cdots x_n),$$

它总是非正的. 因此, f 是舒尔凹的.

我们已知 $\bar{\mathbf{x}} \prec \mathbf{x}$, 其中 $\bar{\mathbf{x}}$ 是向量 $(\bar{x}, \bar{x}, \ldots, \bar{x})$, $\bar{x}$ 是平均值 $(x_1 + x_2 + \cdots + x_n)/n$. 由 f 的舒尔凹性可知 $f(\mathbf{x}) \leqslant f(\bar{\mathbf{x}})$. 普通写法即 $x_1 x_2 \cdots x_n \leqslant \bar{x}^n$, 这是 AM–GM 不等式最经典的形式.

在这个例子中, 我们还没有充分利用舒尔凸的作用. 本质上, 我们用的是延森不等式的变体, 但由此仍可知: 几乎每一次延森不等式的应用都可以通过应用舒尔凸来得到. 常令人惊讶的是, 这个简单的变换可以带来有用的意外收获.

第二个工具: 向量及其平均

上面关于 AM–GM 不等式的证明几乎不能再自动了, 这是因为我们很幸运地提前知道 $\bar{\mathbf{x}} \prec \mathbf{x}$ 这个关系. 舒尔凸性 (或舒尔凹性) 的任何应用必须从某个控制关系开始, 但一般不能指望提前知道所要的关系. 有时控制的定义条件并不容易验证. 例如, 为证明 Walker 不等式 (13.3), 需要证明 $(a, b, c) \prec (x, y, z)$. 因为没有任何关于对应坐标相对大小的信息, 直接用定义去验证是笨拙的. 下一个挑战问题提供了解决类似问题的有力工具.

问题 13.2 (缪尔黑德条件推出控制关系)   证明由缪尔黑德条件可以推出 α 是被 β 控制的; 即证明如下关系:

$$\alpha \in H(\beta) \quad \Longrightarrow \quad \alpha \prec \beta. \tag{13.6}$$

从缪尔黑德条件到特殊表示

首先回忆记号 $\alpha \in H(\beta)$ 表示存在和为 1 的非负权重 p_τ 使

$$(\alpha_1, \alpha_2, \ldots, \alpha_n) = \sum_{\tau \in \mathcal{S}_n} p_\tau (\beta_{\tau(1)}, \beta_{\tau(2)}, \ldots, \beta_{\tau(n)})$$

成立, 也就是说 α 是 $(\beta_{\tau(1)}, \beta_{\tau(2)}, \ldots, \beta_{\tau(n)})$ 的一个加权平均, 其中 τ 取遍 $\{1, 2, \ldots, n\}$ 的所有排列组成的集合 $\mathcal{S}_n$ 中的元素. 如果只取和式的第 j 个分量, 可得恒等式

$$\alpha_j = \sum_{\tau \in \mathcal{S}_n} p_\tau \beta_{\tau(j)} = \sum_{k=1}^{n} \left\{ \sum_{\tau: \tau(j) = k} p_\tau \right\} \beta_k = \sum_{k=1}^{n} d_{jk} \beta_k, \tag{13.7}$$

其中

$$d_{jk} = \sum_{\tau:\tau(j)=k} p_\tau,\tag{13.8}$$

求和 (13.8) 取遍所有排列 $\tau \in \mathcal{S}_n$ 且 $\tau(j) = k$. 显然 $d_{jk} \geqslant 0$, 同时还有等式

$$\sum_{j=1}^{n} d_{jk} = 1 \quad \text{和} \quad \sum_{k=1}^{n} d_{jk} = 1.\tag{13.9}$$

这是因为任一求和都等于 p_τ 在 $\mathcal{S}_n$ 上求和.

任何元素都是非负实数并且满足条件 (13.9) 的矩阵 $D = \{d_{jk}\}$ 称为双随机矩阵. 因为它的每一行和每一列都可以被看作在 $\{1, 2, \ldots, n\}$ 上的概率分布. 双随机矩阵可以把控制与缪尔黑德条件联系起来.

将 α 和 β 看作列向量, (13.7) 用矩阵符号表示就是

$$\alpha \in H(\beta) \quad \Longrightarrow \quad \alpha = D\beta,\tag{13.10}$$

其中 D 是由 (13.8) 定义的双随机矩阵. 因此, 为了证明第一个挑战问题, 只需证明由 $\alpha = D\beta$ 可以推出 $\alpha \prec \beta$.

从表达式 $\alpha = D\beta$ 到控制关系 $\alpha \prec \beta$

重新排列 α 和 β 的坐标不会影响关系 $\alpha \in H(\beta)$ 和 $\alpha \prec \beta$, 不失一般性, 故可设 $\alpha_1 \geqslant \alpha_2 \geqslant \cdots \geqslant \alpha_n$, $\beta_1 \geqslant \beta_2 \geqslant \cdots \geqslant \beta_n$. 对 $1 \leqslant j \leqslant k$ 关于 (13.7) 求和, 可得

$$\sum_{j=1}^{k} \alpha_j = \sum_{j=1}^{k} \sum_{t=1}^{n} d_{jt}\beta_t = \sum_{t=1}^{n} c_t\beta_t, \qquad c_t \stackrel{\text{def}}{=} \sum_{j=1}^{k} d_{jt}.\tag{13.11}$$

因为 c_t 是双随机矩阵 D 第 t 列前 k 个元素的和, 有

$$0 \leqslant c_t \leqslant 1, \quad 1 \leqslant t \leqslant n \quad \text{和} \quad c_1 + c_2 + \cdots + c_n = k.\tag{13.12}$$

这些限制条件强烈暗示对每一个 $1 \leqslant k \leqslant n$,

$$\Delta_k \stackrel{\text{def}}{=} \sum_{j=1}^{k} \alpha_j - \sum_{j=1}^{k} \beta_j = \sum_{t=1}^{n} c_t\beta_t - \sum_{j=1}^{k} \beta_j$$

是非正的, 但严格的证明较为晦涩. 利用等式 (13.12), 可得 Δ_k 一个简单而巧妙的改写:

$$\Delta_k = \sum_{j=1}^{n} c_j\beta_j - \sum_{j=1}^{k} \beta_j + \beta_k \left(k - \sum_{j=1}^{n} c_j \right)$$

$$= \sum_{j=1}^{k} (\beta_k - \beta_j)(1 - c_j) + \sum_{j=k+1}^{n} c_j(\beta_j - \beta_k).$$

因对任何 $1 \leqslant j \leqslant k$, $\beta_j \geqslant \beta_k$, 而对任何 $k < j \leqslant n$, $\beta_j \leqslant \beta_k$, 显然有 $\Delta_k \leqslant 0$. 由于 $\Delta_n = 0$ 是平凡的, 所以对任何 $1 \leqslant k < n$, $\Delta_k \leqslant 0$ 成立就完成了对定义的检验. 由此可得 $\alpha \prec \beta$, 所以第二个挑战问题被解决了.

Walker 例子的最后思考

对 Walker 发表在《美国数学月刊》上的问题 (第 160 页), 有三个等式: $x = b+c-a$, $y = a+c-b$, $z = a+b-c$. 为验证 $(a,b,c) \in H[(x,y,z)]$, 只需注意到

$$\begin{bmatrix} a \\ b \\ c \end{bmatrix} = \frac{1}{2}\begin{bmatrix} y \\ z \\ x \end{bmatrix} + \frac{1}{2}\begin{bmatrix} z \\ x \\ y \end{bmatrix}. \tag{13.13}$$

这表明 $\alpha \prec \beta$, 所以关于 Walker 不等式 (13.3) 的证明也就完成了.

对第二个挑战问题的解答同时也告诉我们, 关系 (13.13) 表明 (a,b,c) 是 (x,y,z) 在某个双随机变换 D 下的像, 有时写出显式表达式是十分有用的. 这里, 我们只需借助置换矩阵来表示 (13.13) 然后合并各项:

$$\begin{bmatrix} a \\ b \\ c \end{bmatrix} = \frac{1}{2}\begin{pmatrix} 0 & 1 & 0 \\ 0 & 0 & 1 \\ 1 & 0 & 0 \end{pmatrix}\begin{bmatrix} x \\ y \\ z \end{bmatrix} + \frac{1}{2}\begin{pmatrix} 0 & 0 & 1 \\ 1 & 0 & 0 \\ 0 & 1 & 0 \end{pmatrix}\begin{bmatrix} x \\ y \\ z \end{bmatrix} = \begin{pmatrix} 0 & \frac{1}{2} & \frac{1}{2} \\ \frac{1}{2} & 0 & \frac{1}{2} \\ \frac{1}{2} & \frac{1}{2} & 0 \end{pmatrix}\begin{bmatrix} x \\ y \\ z \end{bmatrix}.$$

逆命题及挑战问题

现在我们面临一个自然的问题:$\alpha \prec \beta$ 是否可推出 $\alpha \in H(\beta)$? 我们将很快知道答案是肯定的, 但这个事实的完整证明颇费周章. 我们下一个挑战问题将解决其中最精妙的一步. 这个结论是哈代 (G.H. Hardy)、李特伍尔德 (J.E. Littlewood) 和波利亚 (George Pólya) 一起得出的, 解答需要相当的工夫. 在解决问题的过程中, 你会发现控制还有新含义.

问题 13.3 (HLP **表示**: $\alpha \prec \beta \Rightarrow \alpha = D\beta$)   *证明 $\alpha \prec \beta$ 意味着存在双随机矩阵 D 使得 $\alpha = D\beta$.*

哈代、李特伍尔德和波利亚因为对不等式十分感兴趣而得到这个结论[①], 但控制的概念起初是由一个对社会中收入不平等问题感兴趣的经济学家所引进的. 如今, 控制在数学中远远比它在经济学中重要, 但关于收入分布的思考仍可以增进我们的直观.

收入不均和罗宾汉变换

对国家 A, 我们可以通过如下假设更好地理解这个国家的收入分布: 假设 α_1 表示收入排名前 10% 收入者的收入占总收入的比例, α_2 表示收入排名 10%~20% 之间收入

[①]译注: HLP 由哈代、李特伍尔德和波利亚各自的姓 (Hardy, Littlewood 和 Pólya) 的首字母组成.

者的收入占总收入的比例, 依次类推到 α_{10} 表示最贫穷的 10% 收入者的收入占总收入的比例. 类似地对国家 B 定义 β, 那么关系 $\alpha \prec \beta$ 有经济学上的解释: 这表明国家 B 比国家 A 收入更加不平均. 换言之, 关系 $\prec$ 对收入不均提供了一种度量.

这个解释的好处是它表明了如何证明 $\alpha \prec \beta$ 可以推出 $\alpha = D\beta$, 其中 D 是双随机矩阵. 为了让国家 B 的财富分布跟国家 A 更加接近, 你可以在罗宾汉的哲学里找到答案: 劫富济贫. 其中需要一点技巧的一步是证明可以通过恰当的比例调节来完成这种"偷盗行为".

最简单的情形: $n = 2$

我们用最简单的例子说明如何应用罗宾汉变换. 令 $\alpha = (\alpha_1, \alpha_2) = (\rho + \sigma, \rho - \sigma)$, $\beta = (\beta_1, \beta_2) = (\rho + \tau, \rho - \tau)$. 不失一般性, 设 $\alpha_1 \geqslant \alpha_2$, $\beta_1 \geqslant \beta_2$, $\alpha_1 + \alpha_2 = \beta_1 + \beta_2$. 仍不失一般性, 可以假设 α 和 β 有这样的形式. 这样做的直接好处是 $\alpha \prec \beta$ 等价于 $\sigma \leqslant \tau$.

我们将"寻求双随机矩阵 D 将 β 变成 α"这一问题转化成仅仅是一个求矩阵 D 中元素满足的线性方程组的问题. 这个方程组是超定的, 但可以通过以下等式来说明它的确存在一个解:

$$D\beta = \begin{pmatrix} \frac{\tau+\sigma}{2\tau} & \frac{\tau-\sigma}{2\tau} \\ \frac{\tau-\sigma}{2\tau} & \frac{\tau+\sigma}{2\tau} \end{pmatrix} \begin{pmatrix} \rho + \tau \\ \rho - \tau \end{pmatrix} = \begin{pmatrix} \rho + \sigma \\ \rho - \sigma \end{pmatrix} = \alpha. \tag{13.14}$$

因此 $n = 2$ 的情形是平凡的. 然而, 由它可以找到一个很有意思的方法来解决一般情形. 可以证明 $n \times n$ 双随机矩阵 D 是有限个变换的乘积, 其中每个变换只改变两个分量.

通过归纳法构造

设 $\alpha_1 \geqslant \alpha_2 \geqslant \cdots \geqslant \alpha_n$, $\beta_1 \geqslant \beta_2 \geqslant \cdots \geqslant \beta_n$ 且 $\alpha \prec \beta$, 设 N 为满足 $\alpha_j \neq \beta_j$ 的 j 的个数, 对 N 考虑数学归纳法. 不妨设 $N \geqslant 1$, 否则只需取 D 为单位矩阵.

给定 $N \geqslant 1$, 控制的定义表明存在一对整数 $1 \leqslant j < k \leqslant n$ 使得

$$\beta_j > \alpha_j, \quad \beta_k < \alpha_k \quad \text{且} \quad \beta_s = \alpha_s, \qquad j < s < k. \tag{13.15}$$

图 13.1 是对这种情况的解释; 本质上是区间 $[\alpha_k, \alpha_j]$ 包含于区间 $[\beta_k, \beta_j]$ 中. 为使图示更清楚, 我们省略了中间值 $\alpha_s = \beta_s$, 其中 $j < s < k$, 但图中标出了对我们的构造很重要的几个值. 图中标出了 $\rho = (\beta_j + \beta_k)/2$, 以及选定的使得 $\beta_j = \rho + \tau$ 和 $\beta_k = \rho - \tau$ 的 $\tau \geqslant 0$. 它也表明 σ 是 $|\alpha_k - \rho|$ 和 $|\alpha_j - \rho|$ 二者中的最大值.

设 T 是将 $\beta = (\beta_1, \beta_2, \ldots, \beta_n)$ 变为 $\beta' = (\beta_1', \beta_2', \ldots, \beta_n')$ 的 $n \times n$ 双随机变换, 其中

$$\beta_k' = \beta_k + \sigma, \quad \beta_j' = \beta_j - \sigma, \quad \beta_t' = \beta_t, \qquad t \neq j, \, t \neq k.$$

由 2×2 情形的矩阵, 很容易得到 T 的矩阵表示. 只需要把 2×2 矩阵的 4 个元素放在矩阵 T 第 j, k 行和 j, k 列的 4 个坐标上. 矩阵 T 的其他 $n - 2$ 个对角元都为 1, 余

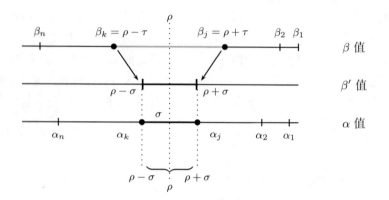

图 **13.1** ρ 是 $\beta_k = \rho - \tau$ 和 $\beta_j = \rho + \tau$ 的中点, 也是 $\alpha_k = \rho - \sigma$ 和 $\alpha_j = \rho + \sigma$ 的中点. 这里 $0 < \sigma \leqslant \tau$, 该图是 $|\alpha_k - \rho|$ 比 $|\alpha_j - \rho|$ 大的情形.

下 $n^2 - n - 2$ 个元素都是 0. 最后我们得到一个如下形状的矩阵:

$$
\begin{pmatrix}
1 & & & & & & & & \\
& \ddots & & & & & & & \\
& & 1 & & & & & & \\
& & & \frac{\tau+\sigma}{2\tau} & \cdots & \frac{\tau-\sigma}{2\tau} & & & \\
& & & \vdots & & \vdots & & & \\
& & & \frac{\tau-\sigma}{2\tau} & \cdots & \frac{\tau+\sigma}{2\tau} & & & \\
& & & & & & 1 & & \\
& & & & & & & \ddots & \\
& & & & & & & & 1
\end{pmatrix}. \tag{13.16}
$$

归纳步

我们马上就可以进行归纳证明, 但还需验证 $\alpha \prec \beta' = T\beta$. 利用 $s_t(\gamma) = \gamma_1 + \gamma_2 + \cdots + \gamma_t$ 简写部分和, 可得三个基本观察:

$$
s_t(\alpha) \leqslant s_t(\beta) = s_t(\beta'), \qquad 1 \leqslant t < j, \tag{a}
$$

$$
s_t(\alpha) \leqslant s_t(\beta'), \qquad j \leqslant t < k, \tag{b}
$$

$$
s_t(\alpha) \leqslant s_t(\beta) = s_t(\beta'), \qquad k \leqslant t \leqslant n. \tag{c}
$$

(a) 和 (c) 是显然的, 为验证 (b) 只需注意到 $\alpha_j \leqslant \beta'_j$ 并且回忆起 $\alpha_t = \beta'_t = \beta$, $j < t < k$.

这些不等式证实了 $\alpha \prec \beta'$. 根据矩阵 T 的构造, 可知 n 维数组 α 和 β' 最多有 $N-1$ 个坐标不相等. 因此, 由归纳法可知存在双随机矩阵 D' 使得 $\alpha = D'\beta'$. 因为 $\beta' = T\beta$, 所以 $\alpha = D'(T\beta) = (D'T)\beta$, 又因两个双随机矩阵的乘积还是双随机矩阵, 所以矩阵 $D = D'T$ 就是挑战问题的答案.

延森不等式: 审视与改进

哈代、李特伍尔德和波利亚的表示 $\alpha = D\beta$ 是一个关于均值的表述. 它表明对每一个 j, α_j 是 $\beta_1, \beta_2, \ldots, \beta_n$ 的平均, 但等式 $\alpha = D\beta$ 不仅仅包含这些信息. D 的每一列求和为 1, 但我们暂时还不清楚如何利用这些附加信息.

从我们研究延森不等式的经验中可知: 均值和凸函数的结合可以得出许多有用的不等式. 因此我们很自然地想到从表达式 $\alpha = D\beta$ 出发或许可以得到更多有用的东西. 舒尔通过简单的计算验证了这个想法, 他的结果已经成为控制理论中的经典, 同时也引出了本章最后一个挑战问题.

问题 13.4 (舒尔控制不等式)   设 $\phi : (a,b) \to \mathbb{R}$ 是凸函数. 证明如下定义的从 $(a,b)^n$ 到 $\mathbb{R}$ 的函数

$$f(x_1, x_2, \ldots, x_n) = \sum_{k=1}^{n} \phi(x_k) \tag{13.17}$$

是舒尔凸的. 因此对满足 $\alpha \prec \beta$ 的 $\alpha, \beta \in (a,b)^n$ 有

$$\sum_{k=1}^{n} \phi(\alpha_k) \leqslant \sum_{k=1}^{n} \phi(\beta_k). \tag{13.18}$$

导引

为熟悉不等式 (13.18), 首先注意到若取 $\alpha = (\bar{x}, \bar{x}, \ldots, \bar{x})$, $\beta = (x_1, x_2, \ldots, x_n)$, 它就退化为延森不等式. 同时, 因为函数 $t \mapsto 1/t$ 是 $(0, \infty)$ 上的凸函数, 表达式 (13.13) 可以推出 $(a, b, c) \prec (x, y, z)$, 从舒尔控制不等式 (13.18) 还可以推出 Walker 不等式 (13.3).

还可注意到, 若假定 ϕ 是可微的, 则由微分判别准则 (13.4) 很快就可以知道 f 是舒尔凸的. 由 ϕ 的凸性可知其导数 ϕ' 是非减的, 所以 (x_j, x_k) 和 $(\phi'(x_j), \phi'(x_k))$ 有相同的大小顺序. 因此, 舒尔微分

$$(x_j - x_k)\big(f_{x_j}(\mathbf{x}) - f_{x_k}(\mathbf{x})\big) = (x_j - x_k)(\phi'(x_j) - \phi'(x_k))$$

是非负的, 故 f 是舒尔凸的. 所以我们的挑战问题中的一部分是在不假设可导条件下证明 f 是舒尔凸的.

直接法

为直接利用 ϕ 的凸性来证明不等式 (13.18), 需要找到合适的平均, 而 HLP 表示 (第 164 页) 给了我们提示. 因为 $\alpha \prec \beta$, 所以 HLP 表示告诉我们存在双随机矩阵 $D = \{d_{jk}\}$ 使得 $\alpha = D\beta$, 即对每一个 $j = 1, 2, \ldots, n$ 有如下表达式

$$\alpha_j = \sum_{k=1}^{n} d_{jk}\beta_k, \qquad d_{j1} + d_{j2} + \cdots + d_{jn} = 1.$$

对这些平均值应用延森不等式, 可得

$$\phi(\alpha_j) \leqslant \sum_{k=1}^{n} d_{jk}\phi(\beta_k),$$

若不考虑因子 d_{jk} 是未知的, 这个不等式比 (13.18) 更优. 对 j 求和并且改变求和顺序, 可见

$$\sum_{j=1}^{n} \phi(\alpha_j) \leqslant \sum_{j=1}^{n}\sum_{k=1}^{n} d_{jk}\phi(\beta_k) = \sum_{k=1}^{n}\left\{\phi(\beta_k)\sum_{j=1}^{n} d_{jk}\right\} = \sum_{k=1}^{n} \phi(\beta_k),$$

这正是我们要证明的结果.

没人否认舒尔控制不等式 (13.18) 是十分简单的结论, 但也不能被其简易形式所迷惑. 它揭开了其他很多充满神秘色彩的不等式的面纱.

常见例子

最后一个挑战问题是借助本章所学内容可以解决——甚至创编——的大量问题中的一个经典例子.

问题 13.5 已知 $x, y, z \in (0, 1)$ 满足

$$\max(x, y, z) \leqslant (x + y + z)/2 < 1, \tag{13.19}$$

证明以下不等式

$$\left(\frac{1+x}{1-x}\right)\left(\frac{1+y}{1-y}\right)\left(\frac{1+z}{1-z}\right) \leqslant \left\{\frac{1 + \frac{1}{2}(x+y+z)}{1 - \frac{1}{2}(x+y+z)}\right\}^2. \tag{13.20}$$

这个问题如果出现在其他章节可能有点困难. 不等式两端看起来并不能比较, 且条件 (13.19) 也不同于我们以往见过的其他任何条件. 但如果我们牢记控制这个概念, 很快就可以想到解决方法.

或许有人会用如下方法利用条件 (13.19): 取 $s = (x + y + z)/2$, 由 (13.19) 可知 $(x, y, z) \prec (s, s, 0)$. 显然, 若能证明

$$\phi(t) = \log\left(\frac{1+t}{1-t}\right)$$

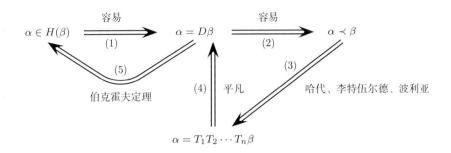

图 13.2　　有时 $\alpha \prec \beta$ 的定义很容易验证, 但人们更多时候还是用 $\alpha = D\beta$ 或者 $\alpha \in H(\beta)$ 证明控制关系.

是 $(0,1)$ 上的凸函数, 则从舒尔控制不等式 (13.18) 可推出不等式 (13.20). 这很容易验证, 我们只需计算其二阶导数:

$$\phi''(t) = \frac{4t}{(t^2-1)^2} > 0,$$

或由泰勒展开式

$$\phi(t) = 2\left(t + \frac{t^3}{3} + \frac{t^5}{5} + \cdots\right)$$

也能得到这个结果.

解释性的练习和理论版图的缺口

本章大部分习题是用来解释控制和舒尔凸性的, 但是最后两个却有不同的用意. 它们是用来补充如图 13.2 所示的控制理论的. 我们已经证明了图中除了伯克霍夫 (Birkhoff) 定理[1]之外的其他结论.

这个著名定理告诉我们每一个双随机矩阵都是置换矩阵的凸组合, 它可以用来证明 $\alpha \prec \beta \Leftrightarrow \alpha \in H(\beta)$, 即控制关系与缪尔黑德条件的等价性. 大多数对控制的应用并不会用到等价性中与伯克霍夫定理有关的一半, 但伯克霍夫定理在基础数学和应用数学上都有应用. 我们有时称之为双随机矩阵的基本定理.

---

①译注: 这里的伯克霍夫指加勒特·伯克霍夫 (Garrett Birkhoff, 1911 — 1996). 相关文献为 G. Birkhoff, Three observations on linear algebra, (Spanish) Univ. Nac. Tucumán. Revista A. 5 (1946), 147–151. G. 伯克霍夫的父亲为以伯克霍夫遍历定理最为著称的乔治·大卫·伯克霍夫 (George David Birkhoff, 1884 — 1944).

练习

习题 13.1 (两个双随机的赠品)   证明对正数 x, y, z 有如下乘积不等式

$$xyz \leqslant \left(x/2 + y/3 + z/6 \right) \left(x/3 + 2y/3 \right) \left(x/6 + 5z/6 \right)$$

和如下十分巧妙的倒数不等式

$$\left(\frac{2}{z+y} \right)^5 + \left(\frac{6}{3x+y+2z} \right)^5 + \left(\frac{6}{3x+2y+z} \right)^5 \leqslant \frac{1}{x^5} + \frac{1}{y^5} + \frac{1}{x^5}.$$

习题 13.2 (寻找控制关系)   给定 $1 \leqslant k \leqslant n$ 和实数 $x_j > 0$, $1 \leqslant j \leqslant n$, 满足 $\max(x_1, x_2, \ldots, x_n) \leqslant (x_1 + x_2 + \cdots + x_n)/k$, 求证

$$\sum_{j=1}^{n} \frac{1}{1+x_j} \leqslant (n-k) + \frac{k^2}{k+x_1+x_2+\cdots+x_n}. \tag{13.21}$$

习题 13.3 (1 技巧的改进)   给定整数 $0 < m < n$ 和实数 $x_1, x_2, \ldots, x_n$, 设 $\delta \geqslant 0$, 如果

$$\sum_{k=1}^{m} x_k = \frac{m}{n} \sum_{k=1}^{n} x_k + \delta, \tag{13.22}$$

证明平方和有下界:

$$\sum_{k=1}^{n} x_k^2 \geqslant \frac{1}{n} \left(\sum_{k=1}^{n} x_k \right)^2 + \frac{\delta^2 n}{m(n-m)}. \tag{13.23}$$

这是对我们熟知的 1 技巧下界的改进. 它是发现和证明塞迈雷迪正则性引理的关键, 后者是现代组合数学理论的基石.

习题 13.4 (对称多项式与舒尔凹) k 阶基本对称多项式

$$e_k(\mathbf{x}) = e_k(x_1, x_2, \ldots, x_n) = \sum_{1 \leqslant i_1 < i_2 < \cdots < i_k \leqslant n} x_{i_1} x_{i_2} \cdots x_{i_k}$$

满足漂亮的"消去等式":

$$\frac{\partial e_k(\mathbf{x})}{\partial x_s} = e_{k-1}(x_1, x_2, \ldots, x_{s-1}, x_{s+1}, \ldots, x_n), \tag{13.24}$$

求证对任何 $\mathbf{x} \in [0, \infty)^n$, $e_k(\mathbf{x})$ 是舒尔凹的.

习题 13.5 (舒尔凹和散度的测量)   人们已经提出了很多测量离散度的方法. 如统计学家通常使用样本方差

$$s(\mathbf{x}) = \frac{1}{n-1} \sum_{j=1}^{n} (x_j - \bar{x})^2, \qquad \bar{x} = (x_1 + x_2 + \cdots + x_n)/n,$$

其中 $\mathbf{x} \in \mathbb{R}^n$, $n \geqslant 2$. 而信息学家用熵

$$h(\mathbf{p}) = -\sum_{k=1}^{n} p_k \log p_k$$

来测量概率分布 $(p_1, p_2, \ldots, p_n)$ 的散度, 其中 $p_k \geqslant 0$ 且 $p_1 + p_2 + \cdots + p_n = 1$. 证明样本方差 $s(\mathbf{x})$ 和熵 $h(\mathbf{p})$ 都是舒尔凹的.

习题 13.6 (另一个倒数保形不等式)　设 $p_k \geqslant 0$, $p_1 + p_2 + \cdots + p_n = 1$, 且 $0 < \alpha$, 证明

$$\frac{(n^2+1)^\alpha}{n^{\alpha-1}} \leqslant \sum_{k=1}^{n} \left(p_k + \frac{1}{p_k} \right)^\alpha. \tag{13.25}$$

回忆在习题 1.6 中, 我们用柯西不等式处理了 $\alpha = 2$ 的情况. 值得注意的是控制常能帮助我们把柯西不等式的结论推广到更广的范围.

习题 13.7 (生日问题)　任意给定 n 人, 有两个或者更多人的生日相同的概率是多少? 使用自然 (但仅是近似的) 模型, 假设每个人的生日是独立的, 且是集合 $\{1, 2, \ldots, 365\}$ 上的均匀分布, 证明: 如果 $n \geqslant 23$, 则上述概率至少是 $1/2$. 更有意思的是, 如果去掉出生日是均匀分布这个假设, 可以证明这个概率不会变小.

习题 13.8 (SDR 和婚姻问题)　设 $S_1, S_2, \ldots, S_n$ 是集合 S 的子集. 如果 $R = \{x_1, x_2, \ldots, x_n\} \subset S$ 的每一个元素都不相同, 且对每一个 $1 \leqslant k \leqslant n, x_k \in S_k$, 则称集合 R 是一个相异代表系 (简记为 SDR[①]). 证明 SDR 存在的充要条件为

$$|A| \leqslant \left| \bigcup_{j \in A} S_j \right|, \qquad A \subset \{1, 2, \ldots, n\}, \tag{13.26}$$

其中 $|C|$ 表示集合 C 的基数.

有趣的术语 "婚姻问题" 源自赫尔曼·外尔 (Hermann Weyl)写于 1949 年的一篇文章, 原来的问题是: 有一群男孩和女孩, 每个女孩都有可能嫁给她认识的男孩当且仅当任意 k 个女孩至少认识 k 个男孩.

婚姻引理是在组合数学中应用最广的结论之一, 在不等式中也有广泛应用. 在最后一个习题, 即伯克霍夫定理的证明中, 它起了关键作用.

习题 13.9 (伯克霍夫定理)　给定置换 $\sigma \in \mathcal{S}_n$, 关于 σ 的置换矩阵 $P_\sigma = (P_\sigma(j, k) : 1 \leqslant j, k \leqslant n)$ 是一个 $n \times n$ 矩阵, 其元素为

$$P_\sigma(j, k) = \begin{cases} 1, & \text{如果 } \sigma(j) = k, \\ 0, & \text{否则.} \end{cases}$$

[①]System of an Distinct Representation.

设 D 为 $n \times n$ 双随机矩阵, 证明存在非负权重 $\{w_\sigma : \sigma \in \mathcal{S}_n\}$ 使得

$$\sum_{\sigma \in \mathcal{S}_n} w_\sigma = 1 \quad \text{且} \quad \sum_{\sigma \in \mathcal{S}_n} w_\sigma P_\sigma = D. \tag{13.27}$$

换言之, 每个双随机矩阵都是置换矩阵的平均.

第十四章 消去和聚合

通常不以"消去"作为独立主题来讨论, 但它是数学中一些最重要的现象的根源. 给定一实或复数列之和, 总可通过取绝对值来得到其上界. 但这样的做法常会毁掉问题的细微之处. 若想利用消去的优点, 必须考虑群组求和.

我们先从阿贝尔 (Niels Henrik Abel, 1802 − 1829) 的一个经典的结论谈起. 阿贝尔以证明了一般的五次方程没有求根公式及其简短的悲情人生而闻名. 阿贝尔不等式十分简单, 但也极具启发意义. 许多关于消去的应用直接或间接需要它的引导.

问题 14.1 (阿贝尔不等式) 设 $z_1, z_2, \ldots, z_n$ 为一列复数, 部分和为 $S_k = z_1 + z_2 + \cdots + z_k, 1 \leqslant k \leqslant n$. 对每一个实数列 $a_1 \geqslant a_2 \geqslant \cdots \geqslant a_n \geqslant 0$, 有

$$|a_1 z_1 + a_2 z_2 + \cdots + a_n z_n| \leqslant a_1 \max_{1 \leqslant k \leqslant n} |S_k|. \tag{14.1}$$

使部分和更加清晰

阿贝尔不等式的部分智慧在于它将我们的注意力从一开始的 $a_1 z_1 + a_2 z_2 + \cdots + a_n z_n$ 聚焦到极大序列 $M_n = \max_{1 \leqslant k \leqslant n} |S_k|, n = 1, 2, \cdots$. 不久我们将发现有精妙的方法处理极大序列. 但首先让我们考虑阿贝尔不等式及其部分推论.

我们的挑战是利用 $\max_{1 \leqslant k \leqslant n} |S_k|$ 求 $a_1 z_1 + a_2 z_2 + \cdots + a_n z_n$ 的模的上界. 所以, 很自然的一步是用分部求和引入 $S_k = z_1 + z_2 + \cdots + z_k$. 首先注意到

$$a_1 z_1 + a_2 z_2 + \cdots + a_n z_n = a_1 S_1 + a_2 (S_2 - S_1) + \cdots + a_n (S_n - S_{n-1})$$
$$= S_1 (a_1 - a_2) + S_2 (a_2 - a_3) + \cdots + S_{n-1}(a_{n-1} - a_n) + S_n a_n.$$

这个等式 (通常称作阿贝尔公式) 不需要多做处理. 它表明 $|a_1 z_1 + a_2 z_2 + \cdots + a_n z_n|$ 的上界为

$$|S_1|(a_1 - a_2) + |S_2|(a_2 - a_3) + \cdots + |S_{n-1}|(a_{n-1} - a_n) + |S_n|a_n$$
$$\leqslant \max_{1 \leqslant k \leqslant n} |S_k| \{(a_1 - a_2) + (a_2 - a_3) + \cdots + (a_{n-1} - a_n) + a_n\}$$
$$= a_1 \max_{1 \leqslant k \leqslant n} |S_k|,$$

至此阿贝尔不等式的证明 (相当容易!) verb" 就完成了.

阿贝尔不等式的应用

阿贝尔不等式看起来近乎平凡, 但它的推论却出人意料地漂亮. 当有人问你下列级数

$$Q = \sum_{k=1}^{\infty} \frac{(-1)^k}{\sqrt{k}} \quad \text{或} \quad R = \sum_{k=1}^{\infty} \frac{\cos(k\pi/6)}{\log(k+1)}.$$

的收敛性, 阿贝尔不等式是可选的工具. 例如, 对第一种情形, 阿贝尔不等式给出了简单的上界

$$\left| \sum_{k=M}^{N} \frac{(-1)^k}{\sqrt{k}} \right| \leqslant \frac{1}{\sqrt{M}}, \qquad 1 \leqslant M \leqslant N < \infty. \tag{14.2}$$

这足以证明 Q 是柯西列, 所以 Q 的确是收敛的.

第二个级数 R 看起来似乎难了不少, 但它几乎同样容易. 因为 $\{\cos(k\pi/6) : k = 1, 2, \ldots\}$ 是以 12 为周期的数列, 通过暴力计算可得

$$\max_{M,N} \left| \sum_{k=M}^{N} \cos(k\pi/6) \right| = 2 + \sqrt{3} = 3.732\ldots, \tag{14.3}$$

所以阿贝尔不等式再次给出简单上界

$$\left| \sum_{k=M}^{N} \frac{\cos(k\pi/6)}{\log(k+1)} \right| \leqslant \frac{2+\sqrt{3}}{\log(M+1)}, \qquad 1 \leqslant M \leqslant N < \infty. \tag{14.4}$$

这个上界足以得出 R 的收敛性. 通过数值计算甚至可知不等式没做多少松弛. 例如, 常数 $2 + \sqrt{3}$ 不能被更小的常数所代替. 如果预先不知道阿贝尔不等式, 肯定想不到 R 的部分和会有如此简单明确的上界.

消去的起源

消去有许多不同的起源, 但关于复指数部分和的不等式可能是唯一最常见的起源. 这样的不等式隐含在引例 (14.2) 和 (14.3) 之后. 虽然它们十分简单, 但仍指向重要的主题.

线性和是最简单的指数和. 然而, 它们可以导出最精妙的推论, 例如, 构成第二个挑战问题之核心的二次指数和的不等式 (14.7). 为用最简单的方式表达线性界, 我们采用常用记号

$$\mathbf{e}(t) \overset{\text{def}}{=} \exp(2\pi i t) \quad \text{与} \quad ||t|| = \min\{|t - k| : k \in \mathbb{Z}\}, \tag{14.5}$$

其中 $||t||$ 表示 $t \in \mathbb{R}$ 到它最近整数的距离. 在本问题中, "双竖"记号的使用是十分传统的, 不会与向量范数记号混淆.

问题 14.2 (线性与二次指数和)　首先, 作为十分有益的准备, 证明对任何 $t \in \mathbb{R}$ 以及所有整数 M 和 N, 有不等式

$$\left| \sum_{k=M+1}^{M+N} \mathbf{e}(kt) \right| \leqslant \min\left\{ N, \frac{1}{|\sin \pi t|} \right\} \leqslant \min\left\{ N, \frac{1}{2\|t\|} \right\}. \tag{14.6}$$

其次, 考虑更有挑战的问题, 设 $b, c \in \mathbb{R}$, 证明对任何整数 $0 \leqslant M < N$, 二次指数和有一致上界

$$\left| \sum_{k=1}^{M} \mathbf{e}\left((k^2 + bk + c)/N \right) \right| \leqslant \sqrt{2N(1 + \log N)}. \tag{14.7}$$

线性指数和及其估计

为快速找到方向, 应注意到不等式 (14.6) 推广了讨论阿贝尔不等式时所用到的不等式. 例如, 因 $|\operatorname{Re} w| \leqslant |w|$, 在不等式 (14.6) 中令 $t = 1/12$, 就可得到余弦和的一个估计

$$\left| \sum_{k=M+1}^{M+N} \cos(k\pi/6) \right| \leqslant \frac{1}{\sin(\pi/12)} = \frac{2\sqrt{2}}{\sqrt{3} - 1} = 3.8637 \cdots.$$

它已经相当接近最优结果 (14.3). 这个例子告诉我们, 这种现象是十分典型的. 若定要对全部线性指数和给出一致估计, 估计 (14.6) 难以打破, 虽然它对很多个别求和可能不是特别有效.

为证明 (14.6), 很自然地从几何求和开始计算

$$\sum_{k=M+1}^{M+N} \mathbf{e}(kt) = \mathbf{e}((M+1)t)\left\{ \frac{\mathbf{e}(Nt) - 1}{\mathbf{e}(t) - 1} \right\}.$$

为引入正弦函数, 进行因子分解

$$\mathbf{e}((M+1)t)\frac{\mathbf{e}(Nt/2)}{\mathbf{e}(t/2)}\left\{ \frac{\left(\mathbf{e}(Nt/2) - \mathbf{e}(-Nt/2) \right)/2i}{\left(\mathbf{e}(t/2) - \mathbf{e}(-t/2) \right)/2i} \right\}.$$

计算花括号中的分式, 并取模, 可得

$$\left| \sum_{k=M+1}^{M+N} \mathbf{e}(kt) \right| = \left| \frac{\sin(\pi Nt)}{\sin(\pi t)} \right| \leqslant \frac{1}{|\sin \pi t|}.$$

最后, 为得到不等式 (14.6) 的第二部分, 只需要注意到由 $t \mapsto \sin \pi t$ 的图形很容易知道 $2\|t\| \leqslant |\sin \pi t|$.

探索二次指数和

几何和公式为我们估计线性和提供了现成的计划, 但二次指数和 (14.7) 则远超出我们的经验. 在制定计划之前做一些尝试是十分恰当的.

考虑一般的二次多项式 $P(k) = \alpha k^2 + \beta k + \gamma$, 其中 $\alpha, \beta, \gamma \in \mathbb{R}$ 且 $k \in \mathbb{Z}$, 我们需要估计如下和

$$S_M(P) \stackrel{\text{def}}{=} \sum_{k=1}^{M} \mathbf{e}(P(k)). \tag{14.8}$$

更准确地说, 需要估计模 $|S_M(P)|$ 或模方 $|S_M(P)|^2$. 若硬算, 需要类似于熟悉的公式 $|c_1 + c_2|^2 = |c_1|^2 + |c_2|^2 + 2\mathrm{Re}\{c_1\bar{c}_2\}$ 的 n 元公式. 这就需要计算

$$\begin{aligned}
\left|\sum_{n=1}^{M} c_n\right|^2 &= \sum_{n=1}^{M} |c_n|^2 + \sum_{1 \leqslant m < n \leqslant M} \{c_m\bar{c}_n + \bar{c}_m c_n\} \\
&= \sum_{n=1}^{M} |c_n|^2 + \sum_{1 \leqslant m < n \leqslant M} 2\mathrm{Re}\{c_n\bar{c}_m\} \\
&= \sum_{n=1}^{M} |c_n|^2 + 2\mathrm{Re} \sum_{h=1}^{M-1} \sum_{m=1}^{M-h} c_{m+h}\bar{c}_m.
\end{aligned} \tag{14.9}$$

在 (14.9) 中特别取 $c_n = \mathbf{e}(P(n))$, 可得等式

$$|S_M(P)|^2 = M + 2\mathrm{Re} \sum_{h=1}^{M-1} \sum_{m=1}^{M-h} \mathbf{e}\left(P(m+h) - P(m)\right). \tag{14.10}$$

上面的公式看起来有点复杂, 但若能看到它的本质, 它实际提供了有趣的机会. 内部的求和包含了二项多项式差的指数. 这样的差仅为简单的线性多项式, 可利用基本不等式 (14.6) 估计内部求和.

从差 $P(m+h) - P(m) = 2\alpha mh + \alpha h^2 + \beta h$ 可得分解 $\mathbf{e}(P(m+h) - P(m)) = \mathbf{e}(\alpha h^2 + \beta h)\mathbf{e}(2\alpha mh)$, 所以对等式 (14.10) 的内部求和, 有不等式

$$\left|\sum_{m=1}^{M-h} \mathbf{e}\left(P(m+h) - P(m)\right)\right| \leqslant \frac{1}{|\sin(\pi h\alpha)|}. \tag{14.11}$$

因此, 对任何实二次多项式 $P(k) = \alpha k^2 + \beta k + \gamma$ 有估计

$$|S_M(P)|^2 \leqslant M + 2\sum_{h=1}^{M-1} \frac{1}{|\sin(\pi h\alpha)|} \leqslant N + \sum_{h=1}^{N-1} \frac{1}{||h\alpha||}, \tag{14.12}$$

其中 $||\alpha h||$ 是从 $\alpha h \in \mathbb{R}$ 到与它最近的整数的距离.

在估计 (14.12) 中取 $\alpha = 1/N$, $\beta = b/N$ 和 $\gamma = c/N$, 可得不等式

$$\left|\sum_{k=1}^{M} \mathbf{e}\left((k^2 + bk + c)/N\right)\right|^2 \leqslant N + \sum_{h=1}^{N-1} \frac{1}{||h/N||}$$

$$\leqslant N + 2N \sum_{1 \leqslant h \leqslant N/2} \frac{1}{h}, \tag{14.13}$$

在第二步中我们利用了如下事实: 对 $1 \leqslant h \leqslant N/2$, 分数 h/N 更接近 0, 但当 $N/2 < h < N$ 时, 它更接近 1.

(14.7) 中的对数因子不再神秘; 它只不过是对数不等式在调和级数上的一个应用. 因为 $1 + 1/2 + \cdots + 1/m \leqslant 1 + \log m$, 可知估计 (14.13) 不比 $N + 2N(1 + \log(N/2))$ 大. 因为 $(3 - 2\log 2) \leqslant 2$, 可知 $N + 2N(1 + \log(N/2))$ 被 $2N(1 + \log N)$ 控制. 最后取平方根, 第二个挑战也就被解决了.

自相关的作用

二次不等式 (14.7) 的证明依赖于从等式 (14.9) 得到的如下一般关系

$$\left| \sum_{n=1}^{N} c_n \right|^2 \leqslant \sum_{n=1}^{N} |c_n|^2 + 2 \sum_{h=1}^{N-1} \left| \sum_{m=1}^{N-h} c_{m+h} \bar{c}_m \right|. \tag{14.14}$$

这个不等式提醒我们关注如下定义的自相关和

$$\rho_N(h) = \sum_{m=1}^{N-h} c_{m+h} \bar{c}_m, \qquad 1 \leqslant h < N. \tag{14.15}$$

若平均而言, 这个量比较小, 则 $|c_1 + c_2 + \cdots + c_N|$ 也同样相对比较小.

利用 $|\rho_N(h)|$ 的最优估计 (14.11), 我们对二次不等式 (14.7) 的证明很好地应用了上述原理. 但一般而言, 这样的定量不等式常常不存在. 更常见的情形是利用仅有的定性关系回答定性问题. 例如, 假设对所有的 $k = 1, 2, \ldots$, 有 $|c_k| \leqslant 1$ 且

$$\lim_{N \to \infty} \frac{\rho_N(h)}{N} = 0, \qquad h = 1, 2, \ldots, \tag{14.16}$$

当 $N \to \infty$ 时, 是否可以得到 $|c_1 + c_2 + \cdots + c_N|/N \to 0$? 这个问题的回答是肯定的, 但此时不等式 (14.14) 不能帮到我们.

局限与挑战

虽然不等式 (14.14) 十分自然且一般, 但它也有严重的局限性. 它要求 $|\rho_N(h)|$ 对所有 $1 \leqslant h < N$ 求和. 因此, 如果 $|\rho_N(h)|$ 的估计随着 h 的增加而增长很快, 则其效率会大打折扣. 例如, 假设 $hN^{1/2} \leqslant |\rho_N(h)| \leqslant 2hN^{1/2}$, 且 (14.16) 中的极限条件都满足, 但从 (14.14) 得到的不等式是没用的, 因为它比 N^2 还大.

这样的局限表明, 若有只用到自相关 $\rho_N(h)$ 的类似于 (14.14) 的不等式将更好, 其中 $1 \leqslant h \leqslant H$, H 是给定的整数. 1931 年, 范德科皮特 (J.G. van der Corput, $1890 - 1975$) 给出了一个这样的类比, 它形成了接下来的挑战的基础. 我们实际考虑的是范德科皮特的现代版本, 它着重于由 (14.15) 定义的自相关和 $\rho_N(h)$ 的作用.

问题 14.3 (范德科皮特定性不等式)　　证明对任何复数列 $c_1, c_2, \ldots, c_N$ 和任何整数 $1 \leqslant H < N$, 有不等式

$$\left| \sum_{n=1}^{N} c_n \right|^2 \leqslant \frac{4N}{H+1} \left\{ \sum_{n=1}^{N} |c_n|^2 + \sum_{h=1}^{H} |\rho_N(h)| \right\}. \tag{14.17}$$

问题答案

在证明不等式 (14.17) 之前, 应该验证它的确回答了第 177 页提出的问题. 假设对任何 $h = 1, 2, \ldots$, 当 $N \to \infty$ 时 $\rho_N(h)/N \to 0$, 若假设对任何 k, $|c_k| \leqslant 1$, 则从不等式 (14.17) 可得

$$\limsup_{N \to \infty} \frac{1}{N^2} \left| \sum_{n=1}^{N} c_n \right|^2 \leqslant \frac{4}{H+1}. \tag{14.18}$$

因 H 是任意的, 当 $N \to \infty$ 时 $|c_1 + c_2 + \cdots + c_N|/N \to 0$, 这正是所需要的.

范德科皮特不等式的代价与好处跟参数 H 紧密相关. 它使 (14.17) 比先前的版本 (14.14) 更加复杂, 这正是我们想要它更加灵活、精确所需要付出的代价.

探索与证明

不等式 (14.17) 没有伴随而来的明显证明提示, 直到出现具体的想法之前, 几乎每个人所能做的就是探索类似表达式的代数. 特别地, 可以尝试更深入地理解数列及其推移之间的关系.

为避免推移受边界影响, 通常取有限序列 $c_1, c_2, \ldots, c_N$, 并将它扩展为双边无穷序列: 对所有 $k \leqslant 0$ 和所有 $k > N$, 令 $c_k = 0$. 考虑这样的序列及其推移, 自然的关系就变得十分明显. 例如, 考虑一个序列及其前两步推移, 可得下图.

沿着"左下"对角线求和可得扩充的序列满足等式

$$3 \sum_{n=1}^{N} c_n = \sum_{n=1}^{N+2} \sum_{h=0}^{2} c_{n-h}.$$

用完全相同的方式, 可对有 $H+1$ 行的数阵沿对角线求和, 可得

$$(H+1) \sum_{n=1}^{N} c_n = \sum_{n=1}^{N+H} \sum_{h=0}^{H} c_{n-h}. \tag{14.19}$$

这个等式并不深刻, 但它达到了两个目的: 用推移表示一般的和, 且引入了新的参数 H.

柯西不等式的应用

对 (14.19) 取绝对值并平方, 可得

$$(H+1)^2\left|\sum_{n=1}^{N}c_n\right|^2 = \left|\sum_{n=1}^{N+H}\sum_{h=0}^{H}c_{n-h}\right|^2 \leqslant \left\{\sum_{n=1}^{N+H}\left|\sum_{h=0}^{H}c_{n-h}\right|\right\}^2,$$

这提醒我们使用柯西不等式 (以及 1 技巧) , 可得

$$(H+1)^2\left|\sum_{n=1}^{N}c_n\right|^2 \leqslant (N+H)\sum_{n=1}^{N+H}\left|\sum_{h=0}^{H}c_{n-h}\right|^2. \tag{14.20}$$

这个估计使我们离不等式 (14.17) 更近一步; 仅需引出自相关和. 展开绝对值并做一些代数计算, 可得

$$\sum_{n=1}^{N+H}\left|\sum_{h=0}^{H}c_{n-h}\right|^2$$

$$= \sum_{n=1}^{N+H}\left\{\sum_{j=0}^{H}c_{n-j}\sum_{k=0}^{H}\bar{c}_{n-k}\right\}$$

$$= \sum_{n=1}^{N+H}\left\{\sum_{s=0}^{H}|c_{n-s}|^2 + 2\,\mathrm{Re}\sum_{s=0}^{H-1}\sum_{t=s+1}^{H}c_{n-s}\bar{c}_{n-t}\right\}$$

$$= (H+1)\sum_{n=1}^{N}|c_n|^2 + 2\,\mathrm{Re}\left\{\sum_{s=0}^{H-1}\sum_{t=s+1}^{H}\sum_{n=1}^{N+H}c_{n-s}\bar{c}_{n-t}\right\}$$

$$\leqslant (H+1)\sum_{n=1}^{N}|c_n|^2 + 2\sum_{s=0}^{H-1}\sum_{t=s+1}^{H}\left|\sum_{n=1}^{N+H}c_{n-s}\bar{c}_{n-t}\right|$$

$$= (H+1)\sum_{n=1}^{N}|c_n|^2 + 2\sum_{h=1}^{H}(H+1-h)\left|\sum_{n=1}^{N}c_n\bar{c}_{n+h}\right|.$$

综合上述估计、柯西不等式 (14.20) 以及显然结论 $|z| = |\bar{z}|$ 可得

$$\left|\sum_{n=1}^{N}c_n\right|^2 \leqslant \frac{N+H}{H+1}\sum_{n=1}^{N}|c_n|^2 + \frac{2(N+H)}{H+1}\sum_{h=1}^{H}\left(1-\frac{h}{H+1}\right)\left|\sum_{n=1}^{N-h}c_{n+h}\bar{c}_n\right|.$$

这正是 1931 年范德科皮特给出的不等式. 引入自相关系数并对系数使用最简单的上界, 就可直接得到挑战问题中的不等式 (14.17).

平均消去

许多问题以一致地发生的现象与平均意义上发生的现象之间的差别为中心. 例如, 为更好地应用阿贝尔不等式, 我们需要部分和 $|S_k|(1 \leqslant k \leqslant n)$ 的一致上界, 但对范德科皮特不等式, 即使只有 $|\rho_N(h)|$ 在给定范围 $1 \leqslant h \leqslant H$ 上的平均值, 也是很有效的.

"平均消去" 发挥作用的问题或许更常见于积分而非求和. 为说明此现象, 设 $\{\varphi_k : k \in S\}$ 为 $[0,1]$ 上一列平方可积的复值函数, 如果对任何 $j, k \in S$, 有

$$\int_0^1 \varphi_j(x)\overline{\varphi_k(x)}\, dx = \begin{cases} 0, & j \neq k, \\ 1, & j = k, \end{cases} \tag{14.21}$$

则称之为 标准正交列. 最主要的例子是复指数序列 $\varphi_k(x) = \mathbf{e}(kx) = \exp(2\pi i k x)$, 它在许多消去现象中位于核心位置.

对任何有限集合 $A \subset S$, 由正交条件 (14.21) 和直接展开可得等式

$$\int_0^1 \left| \sum_{k \in A} c_k \varphi_k(x) \right|^2 dx = \sum_{k \in A} |c_k|^2. \tag{14.22}$$

设 $S_k(x) = c_1 \varphi_1(x) + c_2 \varphi_2(x) + \cdots + c_k \varphi_k(x)$, 应用施瓦茨不等式可得

$$\int_0^1 |S_n(x)|\, dx \leqslant \left\{ \int_0^1 |S_n(x)|^2\, dx \right\}^{\frac{1}{2}} = (|c_1|^2 + |c_2|^2 + \cdots + |c_n|^2)^{\frac{1}{2}}.$$

假设对任何 $1 \leqslant k \leqslant n$, $|c_k| \leqslant 1$, 则平均而言, $|S_n(x)|$ 不超过 $\sqrt{n}$. 下面的挑战问题对极大序列 $M_n(x) = \max_{1 \leqslant k \leqslant n} |S_k(x)|$ 给出了同样好的上界.

问题 14.4 (拉德马赫－梅尼绍夫不等式)   设 $\varphi_k : [0,1] \to \mathbb{C}(1 \leqslant k \leqslant n)$ 为正交函数列, 证明部分和

$$S_k(x) = c_1 \varphi_1(x) + c_2 \varphi_2(x) + \cdots + c_k \varphi_k(x), \qquad 1 \leqslant k \leqslant n$$

满足极大不等式

$$\int_0^1 \max_{1 \leqslant k \leqslant n} |S_k^2(x)|\, dx \leqslant \log_2^2(4n) \sum_{k=1}^n |c_k|^2. \tag{14.23}$$

它被称为拉德马赫－梅尼绍夫 (Rademacher-Menchoff) 不等式, 无疑是正交级数理论中最重要的结论之一. 对我们来说, 拉德马赫－梅尼绍夫不等式的魅力体现于其证明中. 不剧透这个不等式的过多故事, 仅提前说下它的证明依赖于柯西不等式的漂亮应用. 此外, 这个证明启发人们去探索可以应用于组合数学、算法理论和许多其他理论中基本的分组思想.

组合问题

我们的目标是求 $\max_{1 \leqslant k \leqslant n} |S_k(x)|^2$ 的积分的上界, 唯一的工具是正交恒等式 (14.22), 要设法使这个等式的全部力量得到发挥. 特别, 要利用这个等式对所有的可能选择 $A \subset \{1, 2, \ldots, n\}$ 都成立这一事实. 这个建议有点模糊, 但是它依然提醒我们应考虑相关的组合问题.

例如, 是否存在 $\{1, 2, \ldots, n\}$ 的子集组成的 "恰当小" 的集类 $\mathcal{B}$ 使得任何

$$I_k = \{1, 2, \ldots, k\}, \qquad 1 \leqslant k \leqslant n$$

都可表示为 $\mathcal{B}$ 中 "恰当少" 个元素的不交并? 如果有肯定的回答, 则只要对每一个集合 $\mathcal{B}$ 的元素应用不等式 (14.22), 就可得到 $\max_{1 \leqslant k \leqslant n} |S_k(x)|^2$ 的积分的有用上界.

二进制表示告诉我们整数可以简洁地表示为 2 的各次幂之和. 所以我们应该寻求集合 $\{I_k : 1 \leqslant k \leqslant n\}$ 的类似表示. 例如, 我们可尝试证明任何 I_k 可以表示为长度为 2^s 的少量集合的不交并, 其中 s 位于 0 和 $\lfloor \log_2 n \rfloor$ 之间.

为将上述想法正式实现, 用 $[a, b]$ 表示整数集 $\{a, a+1, \ldots, b\}$. 设 $\mathcal{B}$ 为所有如下形式的整数区间的集合

$$[r2^s + 1, (r+1)2^s], \qquad 0 \leqslant r < \infty, \ 0 \leqslant s < \infty,$$

其中 $[r2^s + 1, (r+1)2^s] \subset [1, n]$. 对任意整数 $k \in [1, n]$, 很容易找到集类 $C(k) \subset \mathcal{B}$ 使得

$$[1, k] = \bigcup_{B \in C(k)} B. \tag{14.24}$$

如果多加考虑, 可以对 $C(k)$ 的基数 $|C(k)|$ 进行控制.

贪心算法

构造想要的二进制区间集类 $C(k)$ 的一个想法是利用贪心算法. 例如, 为表示 $[1, k]$, 先在 $\mathcal{B}$ 中取以 1 开始的最大元素 B, 再从 $[1, k]$ 中去掉 B 中的元素. 除非 k 为 2 的幂, 否则第一步之后我们将得到形如 $[x, k]$ 的非空区间, 其中 x 等于 $2^s + 1$, s 为某个整数. 对区间 $[x, k]$ 使用同样的贪心算法.

第二步, 在 $\mathcal{B}$ 中找到以 x 开始的最大元素 B, 再从 $[x, k]$ 移去 B 中的元素. 这时, 如果剩下的集合为非空集, 则它的第一个元素一定形如 $r2^s + 1$, 其中 r 和 s 是整数. 可将此贪心移除过程一直进行下去直到得到空集.

贪心算法进行的步数就是 k 的二进制展开中 1 的个数. 因为 1 的个数最多为 $\lceil \log_2(k) \rceil$, 可得 $C(k)$ 的元素个数的上界: $|C(k)| \leqslant \lceil \log_2(k) \rceil \leqslant \lceil \log_2(n) \rceil$.

为检验我们的构造, 考虑区间 $I_{27} = [1, 27]$. 在二进制下, 27 可以表示为 11011, 贪心算法可将 I_{27} 表示为 4 个集合的并

$$[1, 27] = \{1, 2, \ldots, 16\} \cup \{17, 18, \ldots, 24\} \cup \{25, 26\} \cup \{27\}.$$

和与柯西不等式的机会

现在要看看集合表示是如何与我们的挑战问题中那样的部分和关联起来的. 为使问题的组合本质被清楚地看到, 暂不考虑 $\varphi_j(x)$, 仅将注意力放在复数 $a_j(1 \leqslant j \leqslant n)$ 的部分和上.

因为 $[1,k]$ 可表示为 $C(k)$ 中元素的不交并, 对部分和我们有如下一般表示

$$a_1 + a_2 + \cdots + a_k = \sum_{B \in C(k)} \sum_{j \in B} a_j.$$

如此表示的好处是双重求和中的每一个指标集都比较小, 因此可以将柯西不等式 (和 1 技巧) 应用到外部和, 可得

$$|a_1 + a_2 + \cdots + a_k|^2 \leqslant |C(k)| \sum_{B \in C(k)} \left| \sum_{j \in B} a_j \right|^2. \tag{14.25}$$

我们高度期望可对上式中最后的和得到有用的估计; 因为这是我们已经研究过相当长时间的平方和. 最坏的情形下我们也有

$$|C(k)| \leqslant \lceil \log_2(k) \rceil \leqslant \lceil \log_2(n) \rceil, \qquad C(k) \subset \mathcal{B},$$

所以由双重求和不等式 (14.25) 可得

$$\max_{1 \leqslant k \leqslant n} |a_1 + a_2 + \cdots + a_k|^2 \leqslant \lceil \log_2(n) \rceil \sum_{B \in \mathcal{B}} \left| \sum_{j \in B} a_j \right|^2, \tag{14.26}$$

它给出了多个取得进步的信号. 不等式左边 $\max_{1 \leqslant k \leqslant n} |a_1 + a_2 + \cdots + a_k|^2$ 是需要估计的极大序列, 不等式右边有不依赖于指标值 $1 \leqslant k \leqslant n$ 的平方求和. 诚实的记录可以带领我们走完余下的路.

最后的核算

用 $c_j\varphi_j(x)$ 代替 (14.26) 中的 a_j, 回忆关于 $\varphi_j(x)(1 \leqslant j \leqslant n)$ 的部分和记号, 可得

$$\max_{1 \leqslant k \leqslant n} |S_k(x)|^2 \leqslant \lceil \log_2(n) \rceil \sum_{B \in \mathcal{B}} \left| \sum_{j \in B} c_j \varphi_j(x) \right|^2.$$

对不等式两边同时积分, 利用基本的标准正交条件 (14.22), 可得

$$\int_0^1 \max_{1 \leqslant k \leqslant n} |S_k(x)|^2 \, dx \leqslant \lceil \log_2(n) \rceil \sum_{B \in \mathcal{B}} \sum_{j \in B} |c_j|^2. \tag{14.27}$$

这几乎就是想要的目标不等式. 对每一个 $j \in [1,n]$, 最多有 $1 + \lceil \log_2(n) \rceil$ 个集合 $B \in \mathcal{B}$ 使得 $j \in B$, 因此从不等式 (14.27) 可得如下不等式

$$\int_0^1 \max_{1 \leqslant k \leqslant n} |S_k(x)|^2 \, dx \leqslant \lceil \log_2(n) \rceil (1 + \lceil \log_2(n) \rceil) \sum_{j=1}^n |c_j|^2. \tag{14.28}$$

事实上这个不等式比拉德马赫–梅尼绍夫不等式 (14.23) 更强, 因为对任何 $n \geqslant 1$, 有

$$\lceil \log_2(n) \rceil (1 + \lceil \log_2(n) \rceil) \leqslant (2 + \log_2 n)^2 = \log_2^2(4n).$$

消去与聚合

拉德马赫–梅尼绍夫不等式与范德科皮特不等式很自然地说明了消去与聚合这一孪生主题. 它们也是史上最好的两个 "柯西–施瓦茨不等式技术" 的例子. 它们提高了我们解决问题的效率, 同时为我们的还没完全结束的大师课提供了合适的结尾. 与以前的各章一样, 下面的练习是重中之重.

练习

前面几个习题依赖于阿贝尔不等式. 它们还给出了递增乘数的类比以及积分类比. 为帮助后者, 习题 14.2 推导了很有用的积分 "第二中值公式". 这个有用的工具也为推导所谓的范德科皮特引理提供了帮助——在遇到积分中的消去问题时, 这两个基本不等式将带来有益的帮助.

之后的几个习题强调消去的不同方面, 包括对完全指数和的利用, 二进制技巧以及拉德马赫–梅尼绍夫不等式的变体. 关于复数求和的下界问题最早出现在习题 14.9 中, 习题 14.10 首次提供了控制不等式的例子.

最后一道习题是关于塞尔伯格不等式的. 这个不等式看起来似乎是贝塞尔不等式的一个胡乱变形, 但是复杂性和一般性的增加使这个不等式可以真正解决很多问题. 塞尔伯格不等式在组合数学、数论和数值分析上的应用可以写一本书, 或许可以作为《柯西–施瓦茨大师课》之续.

习题 14.1 (阿贝尔第二不等式) 证明对任何非减非负实数列 $0 \leqslant b_1 \leqslant b_2 \leqslant \cdots \leqslant b_n$ 有一与阿贝尔不等式略微不同的不等式

$$|b_1 z_1 + b_2 z_2 + \cdots + b_n z_n| \leqslant 2 b_n \max_{1 \leqslant k \leqslant n} |S_k|. \tag{14.29}$$

习题 14.2 (积分中值公式) 第一积分中值公式指的是对任何连续函数 $f : [a, b] \to \mathbb{R}$ 和任何可积函数 $g : [a, b] \to [0, \infty)$, 存在 $\xi \in [a, b]$ 使得

$$\int_a^b f(x) g(x)\, dx = f(\xi) \int_a^b g(x)\, dx. \tag{14.30}$$

第二积分中值公式略微复杂. 它指的是对任何非增可导函数 $\psi : [a, b] \to (0, \infty)$ 和任何可积函数 $\phi : [a, b] \to \mathbb{R}$, 存在 $\xi_0 \in [a, b]$ 使得

$$\int_a^b \psi(x) \phi(x)\, dx = \psi(a) \int_a^{\xi_0} \phi(x)\, dx. \tag{14.31}$$

证明这两个公式. 它们都十分灵巧, 第二个公式可能比你猜测的更有技巧.

习题 14.3 (阿贝尔不等式的积分类比) 设 $f : [a,b] \to (0,\infty)$ 为非增函数, 对任何可积函数 $g : [a,b] \to \mathbb{R}$, 有不等式

$$\left| \int_a^b f(x)g(x)\, dx \right| \leqslant f(a) \sup_{a \leqslant y \leqslant b} \left| \int_a^y g(x)\, dx \right|. \tag{14.32}$$

它是阿贝尔不等式的自然的积分类比. 证明不等式 (14.32) 并证明它可以导出

$$\text{对任何 } 0 < a < b < \infty, \quad \left| \int_a^b \frac{\sin x}{x}\, dx \right| \leqslant \frac{2}{a}. \tag{14.33}$$

习题 14.4 (范德科皮特关于振荡积分的结果) (a) 设可微函数 $\theta : [a,b] \to \mathbb{R}$ 的导数 $\theta'(\cdot)$ 是单调的且对任何 $x \in [a,b]$, $\theta'(x) \geqslant \nu > 0$. 证明不等式

$$\left| \int_a^b e^{i\theta(x)}\, dx \right| \leqslant \frac{4}{\nu}. \tag{14.34}$$

(b) 设函数 $\theta : [a,b] \to \mathbb{R}$ 二次可导, 且对任何 $x \in [a,b]$, $\theta''(x) \geqslant \rho > 0$. 利用不等式 (14.34) 证明

$$\left| \int_a^b e^{i\theta(x)}\, dx \right| \leqslant \frac{8}{\sqrt{\rho}}. \tag{14.35}$$

这些工具出现在积分、求和计算时的许多基本的消去论证中. 它们都来自第三个挑战问题的提出者范德科皮特. 它们也可能是范德科皮特的诸多不等式中最出名的几个, 虽然它们可能不如不等式 (14.17) 那么精妙.

习题 14.5 ("扩充再攻克"的范例) 先证明对任何整数 m 和 j 有公式

$$\sum_{k=1}^{m-1} \mathbf{e}(jk/m) = \begin{cases} 0, & \text{如果 } m \text{ 和 } j \text{ 有最大公约数 } 1, \\ m, & \text{如果 } m \text{ 可以整除 } j. \end{cases} \tag{14.36}$$

由上述公式可知, 这样的完全和, 要么完全消去, 要么没有消去. 这个基本的观察有许多惊人的结论.

例如, 可以利用它证明对任何素数 $p \geqslant 3$, $\mathbb{F}_p = \{0, 1, 2, \ldots, p-1\}$ 的任何子集 A 和 B, 有

$$\left| \sum_{j \in A} \sum_{k \in B} \exp\left(\frac{2\pi i j k}{p} \right) \right| \leqslant p^{\frac{1}{2}} |A|^{\frac{1}{2}} |B|^{\frac{1}{2}}. \tag{14.37}$$

习题 14.6 (另一二进制通道) 假设对 $f(x)$ 有估计, 我们想估计 $g(x)$, 但不能证明 $g(x) \leqslant f(x)$. 如果仅知道 $f(x)$ 控制 g 的 "一半", 即

$$g(x) - g(x/2) \leqslant f(x), \qquad x \geqslant 0,$$

则我们仍可给出 $g(x)$ 的一个有用估计. 具体来说, 假设这样的函数是连续的, 如果对任何 $x \geqslant 0$, $f(x) \leqslant Ax + B$, 则存在常数 A', B', C', 使对任何 $x \geqslant 1$, g 满足 (只是稍微弱一点的) 不等式 $g(x) \leqslant A'x + B' \log_2(x) + C'$.

习题 14.7 (加权拉德马赫–梅尼绍夫不等式) 设 $\psi_1, \psi_2, \ldots, \psi_n$ 为实值函数且

$$\int_0^1 \psi_j^2(x)\,dx = 1 \quad \text{和} \quad \int_0^1 \psi_j(x)\psi_k(x)\,dx = a_{jk}. \tag{14.38}$$

设存在常数 C 使对任何 n 个实数 $y_1, y_2, \ldots, y_n$ 有

$$\left|\sum_{j=1}^n \sum_{k=1}^n a_{jk}y_jy_k\right| \leqslant C \sum_{j=1}^n y_j^2, \tag{14.39}$$

证明对任何实数 $c_1, c_2, \ldots, c_n$ 有

$$\int_0^1 \max_{1\leqslant k\leqslant n}\left(\sum_{j=1}^k c_j\psi_j(x)\right)^2 dx \leqslant C\log_2^2(4n)\sum_{k=1}^n c_k^2. \tag{14.40}$$

习题 14.8 (几何依赖函数) 设常数 ρ 满足 $0 < \rho < 1$, 且对任何 $1 \leqslant j, k \leqslant n$, 函数列 $\{\psi_j\}$ 满足

$$\int_0^1 \psi_j(x)\psi_k(x)\,dx \leqslant \rho^{|j-k|}\left(\int_0^1 \psi_j^2(x)\,dx\right)^{\frac{1}{2}}\left(\int_0^1 \psi_k^2(x)\,dx\right)^{\frac{1}{2}},$$

证明存在只依赖于 ρ 的常数 M, 使对任何 $1 \leqslant k \leqslant n$, 部分和 $S_k(x) = \psi_1(x) + \psi_2(x) + \cdots + \psi_k(x)$ 满足不等式

$$\int_0^1 \max_{1\leqslant k\leqslant n} S_k^2(x)\,dx \leqslant M\log_2^2(4n)\sum_{k=1}^n \int_0^1 \psi_k^2(x)\,dx.$$

习题 14.9 (子集的下界) 证明对任何复数 $z_1, z_2, \ldots, z_n$, 有

$$\frac{1}{\pi}\sum_{j=1}^n |z_j| \leqslant \max_{I\subset\{1,2,\ldots,n\}}\left|\sum_{j\in I} z_j\right|, \tag{14.41}$$

并证明常数因子 $1/\pi$ 不能用更大的值代替. 这个消去故事告诉我们的定性信息是: 存在这 n 个复数的某子集, 使它的和的模占全部 n 个复数的模的和的大部分. 作为提示, 读者可以考虑图 14.1 中定义的特殊子集 S_θ.

习题 14.10 (控制原理) 设对任何 $1 \leqslant n \leqslant N$, 复数 a_n 满足不等式 $|a_n| \leqslant A_n$, 则复数数阵 $\{y_{nr} : 1 \leqslant n \leqslant N, 1 \leqslant r \leqslant R\}$ 满足不等式

$$\sum_{r=1}^R \sum_{s=1}^R \left|\sum_{n=1}^N a_n y_{nr}\bar{y}_{ns}\right|^2 \leqslant \sum_{r=1}^R \sum_{s=1}^R \left|\sum_{n=1}^N A_n y_{nr}\bar{y}_{ns}\right|^2. \tag{14.42}$$

习题 14.11 (P. Enflo 的一个不等式) 设 $1 \leqslant n \leqslant N, 1 \leqslant m \leqslant M$, $\mathbf{v}_n$ 和 $\mathbf{u}_m$ 为向量, 证明在内积空间 $\mathbb{C}^d$ 中有不等式

$$\sum_{m=1}^M \sum_{n=1}^N |\langle \mathbf{u}_m, \mathbf{v}_n\rangle|^2$$

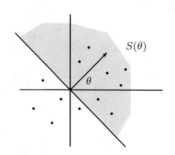

集合 $S(\theta)$ 由所有
被包含在半平面 $H(\theta)$ 中的 z_j 组成,
其中 $\{z : \mathrm{Re}\, ze^{-i\theta} \geqslant 0\}$.

图 14.1   为找到集合 $S = \{z_1, z_2, \ldots, z_n\}$ 的子集, 使它们的和有大的绝对值, 设 $\theta \in (0, 2\pi)$, 为什么不先考虑子集 $S(\theta)$?

$$\leqslant \left\{ \sum_{m=1}^{M} \sum_{\mu=1}^{M} |\langle \mathbf{u}_m, \mathbf{u}_\mu \rangle|^2 \right\}^{1/2} \left\{ \sum_{n=1}^{N} \sum_{\nu=1}^{N} |\langle \mathbf{v}_n, \mathbf{v}_\nu \rangle|^2 \right\}^{1/2}.$$

习题 14.12 (**塞尔伯格不等式**)   设 $\mathbf{x}$ 和 $\mathbf{y}_1, \mathbf{y}_2, \ldots, \mathbf{y}_n$ 为实或复内积空间中的元素, 证明有不等式

$$\sum_{j=1}^{n} \frac{|\langle \mathbf{x}, \mathbf{y}_j \rangle|^2}{\sum_{k=1}^{n} |\langle \mathbf{y}_j, \mathbf{y}_k \rangle|} \leqslant \langle \mathbf{x}, \mathbf{x} \rangle. \tag{14.43}$$

当元素 $\mathbf{y}_1, \mathbf{y}_2, \ldots, \mathbf{y}_n$ 仅为近似正交时, 塞尔伯格不等式有时候可以替代标准正交等式 (14.22) 或贝塞尔不等式 (4.29). 放宽标准正交条件的技术在概率论、数论和组合数学中都有很重要的推论.

习题解答

第一章 从柯西不等式讲起

1.1 对所有 k 取 $b_k = 1$, 再将柯西不等式应用到 $\{a_k\}$ 和 $\{b_k\}$ 即可得第一个不等式. 孤立地看, 这个"1 技巧"几乎是平凡的, 但它又是极其常用的: 每个和式都可以用这种方法进行估计. 当结果可能被证明有用时, 这种技术是可期待的.

对于第二个问题, 将柯西不等式应用到 $\{a_k^{1/3}\}$ 和 $\{a_k^{2/3}\}$ 的乘积上. 这是"分裂技巧"的一个简单例子, 这里我们将 a_k 写成乘积 $a_k = b_k c_k$ 之后再利用柯西不等式对其和进行估计. 几乎每一章都会用到分裂技巧, 但其中某些应用非常精巧.

1.2 这是分裂技巧的另一种情形; 只需对以下和式使用柯西不等式

$$ 1 \leqslant \sum_{j=1}^{n} \left\{ p_j^{\frac{1}{2}} a_j^{\frac{1}{2}} \right\} \left\{ p_j^{\frac{1}{2}} b_j^{\frac{1}{2}} \right\}. $$

1.3 第一个不等式只需按照 $a_k(b_k c_k)$ 分组, 应用柯西不等式两次即可, 但在证明第二个不等式之前要思索片刻.

第 2 个不等式的证明关键在于注意到如下事实: 在不等式中取 $a_k = b_k = c_k = 1$, 可得平凡不等式 $n^2 \leqslant n^3$. 这暗示第 2 个不等式并不特别强, 因而可寻求简单的方法. 通过引入

$$ \hat{c}_k^2 = |c_k| / (c_1^2 + c_2^2 + \cdots + c_n^2), $$

可以处理因子 c_k, 如果可以证明

$$ \sum_{k=1}^{n} |a_k b_k \hat{c}_k| \leqslant \left(\sum_{k=1}^{n} a_k^2 \right)^{\frac{1}{2}} \left(\sum_{k=1}^{n} b_k^2 \right)^{\frac{1}{2}}, $$

则目标不等式即可达成. 但上述不等式是基本柯西不等式以及平凡观察 $|\hat{c}_k| \leqslant 1$ 的直接推论.

1.4 对 (a), 注意到由柯西不等式和 1 技巧可得

$$ S^2 \leqslant (1^2 + 1^2 + 1^2) \left(\frac{x+y}{x+y+z} + \frac{x+z}{x+y+z} + \frac{y+z}{x+y+z} \right) = 6. $$

对 (b), 对以下分裂式运用柯西不等式

$$x + y + z = \frac{x}{\sqrt{y+z}}\sqrt{y+z} + \frac{y}{\sqrt{x+z}}\sqrt{x+z} + \frac{z}{\sqrt{x+y}}\sqrt{x+y}.$$

1.5 根据柯西不等式, 分裂 $p_k = p_k^{1/2} p_k^{1/2}$ 以及恒等式 $\cos^2(x) = \{1 + \cos(2x)\}/2$, 有

$$g^2(x) \leqslant \sum_{k=1}^{n} p_k \sum_{k=1}^{n} p_k \cos^2(\beta_k x)$$
$$= \sum_{k=1}^{n} p_k \frac{1}{2}(1 + \cos(2\beta_k x)) = \{1 + g(2x)\}/2.$$

1.6 首先展开和式

$$\sum_{k=1}^{n}(p_k + 1/p_k)^2 = 2n + \sum_{k=1}^{n} p_k^2 + \sum_{k=1}^{n} 1/p_k^2, \tag{14.44}$$

然后对最后两项分别进行估计. 由 1 技巧以及假设 $p_1 + p_2 + \cdots + p_n = 1$, 第一个和式至少为 $1/n$. 为估计 (14.44) 中的最后一个和式, 先对乘积 $1 = \sqrt{p_k} \cdot (1/\sqrt{p_k})$ 的求和使用柯西不等式, 可得

$$n^2 \leqslant \sum_{k=1}^{n} 1/p_k,$$

为完成证明, 对乘积 $1/p_k = 1 \cdot 1/p_k$ 的求和使用柯西不等式得到

$$n^3 \leqslant \sum_{k=1}^{n} 1/p_k^2.$$

这个问题还有其他一些解答方法, 但这种方法很好地说明了如果只用柯西不等式和 1 技巧, 我们能取得怎样的结果.

1.7 设 $\mathbf{x} = (x_1, x_2)$ 和 $\mathbf{y} = (y_1, y_2)$. 内积的自然选择是 $\langle \mathbf{x}, \mathbf{y} \rangle = 5x_1 y_1 + x_1 y_2 + x_2 y_1 + 3x_2 y_2$. 除了前两个内积性质不那么显然, 它满足内积的其他所有性质. 为证明前两个性质, 只需注意到多项式 $5z^2 + 2z + 3 = 0$ 无实根.

一般来说, 如果 $a_{jk}(1 \leqslant j, k \leqslant n)$ 是对称实方阵, 即对所有 $1 \leqslant j, k \leqslant n$ 有 $a_{jk} = a_{kj}$, 则和式

$$\langle \mathbf{x}, \mathbf{y} \rangle = \sum_{j=1}^{n} \sum_{k=1}^{n} a_{jk} x_j y_k \tag{14.45}$$

可以作为 $\mathbb{R}^n$ 中的内积. 如果 (a) 对任何向量 $(x_1, x_2, \ldots, x_n) \in \mathbb{R}^n$, 多项式

$$Q(x_1, x_2, \ldots, x_n) = \sum_{j=1}^{n} \sum_{k=1}^{n} a_{jk} x_j x_k$$

是非负的, 同时, 如果 (b) 仅当对所有 $1 \leqslant j \leqslant n$ 有 $x_j = 0$ 时, $Q(x_1, x_2, \ldots, x_n) = 0$, 那么 (14.45) 就是 $\mathbb{R}^n$ 中一个合适的内积. 具有这两个性质的多项式被称为正定二次型, 每一个这样的二次型都给我们提供了柯西不等式潜在的可用版本.

1.8 对每一种情形都运用柯西不等式来估计和式. 对 (a), 使用等比级数的和: $1 + x^2 + x^4 + x^6 + \cdots = 1/(1 - x^2)$; 对 (b), 使用欧拉的著名公式

$$\sum_{k=1}^{\infty} \frac{1}{k^2} = \frac{\pi^2}{6} = 1.6449\ldots < 2,$$

或者利用漂亮的裂项相消法

$$\sum_{k=1}^{n} \frac{1}{k^2} \leqslant 1 + \sum_{k=2}^{n} \frac{1}{k(k-1)} = 1 + \sum_{k=2}^{n} \left(\frac{1}{k-1} - \frac{1}{k} \right) = 2 - \frac{1}{n}.$$

对 (c), 有积分不等式

$$\frac{1}{n+k} < \int_{n+k-1}^{n+k} \frac{dx}{x}.$$

所以

$$\sum_{k=1}^{n} \frac{1}{n+k} < \int_{n}^{2n} \frac{dx}{x} = \log 2.$$

最后, 对 (d) 用二次项系数的平方和

$$\sum_{k=0}^{n} \binom{n}{k}^2 = \sum_{k=0}^{n} \binom{n}{k} \binom{n}{n-k} = \binom{2n}{n},$$

它可用经典的计数法来证明. 考虑从 n 个男人和 n 个女人中选 n 个人组成委员会有几种方法. 中间的和式表示先计算有 k 个男人的委员会个数, 再对 $0 \leqslant k \leqslant n$ 求和, 而最后一个和式则是计算从 $2n$ 个人中选 n 个人的取法总数.

1.9 用 T 表示目标不等式的左边, 展开可得

$$T = 2 \sum_{j=1}^{n} a_j^2 + 4 \sum_{(j,k) \in S} a_j a_k,$$

其中 S 是对所有 $1 \leqslant j < k \leqslant n$ 且 $j + k$ 为偶数的 (j, k) 的集合. 由基本不等式 $2 a_j a_k \leqslant a_j^2 + a_k^2$, 可得

$$T \leqslant 2 \sum_{j=1}^{n} a_j^2 + 2 \sum_{(j,k) \in S} (a_j^2 + a_k^2) \leqslant 2 \sum_{j=1}^{n} a_j^2 + 2 \sum_{s=1}^{n} n_s a_s^2,$$

这里 n_s 表示 S 中 $j = s$ 或 $k = s$ 的 (j, k) 的数目. 因为 $n_s \leqslant \lfloor (n-1)/2 \rfloor$, 所以

$$T \leqslant \left(2 + 2 \lfloor (n-1)/2 \rfloor \right) \sum_{j=1}^{n} a_j^2 \leqslant (n+2) \sum_{j=1}^{n} a_j^2.$$

1.10 对分裂 $|c_{jk}|^{\frac{1}{2}}|x_j||c_{jk}|^{\frac{1}{2}}|y_k|$ 使用柯西不等式, 可见

$$\left| \sum_{j,k} c_{jk} x_j y_k \right| \leqslant \left(\sum_{j,k} |c_{jk}||x_j|^2 \right)^{\frac{1}{2}} \cdot \left(\sum_{j,k} |c_{jk}||y_k|^2 \right)^{\frac{1}{2}}$$

$$= \left(\sum_{j=1}^{m} \left\{ \sum_{k=1}^{n} |c_{jk}| \right\} |x_j|^2 \right)^{\frac{1}{2}} \cdot \left(\sum_{k=1}^{n} \left\{ \sum_{j=1}^{m} |c_{jk}| \right\} |y_k|^2 \right)^{\frac{1}{2}},$$

大括号里的和式分别以 C 和 R 为上界.

1.11 只需要对施瓦茨的原始证明 (第 8 页) 做一点小修改, 但看起来确实发生了变化. 首先, 由假设以及 $p(t)$ 的定义可得

$$0 \leqslant p(t) = \langle \mathbf{v}, \mathbf{v} \rangle + 2t \langle \mathbf{v}, \mathbf{w} \rangle + t^2 \langle \mathbf{w}, \mathbf{w} \rangle.$$

$p(t)$ 的判别式为 $D = B^2 - AC = \langle \mathbf{v}, \mathbf{w} \rangle^2 - \langle \mathbf{v}, \mathbf{v} \rangle \langle \mathbf{w}, \mathbf{w} \rangle$, 我们推断出 $D \leqslant 0$, 否则 $p(t)$ 将会有两个实根 (因而对某些 t 值, $p(t)$ 严格为负).

1.12 设 $V^{[n]} = \{(\mathbf{v}_1, \mathbf{v}_2, \ldots, \mathbf{v}_n) : \mathbf{v}_j \in V, 1 \leqslant j \leqslant n\}$, $\mathbf{v} = (\mathbf{v}_1, \mathbf{v}_2, \ldots, \mathbf{v}_n) \in V^{[n]}$, $\mathbf{w} = (\mathbf{w}_1, \mathbf{w}_2, \ldots, \mathbf{w}_n) \in V^{[n]}$, 由 $[\mathbf{v}, \mathbf{w}] = \sum_{j=1}^{n} \langle \mathbf{v}_j, \mathbf{w}_j \rangle$ 可定义新的内积空间 $(V^{[n]}, [\cdot, \cdot])$. 通过验证 $[\cdot, \cdot]$ 确实是一个内积, 可发现不等式 (1.25) 正是内积空间 $[\cdot, \cdot]$ 上的柯西 – 施瓦茨不等式.

1.13 将 $\{x_{jk} : 1 \leqslant j \leqslant m, 1 \leqslant k \leqslant n\}$ 看成一个长度为 mn 的向量, 则由柯西不等式和 1 技巧以及分裂式 $x_{jk} = x_{jk} \cdot 1$ 可得一般的不等式

$$\left(\sum_{j=1}^{m} \sum_{k=1}^{n} x_{jk} \right)^2 \leqslant mn \sum_{j=1}^{m} \sum_{k=1}^{n} x_{jk}^2. \tag{14.46}$$

设

$$r_j = \sum_{k=1}^{n} a_{jk}, \quad c_k = \sum_{j=1}^{m} a_{jk}.$$

对 $x_{jk} = a_{jk} - r_j/n - c_k/m$ 应用不等式 (14.46). 设 $T = \sum_{j=1}^{m} \sum_{k=1}^{n} a_{jk}$, 则不等式 (14.46) 的左边的计算结果是 T^2, 右边是

$$mn \sum_{j=1}^{m} \sum_{k=1}^{n} a_{jk}^2 - m \sum_{j=1}^{m} r_j^2 - n \sum_{k=1}^{n} c_k^2 + 2T^2,$$

所以柯西不等式 (14.46) 就变成了我们的目标不等式.

为确定等号成立的条件, 注意到不等式 (14.46) 的等号成立当且仅当 x_{jk} 等于常数 c, 在此情形, 设 $\alpha_j = c + r_j/n$ 和 $\beta_k = c_k/m$ 以得到符合要求的 a_{jk} 的表达式. 这个结果是 van Dam (1998) 中的定理 1. van Dam 在其文章中给出了该结果的矩阵论证明以及有启发的推论.

1.14 比人们所承认的更常见的一种看法是, 整齐的书写在解题时很重要. 在这个习题中, 整齐的括号的使用甚至可以决定解题的成败. 只需仔细计算

$$\sum_{1\leqslant i,j,k\leqslant n} a_{ij}^{\frac{1}{2}}\, b_{jk}^{\frac{1}{2}}\, c_{ki}^{\frac{1}{2}} = \sum_{1\leqslant i,k\leqslant n} c_{ki}^{\frac{1}{2}}\left\{\sum_{j=1}^{n} a_{ij}^{\frac{1}{2}}\, b_{jk}^{\frac{1}{2}}\right\}$$

$$\leqslant \sum_{1\leqslant i,k\leqslant n} c_{ki}^{\frac{1}{2}}\left\{\sum_{j=1}^{n} a_{ij}\right\}^{\frac{1}{2}}\left\{\sum_{j=1}^{n} b_{jk}\right\}^{\frac{1}{2}}$$

$$= \sum_{k=1}^{n}\left\{\sum_{j=1}^{n} b_{jk}\right\}^{\frac{1}{2}}\left(\sum_{i=1}^{n} c_{ki}^{\frac{1}{2}}\left\{\sum_{j=1}^{n} a_{ij}\right\}^{\frac{1}{2}}\right),$$

它以下式为上界

$$\sum_{k=1}^{n}\left\{\sum_{j=1}^{n} b_{jk}\right\}^{\frac{1}{2}}\left\{\sum_{i=1}^{n} c_{ki}\right\}^{\frac{1}{2}}\left\{\sum_{1\leqslant i,j\leqslant n} a_{ij}\right\}^{\frac{1}{2}}$$

$$= \left\{\sum_{1\leqslant i,j\leqslant n} a_{ij}\right\}^{\frac{1}{2}}\left\{\sum_{k=1}^{n}\left(\sum_{j=1}^{n} b_{jk}\right)^{\frac{1}{2}}\left(\sum_{i=1}^{n} c_{ki}\right)^{\frac{1}{2}}\right\}$$

$$\leqslant \left\{\sum_{1\leqslant i,j\leqslant n} a_{ij}\right\}^{\frac{1}{2}}\left\{\sum_{1\leqslant j,k\leqslant n} b_{jk}\right\}^{\frac{1}{2}}\left\{\sum_{1\leqslant k,i\leqslant n} c_{ki}\right\}^{\frac{1}{2}}.$$

三重积不等式的这个证明由 Tiskin (2002) 给出. 顺便说一下, 推论 (1.27) 是第 33 届国际数学奥林匹克竞赛 (莫斯科, 1992) 的一个问题. 近来, Hammer 和 Shen (2002)注意到这个推论可以应用柯尔莫戈洛夫复杂性来得到. George (1984, 243 页) 证明了连续 Loomis–Whitney 不等式, 这个结果可以用来给出离散不等式 (1.27) 的第三个证明.

1.15 如果对恒等式 (1.28) 和 (1.29) 求导, 可发现对任何 $\theta \in \Theta$ 有

$$\sum_{k\in D} p_\theta(k;\theta) = 0 \quad \text{和} \quad \sum_{k\in D} g(k)p_\theta(k;\theta) = 1.$$

因此, 有恒等式

$$1 = \sum_{k\in D}(g(k) - \theta)p_\theta(k;\theta)$$
$$= \sum_{k\in D}\left\{(g(k)-\theta)p(k;\theta)^{\frac{1}{2}}\right\}\left\{(p_\theta(k;\theta)/p(k;\theta))p(k;\theta)^{\frac{1}{2}}\right\},$$

对这个有大括号的和式使用柯西不等式, 就可以推导出克莱姆–劳不等式 (1.30).

在所有应用数学中, 克莱姆–劳不等式的推导或许是 1 技巧的最重要的应用. 它在许许多多论文和书籍中反复出现.

第二章　柯西第二不等式: AM–GM 不等式

2.1 一般地, 考虑和式 $S_{k+1} = a_1 b_2 + a_2 b_2 + \cdots + a_{2^{k+1}} b_{2^{k+1}} = S'_{k+1} + S''_{k+1}$, 其中 S'_{k+1} 是前面 2^k 个乘积之和而 S''_{k+1} 是后面 2^k 个乘积之和. 由归纳法, 分别对 S'_{k+1} 和 S''_{k+1} 使用 2^k 元柯西不等式, 可得 $S'_{k+1} \leqslant A'B'$ 和 $S''_{k+1} \leqslant A''B''$, 其中

$$A' = (a_1^2 + \cdots + a_{2^k}^2)^{\frac{1}{2}}, \quad A'' = (a_{2^k+1}^2 + \cdots + a_{2^{k+1}}^2)^{\frac{1}{2}}.$$

类似地定义 B' 和 B''. 由 2 元柯西不等式可得

$$S_{k+1} \leqslant A'B' + A''B'' \leqslant (A'^2 + A''^2)^{\frac{1}{2}} (B'^2 + B''^2)^{\frac{1}{2}},$$

这就是 2^{k+1} 元的柯西不等式. 因此, 归纳法证明了柯西不等式对所有 $2^k (k = 1, 2, \ldots)$ 成立. 最后, 为了证明柯西不等式对 $n \leqslant 2^k$ 成立, 只需对 $n < j \leqslant 2^k$ 令 $a_j = b_j = 0$ 并使用 2^k 元的柯西不等式.

2.2 为用归纳法证明不等式 (2.24), 首先注意到 $n = 1$ 的情形是平凡的. 其次, 对一般的 n, 将不等式乘以 $1 + x$ 得到 $1 + (n+1)x + nx^2 \leqslant (1+x)^{n+1}$. 这个结果比 $n + 1$ 情形下的不等式 (2.24) 更强, 所以由归纳法证明了不等式 (2.24) 对所有 $n = 1, 2, \ldots$ 成立. 欲证 $1 + x \leqslant e^x$, 只需将伯努利不等式中的 x 替换成 x/n 并令 n 趋于无穷. 最后, 为证明 (2.25), 设 $f(x) = (1+x)^p - (1+px)$ 并注意到 $x \geqslant 0$ 时 $f(0) = 0$, $f'(x) \geqslant 0$, 而 $-1 < x \leqslant 0$ 时 $f'(x) \leqslant 0$, 所以 $\min_{x \in [-1, \infty)} f(x) = f(0) = 0$.

2.3 欲证不等式 (2.26), 设 $p_1 = \alpha/(\alpha + \beta)$, $p_2 = \beta/(\alpha + \beta)$, $a_1 = x^{\alpha+\beta}$ 和 $a_2 = y^{\alpha+\beta}$ 并使用 AM–GM 不等式 (2.9). 为了得到年代相关不等式, 使用 (2.26) 的两个特殊情形, 一个是 $\alpha = 2004$ 且 $\beta = 1$, 而另一个是 $\alpha = 1$ 且 $\beta = 2004$. 然后把得到的两个结果相加.

2.4 目标不等式等价于 $a^2 bc + ab^2 c + abc^2 < a^4 + b^4 + c^4$, 这是一个纯幂不等式. 由 AM–GM 不等式, 有 $a^2 bc = (a^4)^{1/2} (b^4)^{1/4} (c^4)^{1/4} \leqslant a^4/2 + b^4/4 + c^4/4$. 对 $ab^2 c$ 和 abc^2 都有类似的不等式成立. 三者相加即可推出目标不等式.

目标不等式的等号成立当且仅当所使用的 AM–GM 不等式的等号都成立. 因此, 目标不等式的等号成立当且仅当 $a = b = c$. 顺便说一下, 加拿大数学协会网站上有这个问题的其他三种解法.

2.5 对任何 j 和 k, 由 AM–GM 不等式有 $(x^{j+k} y^{j+k})^{\frac{1}{2}} \leqslant \frac{1}{2}(x^j y^k + x^k y^j)$. 设 $k = n - 1 - j$ 并对任何 $0 \leqslant j < n$ 进行求和可得不等式

$$n(xy)^{(n-1)/2} \leqslant x^{n-1} + x^{n-2} y + \cdots + xy^{n-2} + y^{n-1} = \frac{x^n - y^n}{x - y}.$$

2.6 因为 $\alpha + \beta = \pi/2$, 有 $\gamma = \alpha$ 和 $\delta = \beta$, 所以 $\Delta(ABD)$ 与 $\Delta(DBC)$ 相似. 根据对应边成比例有 $h : a = b : h$, 即 $h^2 = ab$, 这正是所要的结果.

2.7 乘积 $(1+x)(1+y)(1+z)$ 展开后是 $1+x+y+z+xy+xz+yz+xyz$, 由 AM–GM 不等式有

$$(x+y+z)/3 \geqslant (xyz)^{1/3} \geqslant 1 \quad \text{和}$$

$$(xy+xz+yz)/3 \geqslant \{(xy)(xz)(yz)\}^{1/3} = (xyz)^{2/3} \geqslant 1,$$

相加即可得不等式 (2.28). 用同样的方法可以证明对任何非负的 a_k, $1 \leqslant k \leqslant n$, 有推论

$$1 \leqslant \prod_{k=1}^{n} a_k \implies 2^n \leqslant \prod_{k=1}^{n}(1+a_k). \tag{14.47}$$

2.8 由 AM–GM 不等式,

$$\{a_1 x_1 a_2 x_2 \cdots a_n x_n\}^{1/n} \leqslant \frac{a_1 x_1 + a_2 x_2 + \cdots + a_n x_n}{n},$$

这推出 P_1 和 P_2 的临界量之间的关系:

$$x_1 x_2 \cdots x_n \leqslant \frac{(a_1 x_1 + a_2 x_2 + \cdots + a_n x_n)^n}{a_1 a_2 \cdots a_n n^n}.$$

在这两个不等式中, 等号成立当且仅当 $a_1 x_1 = a_2 x_2 = \cdots = a_n x_n$, 不需要其他任何东西就可以证明问题中的最优准则.

2.9 由 AM–GM 不等式有

$$2\{a^2 b^2 c^2\}^{1/3} = \{(2ab)(2ac)(2bc)\}^{1/3} \leqslant \frac{2ab + 2ac + 2bc}{3} = A/3,$$

它可推出不等式 (2.9). 上述不等式中的等号成立当且仅当 $ab = ac = bc$. 这个等式当且仅当 $a = b = c$ 时才是可能的, 所以给定表面积的体积最大的长方体确实是立方体.

2.10 在伯努利不等式中取 $p = n$, $x = y - 1$, 可得 $y(n - y^{n-1}) \leqslant n - 1$. 等号成立当且仅当 $y = 1$. 如果取 y 使得 $y^{n-1} = a_n/\bar{a}$, 其中 $\bar{a} = (a_1 + a_2 + \cdots + a_n)/n$, 则有 $n - y^{n-1} = (a_1 + a_2 + \cdots + a_{n-1})/\bar{a}$, 通过简单的代数运算就可以完成剩下的步骤从而得到递归公式.

补充说明: 递归公式也可以通过取 $x = a_n$ 和 $y = (a_1 + a_2 + \cdots + a_{n-1})/(n-1)$ 由加权 AM–GM 不等式 $x^{1/n} y^{(n-1)/n} \leqslant \frac{1}{n} x + \frac{n-1}{n} y$ 推出.

2.11 根据提示, 由 AM–GM 不等式有

$$\frac{(a_1 a_2 \cdots a_n)^{1/n} + (b_1 b_2 \cdots b_n)^{1/n}}{\{(a_1 + b_1)(a_2 + b_2) \cdots (a_n + b_n)\}^{1/n}}$$

$$= \prod_{j=1}^{n} \left\{ \frac{a_j}{a_j + b_j} \right\}^{1/n} + \prod_{j=1}^{n} \left\{ \frac{b_j}{a_j + b_j} \right\}^{1/n}$$

$$\leqslant \frac{1}{n} \sum_{j=1}^{n} \frac{a_j}{a_j + b_j} + \frac{1}{n} \sum_{j=1}^{n} \frac{b_j}{a_j + b_j} = 1,$$

证毕. 做除法在这里起了决定性的作用, 而且正如习题中所介绍的, 这并不是个例.

2.12 如图 2.4 所示, 对任何 $x \geqslant 0$ 有不等式 $f(x) = x/e^{x-1} \leqslant 1$. 实际上, 我们之前就用过这个不等式 (第 19 页); 它是波利亚证明 AM–GM 不等式的关键. 设 $c_k = a_k/A$, 则有 $c_1 + c_2 + \cdots + c_n = n$, 由这个事实, 可见对任何 k 有

$$\prod_{j=1}^{n} c_j = c_k \prod_{j:j \neq k}^{n} c_j \leqslant c_k \prod_{j:j \neq k}^{n} e^{c_j-1} = c_k e^{1-c_k} = c_k/e^{c_k-1} = f(c_k).$$

因为 $\epsilon = (A - G)/A$ 和 $c_k = a_k/A$, 对所有 $k = 1, 2, \ldots, n$ 有

$$(1 - \epsilon)^n = \frac{a_1 a_2 \cdots a_n}{A^n} \leqslant \frac{a_k/A}{\exp(a_k/A - 1)} = f(a_k/A).$$

根据 ρ_-, ρ_+ 的定义以及 f 在 $[0,1]$ 上严格增且在 $(1, \infty)$ 上严格减的事实, 很快就能得到不等式 (2.33).

这个解答是 1914 年加博尔·赛格 (Gabor Szegő) 为回答乔治·波利亚提出的问题而给出的. 这是他们多次合作中最早的合作之一. 那一年赛格才 19 岁.

2.13 一般地, 有 $|w| \geqslant |\operatorname{Re} w|$ 和 $\operatorname{Re}(w + z) = \operatorname{Re}(w) + \operatorname{Re}(z)$, 所以由 $\operatorname{Re} z_j = \rho_j \cos \theta_j$ 可发现

$$\begin{aligned}
|z_1 + z_2 + \cdots + z_n| &\geqslant |\operatorname{Re}(z_1 + z_2 + \cdots + z_n)| \\
&= |z_1| \cos \theta_1 + |z_2| \cos \theta_2 + \cdots + |z_n| \cos \theta_n \\
&\geqslant (|z_1| + |z_2| + \cdots + |z_n|) \cos \psi \\
&\geqslant n(|z_1| |z_2| \cdots |z_n|)^{1/n} \cos \psi,
\end{aligned}$$

在这里我们先用了余弦函数在 $[0, \pi/2]$ 上单调递减的事实, 其次, 对非负实数 $|z_j|$, $j = 1, 2, \ldots, n$ 使用了 AM–GM 不等式. 这个习题基于 Wilf (1963). Mitrinović (1970) 指出这个不等式至少可以追溯到 Petrovitch (1917). Diaz 和 Metcalf (1966) 也给出了一些富有启发意义的推广.

2.14 设 $x \geqslant 0$ 和 $y \geqslant 0$ 并假设 $H(n)$, $((x+y)/2)^n \leqslant (x^n + y^n)/2$ 成立. 根据 $H(n)$ 可证 $H(n+1)$

$$\begin{aligned}
\left(\frac{x+y}{2}\right)^{n+1} &= \left(\frac{x+y}{2}\right) \left(\frac{x+y}{2}\right)^n \leqslant \left(\frac{x+y}{2}\right) \frac{x^n + y^n}{2} \\
&= \frac{x^{n+1} + y^{n+1} + xy^n + yx^n}{4} \\
&= \frac{x^{n+1} + y^{n+1}}{2} - \frac{(x-y)(x^n - y^n)}{4} \leqslant \frac{x^{n+1} + y^{n+1}}{2}.
\end{aligned}$$

归纳法证明了 $H(n)$ 对所有 $n \geqslant 1$ 成立.

用两次 $H(n)$, 我们发现

$$\left\{\frac{x_1 + x_2 + x_3 + x_4}{4}\right\}^n \leqslant \frac{1}{2}\left\{\left(\frac{x_1 + x_2}{2}\right)^n + \left(\frac{x_3 + x_4}{2}\right)^n\right\}$$

$$\leqslant \frac{1}{2}\left\{\frac{x_1^n + x_2^n}{2} + \frac{x_3^n + x_4^n}{2}\right\}$$

$$= \frac{x_1^n + x_2^n + x_3^n + x_4^n}{4},$$

重复这个步骤可证对每个 k 和每个由 2^k 个非负实数 $x_1, x_2, \ldots, x_{2^k}$ 组成的集合有

$$\left\{\frac{x_1 + x_2 + \cdots + x_{2^k}}{2^k}\right\}^n \leqslant \frac{x_1^n + x_2^n + \cdots + x_{2^k}^n}{2^k}. \tag{14.48}$$

用额外的项把长度为 m 的序列拉长成长度为 2^k 的序列的柯西法在这里行不通, 所以需要一个新方法. 一个可行的办法是使用完全倒向归纳法.

特别, 对任意 m 个非负实数 $x_1, x_2, \ldots, x_m$ 的集合, 用 $H_{new}(m)$ 表示假设

$$\left\{\frac{x_1 + x_2 + \cdots + x_m}{m}\right\}^n \leqslant \frac{x_1^n + x_2^n + \cdots + x_m^n}{m}. \tag{14.49}$$

已知当 m 是 2 的任意次幂时, $H_{new}(m)$ 是成立的, 所以为了证明对所有 $m = 1, 2, \ldots$ 有 $H_{new}(m)$ 成立, 只需证对 $m \geqslant 2$, 由假设 $H_{new}(m)$ 可推出 $H_{new}(m-1)$.

给定 $m-1$ 个非负实数 $S = \{x_1, x_2, \ldots, x_{m-1}\}$, 我们引入新变量 y 为 $y = (x_1 + x_2 + \cdots + x_{m-1})/(m-1)$. 因为 y 等于 $(x_1 + x_2 + \cdots + x_{m-1} + y)/m$, 我们看到当把 $H(m)$ 应用在 m 元素集合 $S \cup \{y\}$ 上时, 得到不等式

$$y^n \leqslant \frac{x_1^n + x_2^n + \cdots + x_{m-1}^n + y^n}{m},$$

将 y^n 移到左边, 可发现

$$y^n \leqslant \frac{x_1^n + x_2^n + \cdots + x_{m-1}^n}{m-1}.$$

这个不等式正是证明 $H_{new}(m-1)$ 的正确性所需要的, 所以这个问题的解答也就完成了. 这个解答借鉴了 Shklarsky, Chentzov 和 Yaglom (1993, 391–392 页).

第三章　拉格朗日恒等式与闵可夫斯基猜想

3.1 由四个类似的几何量

$$\cos\alpha = \frac{a_1}{\sqrt{a_1^2 + a_2^2}}, \quad \sin\alpha = \frac{a_2}{\sqrt{a_1^2 + a_2^2}},$$

$$\cos\beta = \frac{b_1}{\sqrt{b_1^2 + b_2^2}}, \quad \sin\beta = \frac{-b_2}{\sqrt{b_1^2 + b_2^2}}$$

和两个三角恒等式

$$\cos(\alpha + \beta) = \cos\alpha\cos\beta - \sin\alpha\sin\beta = \frac{a_1 b_1 + a_2 b_2}{\sqrt{b_1^2 + b_2^2}\sqrt{a_1^2 + a_2^2}},$$

$$\sin(\alpha + \beta) = \sin\alpha\cos\beta + \cos\alpha\sin\beta = \frac{a_2 b_1 - a_1 b_2}{\sqrt{b_1^2 + b_2^2}\sqrt{a_1^2 + a_2^2}},$$

可以用毕达哥拉斯定理证明丢番图恒等式:

$$1 = \cos^2(\alpha + \beta) + \sin^2(\alpha + \beta) = \frac{(a_1 b_1 + a_2 b_2)^2 + (a_1 b_2 - a_2 b_1)^2}{(b_1^2 + b_2^2)(a_1^2 + a_2^2)}.$$

3.2 由于婆罗摩笈多恒等式可以类似地得到, 可只证丢番图恒等式. 正如预期的那样, 先进行因式分解. 有趣的地方在于如何进行两次重组:

$$(x_1^2 + x_2^2)(y_1^2 + y_2^2) = (x_1 - ix_2)(x_1 + ix_2)(y_1 - iy_2)(y_1 + iy_2)$$
$$= \{(x_1 - ix_2)(y_1 + iy_2)\}\{(x_1 + ix_2)(y_1 - iy_2)\}.$$

第一个因式是 $\{(x_1 y_1 + x_2 y_2) + i(x_1 y_2 - x_2 y_1)\}$, 第二个因式是它的共轭 $\{(x_1 y_1 + x_2 y_2) - i(x_1 y_2 - x_2 y_1)\}$, 所以它们的乘积为 $(x_1 y_1 + x_2 y_2)^2 + (x_1 y_2 - x_2 y_1)^2$, 这个计算用不平常的方式揭示了因式分解 $a^2 + b^2 = (a + ib)(a - ib)$ 的作用.

3.3 利用黎曼积分为求和的极限, 可以从离散恒等式过渡到连续的版本. 考虑反对称型 $s(x, y) = f(x)g(y) - g(x)f(y)$, 并在方形区域 $[a, b]^2$ 上对 $s^2(x, y)$ 作积分, 则显得更加容易且更具启发性. 用这种方法, 只要所有积分都是有定义的, 就有

$$\frac{1}{2}\int_a^b \int_a^b \left\{f(x)g(y) - f(y)g(x)\right\}^2 dx dy$$
$$= \int_a^b f^2(x)\, dx \int_a^b g^2(x)\, dx - \left\{\int_a^b f(x)g(x)\, dx\right\}^2. \qquad (14.50)$$

顺便提一下, 反对称型常常值得探索. 令人惊讶的是, 它们一般能把我们引向有用的代数关系.

3.4 题目中提出的不等式的两边可以分别写成

$$A = \left\{x \sum_{j=1}^n a_j \sum_{k=1}^n b_k + (1-x)\sum_{j=1}^n a_j b_j\right\}^2$$

和

$$B = \left\{x\left(\sum_{j=1}^n a_j\right)^2 + (1-x)\sum_{j=1}^n a_j^2\right\}\left\{x\left(\sum_{j=1}^n b_j\right)^2 + (1-x)\sum_{j=1}^n b_j^2\right\},$$

由此可见 $B - A$ 能写成两项

$$x(1-x)\left\{\sum_{j=1}^n \left(b_j\sum_{k=1}^n a_k - a_j\sum_{k=1}^n b_k\right)^2\right\} \quad \text{与} \quad (1-x)^2\left\{\sum_{j=1}^n a_j^2 \sum_{k=1}^n b_k^2 - \left(\sum_{j=1}^n a_j b_j\right)^2\right\}.$$

之和. 第一项是平方和, 由柯西不等式可知第二项是非负的. 因此, $B - A$ 是两个非负项的和, 证毕. 这个问题中的不等式由 Wagner (1965) 提出, 证明是 Flor (1965) 给出的.

3.5 因为 f 非负且非增, 有积分不等式

$$0 \leqslant \int_0^1 \int_0^1 f(x)f(y)(y-x)\big(f(x)-f(y)\big)\,dxdy$$

即积分值非负. 现在或许只要简单地展开即可完成证明. 顺便说一句, 这种利用单调性的方法非常丰富, 在第五章会详细探讨这个主题的几种变体.

3.6 展开, 然后作因式分解:

$$\begin{aligned}
D_{n+1} - D_n &= \sum_{j=1}^n a_j b_j + n a_{n+1} b_{n+1} - b_{n+1}\sum_{j=1}^n a_j - a_{n+1}\sum_{j=1}^n b_j \\
&= \sum_{j=1}^n a_j(b_j - b_{n+1}) + a_{n+1}\sum_{j=1}^n (b_{n+1} - b_j) \\
&= \sum_{j=1}^n (a_{n+1} - a_j)(b_{n+1} - b_j) \geqslant 0.
\end{aligned}$$

根据 Mitrinović (1970, 206 页), 这个巧妙的解法是 R.R. Janić 给出的. 序的关系和二次不等式的相互作用在第五章会有更深入的探讨.

3.7 根据题目中建议的简写记号, 拉格朗日恒等式可以写成

$$\langle \mathbf{a}, \mathbf{a} \rangle \langle \mathbf{b}, \mathbf{b} \rangle - \langle \mathbf{a}, \mathbf{b} \rangle^2 = \sum_{j<k} \begin{vmatrix} a_j & b_j \\ a_k & b_k \end{vmatrix}^2.$$

固定 $\mathbf{b}$, 用 $\mathbf{s}$ 对 $\mathbf{a}$ 进行极化, 可得

$$\langle \mathbf{a}, \mathbf{s} \rangle \langle \mathbf{b}, \mathbf{b} \rangle - \langle \mathbf{a}, \mathbf{b} \rangle \langle \mathbf{s}, \mathbf{b} \rangle = \sum_{j<k} \begin{vmatrix} a_j & b_j \\ a_k & b_k \end{vmatrix}\begin{vmatrix} s_j & b_j \\ s_k & b_k \end{vmatrix}.$$

然后固定 $\mathbf{a}$ 和 $\mathbf{s}$, 用 $\mathbf{t}$ 对 $\mathbf{b}$ 作极化, 可得

$$\langle \mathbf{a}, \mathbf{s} \rangle \langle \mathbf{b}, \mathbf{t} \rangle - \langle \mathbf{a}, \mathbf{t} \rangle \langle \mathbf{s}, \mathbf{b} \rangle = \sum_{j<k} \begin{vmatrix} a_j & b_j \\ a_k & b_k \end{vmatrix}\begin{vmatrix} s_j & t_j \\ s_k & t_k \end{vmatrix},$$

这就是目标等式的缩写版本.

3.8 把两个乘积展开后, 可发现 Milne 不等式 (3.17) 的左右两边的差可以写成一个对称的和式

$$\sum_{1\leqslant i<j\leqslant n}\left(a_i b_j + a_j b_i - \frac{(a_j b_j)(a_i+b_i)}{(a_j+b_j)} - \frac{(a_i b_i)(a_j+b_j)}{(a_i+b_i)} \right).$$

当每一项都写成以 $(a_i + b_i)(a_j + b_j)$ 为分母的形式时, 分子可以被化简, 而且我们发现这个差与 R 的定义 (3.16) 是一致的.

第四章　几何与平方和

4.1 每种情形都可以通过对适当的和式应用三角不等式而得到. 这些和式为:

(a) $(x + y + z, x + y + z) = (x, y) + (y, z) + (z, x)$,

(b) $(y, z) = (x, x) + (y - x, z - x)$,

(c) $(2, 2, 2) \leqslant (x + 1/x, y + 1/y, z + 1/z) = (x, y, z) + (1/x, 1/y, 1/z)$.

4.2 左边的导数等于 $\langle \nabla f(\mathbf{x}), \mathbf{u} \rangle$. 根据柯西 – 施瓦茨不等式, 它有上界

$$\|\nabla f(\mathbf{x})\| \|\mathbf{u}\| = \|\nabla f(\mathbf{x})\|.$$

另一方面, 由直接计算和 $\mathbf{v}$ 的定义, 右边的导数等于 $\langle \nabla f(\mathbf{x}), \mathbf{v} \rangle = \|\nabla f(\mathbf{x})\|$. 由这两者可得不等式 (4.21).

应用柯西 – 施瓦茨不等式时, 仅当 $\mathbf{u}$ 和 $\nabla f(\mathbf{x})$ 成比例时, 才有等号. 因此不等式 (4.21) 变成等式当且仅当 $\mathbf{u} = \lambda \nabla f(\mathbf{x})$. 因 $\mathbf{u}$ 为单位向量, 由此可得 $\lambda = \pm 1/\|\nabla f(\mathbf{x})\|$. 只有正的符号才能使 (4.21) 给出等式, 因此有 $\mathbf{u} = \mathbf{v}$.

4.3 直接展开即可证表达式 (4.22). 为最小化 $P(t)$, 解方程 $P'(t) = 2t\langle \mathbf{w}, \mathbf{w} \rangle - 2\langle \mathbf{v}, \mathbf{w} \rangle = 0$ 即可得 $P(t) \geqslant P(t_0)$, 其中 $t_0 = \langle \mathbf{v}, \mathbf{w} \rangle / \langle \mathbf{w}, \mathbf{w} \rangle$. 对 $P(t_0)$ 的估计会把我们引向表达式 (4.22).

4.4 这个习题提醒我们, 有时需要一个比处理实数的绝对值的恒等式更精细的代数恒等式来处理复数的绝对值. 其中关键在于使用第 40 页的柯西 – 比内四字母恒等式. 这个恒等式的证明是纯代数的 (没有使用绝对值或者复数的共轭), 所以它对复数同样成立. 只需做替换: $a_k \longmapsto \bar{a}_k$, $b_k \longmapsto b_k$, $s_k \longmapsto a_k$ 以及 $t_k \longmapsto \bar{b}_k$.

4.5 S.S. Dragomir (2000) 的这个方法表明隐藏在拉格朗日恒等式背后的原理如何继续开花结果. 这里只需取一个自然的双重求和并展开:

$$0 \leqslant \frac{1}{2} \sum_{j=1}^{n} \sum_{k=1}^{n} p_j p_k \|\alpha_j \mathbf{x}_k - \alpha_k \mathbf{x}_j\|^2$$

$$= \frac{1}{2} \sum_{j=1}^{n} \sum_{k=1}^{n} p_j p_k \left[\alpha_j^2 \|\mathbf{x}_k\|^2 - 2\langle \alpha_j \mathbf{x}_k, \alpha_k \mathbf{x}_j \rangle + \alpha_k^2 \|\mathbf{x}_j\|^2 \right]$$

$$= \sum_{j=1}^{n} \sum_{k=1}^{n} p_j p_k \alpha_j^2 \|\mathbf{x}_k\|^2 - \sum_{j=1}^{n} \sum_{k=1}^{n} p_j p_k \alpha_j \alpha_k \langle \mathbf{x}_k, \mathbf{x}_j \rangle$$

$$= \sum_{j=1}^{n} p_j \alpha_j^2 \sum_{k=1}^{n} p_k \|\mathbf{x}_k\|^2 - \left\| \sum_{j=1}^{n} p_j \alpha_j \mathbf{x}_j \right\|^2.$$

这个恒等式给出了目标不等式 (4.24) 并且证明了这个不等式是严格的, 除非对所有 j

和 k 有 $\alpha_j \mathbf{x}_k = \alpha_k \mathbf{x}_j$. 最后, 注意到通过类似的计算可以得到复内积空间中相应的不等式.

4.6 这个不等式有仅借助平面几何工具的证明, 还有一个非常有趣的使用复变换 $z \mapsto 1/z$ 的证明方法. 不失一般性, 设 $A = 0, B = z_1, C = z_2$ 和 $D = z_3$, 由三角不等式可得

$$\left| \frac{1}{z_1} - \frac{1}{z_3} \right| \leqslant \left| \frac{1}{z_1} - \frac{1}{z_2} \right| + \left| \frac{1}{z_2} - \frac{1}{z_3} \right|,$$

它可以改写成 $|z_2||z_1 - z_3| \leqslant |z_3||z_1 - z_2| + |z_1||z_2 - z_3|$. 在图 4.7 的帮助下确定这些项之后, 可发现它正是托勒密不等式!

为证相反结果, 首先注意到这里的三角不等式等号成立当且仅当 z_1^{-1}, z_2^{-1}, z_3^{-1} 三点共线. 这就要求证明变换 $z \mapsto 1/z$ 有如下性质: 将过原点的圆变为直线且反之亦对.

变换 $z \mapsto 1/z$ 或许是 Möbius 变换 $z \mapsto (az+b)/(cz+d)$ 最重要的例子. 任何关于复变的书都会讨论这样的变换, 但 Needham (1997, 122–188 页) 的处理特别地吸引人. Needham 还利用逆变换讨论了托勒密的结果, 但这里的快捷处理更接近于 Treibergs (2002).

4.7 为证明恒等式 (4.26), 只要展开内部的乘方并应用 $1 + \alpha + \cdots + \alpha^{N-1} = (1 - \alpha^N)/(1 - \alpha) = 0$. 对第二个等式, 只要展开并积分. 本习题基于 D'Angelo (2002, 53–55 页), 从中还可找到其他相关材料.

4.8 由递归式 (4.28) 的第一部分可知对任何 $1 \leqslant j < k$ 有 $\langle \mathbf{z}_k, \mathbf{e}_j \rangle = 0$, 由此可得对所有 $1 \leqslant j < k$ 有 $\langle \mathbf{e}_k, \mathbf{e}_j \rangle = 0$. 由递归式 (4.28) 的第二部分立得 $\langle \mathbf{e}_k, \mathbf{e}_k \rangle = 1$, $1 \leqslant k \leqslant n$, 而三角形的生成关系只是递归式 (4.28) 第一部分的重写.

4.9 不失一般性, 可假设 $\|\mathbf{x}\| = 1$. 则格拉姆–施密特关系为 $\mathbf{x} = \mathbf{e}_1$ 和 $\mathbf{y} = \mu_1 \mathbf{e}_1 + \mu_2 \mathbf{e}_2$. 由规范正交性可知 $\langle \mathbf{x}, \mathbf{y} \rangle = \mu_1$ 和 $\langle \mathbf{y}, \mathbf{y} \rangle = |\mu_1|^2 + |\mu_2|^2$, 而不等式 $|\mu_1| \leqslant (|\mu_1|^2 + |\mu_2|^2)^{\frac{1}{2}}$ 是显然的. 这意味着 $|\langle \mathbf{x}, \mathbf{y} \rangle| \leqslant \langle \mathbf{y}, \mathbf{y} \rangle^{\frac{1}{2}}$, 即 $\|\mathbf{x}\| = 1$ 时的柯西–施瓦茨不等式.

4.10 对 $\{\mathbf{y}_1, \mathbf{y}_2, \ldots, \mathbf{y}_n, \mathbf{x}\}$ 运用格拉姆–施密特过程, 可发现 $\mathbf{e}_1 = \mathbf{y}_1$, $\mathbf{e}_2 = \mathbf{y}_2$, $\ldots$, $\mathbf{e}_n = \mathbf{y}_n$ 和 $\mathbf{e}_{n+1} = \mathbf{z}/\|\mathbf{z}\|$, 其中 $\mathbf{z} = \mathbf{x} - (\langle \mathbf{x}, \mathbf{e}_1 \rangle \mathbf{e}_1 + \langle \mathbf{x}, \mathbf{e}_2 \rangle \mathbf{e}_2 + \cdots + \langle \mathbf{x}, \mathbf{e}_n \rangle \mathbf{e}_n)$ 且 $\mathbf{z} \neq 0$. 取内积并由规范正交性可得

$$\langle \mathbf{x}, \mathbf{x} \rangle = \sum_{j=1}^{n+1} |\langle \mathbf{x}, \mathbf{e}_j \rangle|^2 = |\langle \mathbf{x}, \mathbf{e}_{n+1} \rangle|^2 + \sum_{j=1}^{n} |\langle \mathbf{x}, \mathbf{y}_j \rangle|^2,$$

当 $\mathbf{z} \neq 0$ 时, 由 $|\langle \mathbf{x}, \mathbf{e}_{n+1} \rangle|^2 \geqslant 0$ 可得贝塞尔不等式. 当 $\mathbf{z} = 0$ 时, 贝塞尔不等式实际上是一个恒等式.

4.11 不失一般性, 可设 $\mathbf{x}$, $\mathbf{y}$ 和 $\mathbf{z}$ 线性无关且 $\|\mathbf{x}\| = 1$, 所以格拉姆–施密特关系可以写成 $\mathbf{x} = \mathbf{e}_1$, $\mathbf{y} = \mu_1 \mathbf{e}_1 + \mu_2 \mathbf{e}_2$ 和 $\mathbf{z} = \nu_1 \mathbf{e}_1 + \nu_2 \mathbf{e}_2 + \nu_3 \mathbf{e}_3$, 由此可得

$\langle \mathbf{x}, \mathbf{x} \rangle = 1$, $\langle \mathbf{x}, \mathbf{y} \rangle = \mu_1$, $\langle \mathbf{x}, \mathbf{z} \rangle = \nu_1$ 和 $\langle \mathbf{y}, \mathbf{z} \rangle = \mu_1 \nu_1 + \mu_2 \nu_2$. 不等式 (4.30) 断言 $\mu_1 \nu_1 \leqslant \frac{1}{2}(\mu_1 \nu_1 + \mu_2 \nu_2 + (\mu_1^2 + \mu_2^2)^{\frac{1}{2}}(\nu_1^2 + \nu_2^2 + \nu_3^2)^{\frac{1}{2}})$ 或者 $\mu_1 \nu_1 - \mu_2 \nu_2 \leqslant (\mu_1^2 + \mu_2^2)^{\frac{1}{2}}(\nu_1^2 + \nu_2^2 + \nu_3^2)^{\frac{1}{2}}$, 由柯西不等式即可证之.

4.12 利用习题 4.11 的解答的记号以及规范性, 不等式 (4.31) 的左边 L 可以写成

$$|\langle \mathbf{x}, \mathbf{x} \rangle \langle \mathbf{y}, \mathbf{z} \rangle - \langle \mathbf{x}, \mathbf{y} \rangle \langle \mathbf{x}, \mathbf{z} \rangle|^2 = |\{(\mu_1 \bar{\nu}_1 + \mu_2 \bar{\nu}_2) - \mu_1 \bar{\nu}_1\}|^2 = |\mu_2 \bar{\nu}_2|^2,$$

因为有 $1 = \|\mathbf{y}\| = |\mu_1|^2 + |\mu_2|^2$ 和 $1 = \|\mathbf{z}\| = |\nu_1|^2 + |\nu_2|^2 + |\nu_3|^2$, 右边 R 可以写成

$$\{\langle \mathbf{x}, \mathbf{x} \rangle^2 - |\langle \mathbf{x}, \mathbf{y} \rangle|^2\} \{\langle \mathbf{x}, \mathbf{x} \rangle^2 - |\langle \mathbf{x}, \mathbf{z} \rangle|^2\}$$
$$= (1 - |\mu_1|^2)(1 - |\nu_1|^2) = |\mu_2|^2(|\nu_2|^2 + |\nu_3|^2).$$

这些关于 L 和 R 的公式表明 $L \leqslant R$.

现在, 对不等式 (4.32) 的证明可类似地简化为证明

$$|\mu_1 \bar{\nu}_1 + \mu_2 \bar{\nu}_2|^2 + |\mu_1|^2 + |\nu_1|^2$$
$$\leqslant 1 + (\bar{\mu}_1 \nu_1 + \bar{\mu}_2 \nu_2)\mu_1 \bar{\nu}_1 + (\mu_1 \bar{\nu}_1 + \mu_2 \bar{\nu}_2)\bar{\mu}_1 \nu_1.$$

通过展开, 这等同于

$$|\mu_1|^2 + |\nu_1|^2 + |\mu_1 \nu_1|^2 + |\mu_2 \nu_2|^2 + 2\mathrm{Re}\{\mu_1 \bar{\nu}_1 \bar{\mu}_2 \nu_2\}$$
$$\leqslant 1 + 2|\mu_1 \nu_1|^2 + 2\mathrm{Re}\{\mu_1 \bar{\nu}_1 \bar{\mu}_2 \nu_2\}.$$

消去相同项之后, 可见只需证明

$$L \equiv |\mu_1|^2 + |\nu_1|^2 + |\mu_2 \nu_2|^2 \leqslant 1 + |\mu_1 \nu_1|^2,$$

因为 $|\mu_1|^2 \leqslant 1$, 由 $|\mu_2 \nu_2|^2 = (1 - |\mu_1|^2)(1 - |\nu_1|^2 - |\nu_3|^2)$ 可知 $L = 1 + |\mu_1 \nu_1|^2 + |\nu_3|^2(|\mu_1|^2 - 1) \leqslant 1 + |\mu_1 \nu_1|^2$. 这个习题基于 Hewitt 和 Stromberg (1969, 254 页) 的问题 16.50 和 16.51.

4.13 根据提示, 首先注意到

$$\|A^T \mathbf{v}\|^2 = \langle A^T \mathbf{v}, A^T \mathbf{v} \rangle = \langle \mathbf{v}, AA^T \mathbf{v} \rangle \leqslant \|\mathbf{v}\| \|AA^T \mathbf{v}\| = \|\mathbf{v}\| \|A^T \mathbf{v}\|,$$

两边除以相同项可得 $\|A^T \mathbf{v}\| \leqslant \|\mathbf{v}\|$. 再由柯西–施瓦茨不等式以及 A 和 A^T 的性质, 我们有

$$\|\mathbf{v}\|^2 = \langle A\mathbf{v}, A\mathbf{v} \rangle = \langle \mathbf{v}, A^T A\mathbf{v} \rangle \leqslant \|\mathbf{v}\| \|A^T A\mathbf{v}\| \leqslant \|\mathbf{v}\| \|A\mathbf{v}\| = \|\mathbf{v}\|^2,$$

所以实际上第一个不等号处应取等号. 这告诉我们存在一个 λ(可能依赖于 $\mathbf{v}$) 使得 $\lambda \mathbf{v} = A^T A\mathbf{v}$. 由此关系式可得

$$\lambda \langle \mathbf{v}, \mathbf{v} \rangle = \langle \mathbf{v}, A^T A\mathbf{v} \rangle = \langle A\mathbf{v}, A\mathbf{v} \rangle = \langle \mathbf{v}, \mathbf{v} \rangle,$$

所以实际上 $\lambda = 1$ (因此它并不依赖 $\mathbf{v}$). 由此可知对任何 $\mathbf{v}$ 有 $\mathbf{v} = A^T A \mathbf{v}$, 所以 $A^T A = I$. 这个证明来自 Sigillito (1968).

第五章 序的推论

5.1 (5.17) 的上界来自

$$h_1 + h_2 + \cdots + h_n = \frac{h_1}{b_1} b_1 + \frac{h_2}{b_2} b_2 + \cdots + \frac{h_n}{b_n} b_n$$
$$\leqslant \{b_1 + b_2 + \cdots + b_n\} \max_k \frac{h_k}{b_k},$$

下界类似可得. 作为应用, 令 $a_k = c_k x^k$, $b_k = c_k y^k$, 则有 $\min a_k/b_k = (x/y)^n$ 以及 $\max a_k/b_k = 1$.

5.2 S 的 $n-1$ 个元素有均值 A, 所以由归纳假设 $H(n-1)$ 可得

$$a_2 a_3 \cdots a_{n-1}(a_1 + a_n - A) \leqslant A^{n-1}.$$

由双边不等式, 有 $a_1 a_n / A \leqslant a_1 + a_n - A$. 应用上面的不等式就可以得到 $H(n)$, 完成归纳.

Chong (1975) 的证明与 AM–GM 的 "光滑" 证明紧密相关, 该证明利用了如下算法:

(i) 如果 $a_1, a_2, \ldots, a_n$ 不全为均值 A, 令 a_j 和 a_k 分别表示其中最小者与最大者;

(ii) 用 A 替代 a_j, 用 $a_j + a_k - A$ 替代 a_k;

(iii) 算法每迭代一次, 等于均值的元素就多一个, 所以算法最多 n 步就会结束.

双边不等式告诉我们 $a_j a_k \leqslant A(a_j + a_k - A)$, 所以每一次迭代可使当前序列的几何平均增加. 由于我们从序列 $a_1, a_2, \ldots, a_n$ 开始, 以 n 个 A 结束, 可得 $a_1 a_2 \cdots a_n \leqslant A^n$.

5.3 首先考虑 $V = \mathbb{R}$ 并且令 $a = u$ 且 $b = v$, 则问题中的不等式断言

$$AB - ab \geqslant (A^2 - a^2)^{\frac{1}{2}} (B^2 - b^2)^{\frac{1}{2}}. \tag{14.51}$$

通过展开以及因式分解, 它等价于

$$(aB - Ab)^2 \geqslant 0,$$

所以不等式 (14.51) 是正确的, 并且当且仅当 $aB = Ab$ 时等号成立. 为解决一般情形, 首先注意到由柯西–施瓦茨不等式可得

$$AB - \langle u, v \rangle \geqslant AB - \langle u, u \rangle^{\frac{1}{2}} \langle v, v \rangle^{\frac{1}{2}},$$

所以, 在不等式 (14.51) 中取 $a = \langle u, u \rangle^{\frac{1}{2}}$ 与 $b = \langle v, v \rangle^{\frac{1}{2}}$ 便有

$$AB - \langle u, v \rangle \geqslant (A^2 - \langle u, u \rangle)^{\frac{1}{2}}(B^2 - \langle v, v \rangle)^{\frac{1}{2}}, \qquad (14.52)$$

这正是要证明的. 如果不等式 (14.52) 的等号成立, 上述论证告诉我们 $\langle u, v \rangle = \langle u, u \rangle^{\frac{1}{2}} \langle v, v \rangle^{\frac{1}{2}}$, 所以存在常数 λ 使得 $u = \lambda v$. 通过代换可得 $\lambda = A/B$.

不等式 (14.52) 是从 Lyusternik (1966) 的定理 9 中的积分形式里抽象出来的, 定理 9 被 Lyusternik 用于对 2 维 Brunn–Minkowski 不等式的证明. 将 $V = \mathbb{R}$ 视作特殊的内积空间的想法经常是有用的, 但它很少像此处的证明这样明确. 我们应该注意到一个容易被忽视的事实, 即不等式 (14.52) 实际上等价于光锥不等式 (4.15).

5.4 这个问题没有给出大小关系, 但我们可以给自己一个这样的条件. 由不等式的对称性, 可假设 $0 \leqslant x \leqslant y \leqslant z$. 由此可直接得知第一个被加数 $x^\alpha(x - y)(x - z)$ 是非负的. 为完成证明, 只需要表明其他两项之和是非负的. 这个推断源于分解

$$y^\alpha(y - x)(y - z) + z^\alpha(z - x)(z - y) = (z - y)\{z^\alpha(z - x) - y^\alpha(y - x)\}$$

以及事实 $z \geqslant y$ 与 $z - x \geqslant y - x$.

这个证明举例说明了任我们自由使用的最一般的方法之一: 证明一个和式是非负的, 往往可以将被加数分组使得每组的非负性都是显然的.

5.5 这是本书少数几个 "代入" 练习之一. 但不等式很漂亮, 要清楚地弄明白. 我们仅仅指出 $m \overset{\text{def}}{=} a/A \leqslant a_k/b_k \leqslant A/b \overset{\text{def}}{=} M$, 然后代入公式 (5.6) 和 (5.7).

5.6 不失一般性, 可设 $0 < a \leqslant b \leqslant c$. 在此假设下, 还有

$$\frac{1}{b + c} \leqslant \frac{1}{a + c} \leqslant \frac{1}{a + b}.$$

重排不等式告诉我们

$$\frac{b}{b + c} + \frac{c}{a + c} + \frac{a}{a + b} \leqslant \frac{a}{b + c} + \frac{b}{a + c} + \frac{c}{a + b}$$

和

$$\frac{c}{b + c} + \frac{a}{a + c} + \frac{b}{a + b} \leqslant \frac{a}{b + c} + \frac{b}{a + c} + \frac{c}{a + b}.$$

将这两个不等式相加就可得 Nesbitt 不等式.

Engel (1998, 162–168 页) 给出了 Nesbitt 不等式的五个有启发性的证明, 包括这里给出的证明方法. 但即便如此, 还有一个证明可以加入这个列表. 蔡天文最近指出 Nesbitt 不等式可由 (1.22) 不等式得到. 只要令

$$p_1 = \frac{a}{a + b + c}, \quad p_2 = \frac{b}{a + b + c}, \quad p_3 = \frac{c}{a + b + c},$$

$$a_1 = \frac{a + b + c}{b + c}, \quad a_2 = \frac{a + b + c}{a + c}, \quad a_3 = \frac{a + b + c}{a + b},$$

并令 $b_k = 1/a_k$, $k = 1, 2, 3$. 把这些量代入不等式 (1.22) 自动给出

$$1 \leqslant \left(\frac{a}{b+c} + \frac{b}{a+c} + \frac{c}{a+b} \right) \left(\frac{(a+b+c)^2 - (a^2+b^2+c^2)}{(a+b+c)^2} \right),$$

对 (a, b, c) 和 $(1, 1, 1)$ 应用柯西不等式, 可得 $(a+b+c)^2 \leqslant 3(a^2+b^2+c^2)$, 因此上面的不等式中的第二个因子以 2/3 为上界. 所以 Nesbitt 不等式成立.

5.7 由于序列 $\{c_k\}$ 和 $\{1/c_k\}$ 是反序, 重排不等式 (5.12) 告诉我们, 对任何置换 σ 都有 $n \leqslant c_1/c_{\sigma(1)} + c_2/c_{\sigma(2)} + \cdots + c_n/c_{\sigma(n)}$. (a) 部分是这个结果的一个特殊情况. 若在 (a) 中令 $c_k = x_1 x_2 \cdots x_k$ 就会得到 (b). 接着用 ρx_k 替代 x_k, 可以得到 (c). 最后, 令 $\rho = (x_1 x_2 \cdots x_n)^{-n}$ 并且化简就得到 AM–GM 不等式.

5.8 把 m, M 和 $x_j (1 \leqslant j \leqslant n)$ 都乘上一个正常数, 不等式不受影响. 所以不失一般性, 可设 $\gamma = 1$. 在这种情况下, 有 $M = m^{-1}$, 且只要证明

$$\left\{ \sum_{j=1}^n p_j x_j \right\} \left\{ \sum_{j=1}^n p_j \frac{1}{x_j} \right\} \leqslant \mu^2, \tag{14.53}$$

其中 $2\mu = m + M = m + m^{-1}$. 因为对任何 $1 \leqslant j \leqslant n$, $x_j \in [m, m^{-1}]$. 所以

$$x_j + x_j^{-1} \leqslant m + m^{-1} \leqslant 2\mu \quad \text{和} \quad \left\{ \sum_{j=1}^n p_j x_j \right\} + \left\{ \sum_{j=1}^n p_j \frac{1}{x_j} \right\} \leqslant 2\mu.$$

对两个括号项应用 AM–GM 不等式就可得到不等式 (14.53). 康托洛维奇不等式有很多有启发意义的证明; 这个通过 AM–GM 不等式得到的优雅证明属于 Pták (1995).

5.9 一个优雅地说明 f_θ 的单调性是显然的方法是令 $c_j = (a_j b_j)^\theta$ 与 $d_j = \log(a_j/b_j)$, 可得

$$f_\theta(x) = \sum_{j=1}^n c_j e^{d_j x} \sum_{j=1}^n c_j e^{-d_j x} = \sum_{j=1}^n \left[c_j^2 + 2 \sum_{j<k} c_j c_k \cosh(d_j - d_k)x \right],$$

其中 $\cosh y = (e^y + e^{-y})/2$. 由于 $\cosh y$ 关于 y 轴对称且在 $[0, \infty)$ 上单调, $f_\theta(\cdot)$ 的单调性也就马上能得到了. 这个证明由 Steiger (1969) 给出, 他还给出了另一个基于赫尔德不等式的证明.

5.10 不失一般性, 设 $a_1 \geqslant a_2$, $b_1 \geqslant b_2$, $a_1 \geqslant b_1$. 记住关系式 $a_1 + a_2 = b_1 + b_2$, 利用因式分解, 并注意到 $b_1 - a_2 \geqslant b_2 - a_2 = a_1 - b_1 \geqslant 0$, 可得

$$x^{a_1} y^{a_2} + x^{a_2} y^{a_1} - x^{b_1} y^{b_2} - x^{b_2} y^{b_1}$$
$$= x^{a_2} y^{a_2} (x^{a_1-a_2} + y^{a_1-a_2} - x^{b_1-a_2} y^{b_2-a_2} - x^{b_2-a_2} y^{b_1-a_2})$$
$$= x^{a_2} y^{a_2} (x^{b_1-a_2} - y^{b_1-a_2})(x^{b_2-a_2} - y^{b_2-a_2}) \geqslant 0.$$

Lee (2002) 指出不等式 (5.22) 或许可以被用于证明类似的三个或更多变量的不等式. 第十三章会通过其他方法发展这样的不等式.

5.11 令 A 表示 $|Z - \mu|$ 不小于 λ 这一事件. 定义随机变量 χ_A: 如果事件 A 发生, 令 $\chi_A = 1$, 否则令 $\chi_A = 0$. 注意到 $E(\chi_A) = P(A) = P(|Z - \mu| \geqslant \lambda)$. 同时, 还有 $\chi_A \leqslant |Z - \mu|^2/\lambda^2$. 这是因为, 若事件 A 不发生, 则左边是 0; 若事件 A 发生, 右边至少是 1. 对最后一个不等式求期望, 可得到切比雪夫尾概率估计 (5.23). 需要承认的是, 本问题中用到的语言和它的解法用到了概率论, 但论证是完全严格的.

第六章　凸性——第三支柱

6.1 两边都减去 $1/x$ 并把分式相加, 可见蒙哥里不等式等价于平凡的不等式 $x^2 > x^2 - 1$. 为用延森不等式证明蒙哥里不等式, 只需要注意到 $x \mapsto 1/x$ 是凸的. 最后, 作为蒙哥里证明 H_n 发散的现代版本, 假设 $H_\infty < \infty$ 并将 H_∞ 写成

$$1 + (1/2 + 1/3 + 1/4) + (1/5 + 1/6 + 1/7) + (1/8 + 1/9 + 1/10) + \cdots.$$

对上式括号里的和应用蒙哥里不等式, 可得 H_∞ 的下界 $1 + 3/3 + 3/6 + 3/9 + \cdots = 1 + H_\infty$, 这就导致矛盾 $H_\infty > 1 + H_\infty$. 根据 Havil (2003, 38 页), 蒙哥里在 1650 年第一次主张计算和式 $1 + 1/2^2 + 1/3^2 + \cdots$ 的值. 该问题一直困扰着欧洲最好的数学家们, 直到 1731 年欧拉确定这个值为 $\pi^2/6$.

6.2 应用延森不等式于函数 $f(t) = \log(1 + 1/t) = \log(1 + t) - \log(t)$ 可得要证的不等式. 函数 f 是凸函数是因为

$$f''(t) = -\frac{1}{(1+t)^2} + \frac{1}{t^2} > 0, \qquad t > 0.$$

6.3 由图 6.4 所示的几何可知, 内接 n 边形的面积 A 可写为

$$A = \frac{1}{2} \sum_{k=1}^{n} \sin\theta_k, \quad \text{其中} \quad 0 < \theta_k < \pi \quad \text{且} \quad \sum_{k=1}^{n} \theta_k = 2\pi.$$

由于 $\sin(\cdot)$ 在 $[0, \pi]$ 上严格凹, 有

$$A = \frac{1}{2} \sum_{k=1}^{n} \sin(\theta_k) \leqslant \frac{1}{2} n \sin\left(\frac{1}{n} \sum_{k=1}^{n} \theta_k\right) = \frac{1}{2} n \sin(2\pi/n) \stackrel{\text{def}}{=} A'.$$

等式成立当且仅当对所有 $1 \leqslant k \leqslant n$, $\theta_k = 2\pi/n$. 由于 A' 是正 n 边形的面积, 猜测的最优性得证.

6.4 第二个不等式来自对 $a_k = 1 + r_k(k = 1, 2, \ldots, n)$ 应用 AM–GM 不等式. 第一个不等式来自应用延森不等式于凸函数 $x \mapsto \log(1 + e^x)$. 最后, 通过开 n 次方再减去 1, 可见投资不等式 (6.23) 通过在两个均值 r_G 和 r_A 之间插入 $V^{1/n} - 1$ 而改进了 AM–GM 不等式 $r_G \leqslant r_A$.

6.5 为应用延森不等式, 将目标不等式两边同时除以 $(a_1 a_2 \cdots a_n)^{1/n}$, 然后用 c_k 表示 b_k/a_k, 则目标不等式变为

$$1 + (c_1 c_2 \cdots c_n)^{1/n} \leqslant \left\{(1 + c_1)(1 + c_2) \cdots (1 + c_n)\right\}^{1/n}.$$

通过取对数并把 c_j 写为 $\exp(d_j)$, 则目标不等式变为

$$\log\left(1 + \exp(\bar{d})\right) \leqslant \frac{1}{n}\sum_{j=1}^{n}\log(1 + \exp(d_j)),$$

其中 $\bar{d} = (d_1 + d_2 + \cdots + d_n)/n$. 最后一个不等式就是对凸函数 $x \mapsto \log(1 + e^x)$ 应用延森不等式. 这个解法的一个值得注意的突出特点就是在用除法将变量数量从 $2n$ 减少到 n 之后, 进展迅速. 这个现象相当常见, 这样的消元几乎总是值得尝试的.

值得指出的是闵可夫斯基的证明用了另一个想法. 具体而言, 他通过分析多项式 $p(t) = \prod(a_j + tb_j)$ 来构造他的证明. 你能够写出他的证明吗?

6.6 本质上不用改变 (第 16 页) 柯西的论述. 首先, 对 $n = 2^k (k = 1, 2, \ldots)$ 的情形, 只要逐次应用定义式 (6.25). 对后退步, 选择 k 使得 $n \leqslant 2^k$ 并应用 2^k 的结果于补充后的序列 y_j, $1 \leqslant j \leqslant 2^k$: 对 $1 \leqslant j \leqslant n$, 设 $y_j = x_j$; 对 $n < j \leqslant 2^k$, 取 $y_j = (x_1 + x_2 + \cdots + x_n)/n$.

6.7 正如我们在前述的解中指出的, 迭代定义条件 (6.24) 可得, 对任何 $k = 1, 2, \ldots,$

$$f\left(\frac{1}{2^k}\sum_{j=1}^{2^k}x_j\right) \leqslant \frac{1}{2^k}\sum_{j=1}^{2^k}f(x_j).$$

对 $1 \leqslant j \leqslant m$, 令 $x_j = x$, 对 $m < j \leqslant 2^k$, 设 $x_j = y$, 有

$$f\left((m/2^k)x + (1 - m/2^k)y\right) \leqslant (m/2^k)f(x) + (1 - m/2^k)f(y).$$

取 m_t 和 k_t 使当 $t \to \infty$ 时, $m_t/2^{k_t} \to p$, 则 f 的连续性和前述不等式给出了现代定义下的凸性 (6.1).

6.8 函数 $L(x, y, z)$ 对它的三个变量中的每一个变量都是凸的, 由接下来的详细论证, 这蕴含着 L 在立方体的某个顶点处取到它的最大值. 通过 8 个简单计算, 可发现 $L(1, 0, 0) = 2$ 且在其他顶点处取不到更大的值, 于是证明就完成了.

同样易证, 在立方体上, 如果一个函数对每一个变量都是凸的, 那么这个函数一定在某一个顶点取得最大值. 对 $\mathbb{R}^3$ 中的立方体, 可用数学归纳法证明, 也可以给出所有计算步骤.

首先指出, 一个 $[0, 1]$ 上的凸函数, 一定在区间的一个端点取到最大值, 所以, 对任意固定的 y 和 z, 我们有不等式 $L(x, y, z) \leqslant \max\{L(0, y, z), L(1, y, z)\}$. 类似地, 由 $y \mapsto L(0, y, z)$ 和 $y \mapsto L(1, y, z)$ 的凸性, $L(0, y, z)$ 被 $\max\{L(0, 0, z), L(0, 1, z)\}$ 控制, 且 $L(1, y, z)$ 被 $\max\{L(1, 0, z), L(1, 1, z)\}$ 控制. 综合上面的结论, 对任何 z, $L(x, y, z)$ 被 $\max\{L(0, 0, z), L(0, 1, z), L(1, 0, z), L(1, 1, z)\}$ 控制. 应用 $z \mapsto L(x, y, z)$ 的凸性四次, 最终可得不等式 $L(x, y, z) \leqslant \max\{L(e_1, e_2, e_3) : e_k = 0 \text{ 或 } e_k = 1, k = 1, 2, 3\}$.

应该指出上面的论述不代表我们能够通过 "贪心算法"——即依次求三次最大值——来求得最大值. 实际上, 有简单的例子表明, 贪心算法可能会完全失败.

6.9 为了证明第一个公式, 注意到

$$a^2 = b^2 + c^2 - 2bc\cos\alpha = (b-c)^2 + 2bc(1-\cos\alpha)$$
$$= (b-c)^2 + 4A(1-\cos\alpha)/\sin\alpha = (b-c)^2 + 4A\tan(\alpha/2),$$

通过对称求和, 可发现 $a^2 + b^2 + c^2$ 等于

$$(a-b)^2 + (b-c)^2 + (c-a)^2 + 4A\big(\tan(\alpha/2) + \tan(\beta/2) + \tan(\gamma/2)\big).$$

由于 $x \mapsto \tan x$ 在 $[0, \pi/2]$ 上是凸的, 利用延森不等式可得

$$\frac{1}{3}\{\tan(\alpha/2) + \tan(\beta/2) + \tan(\gamma/2)\} \geqslant \tan\left(\frac{\alpha+\beta+\gamma}{6}\right) = \tan(\pi/6),$$

因 $\tan(\pi/6) = 1/\sqrt{3}$, 证明就可以完成. 这个证明是 Engel (1998, 173 页) 的 11 个有趣的 Weitzenböck 不等式及其改进的证明中的第八个.

6.10 多项式 $Q(x)$ 可写成三个二次方程之和

$$\frac{(x-x_2)(x-\mu)}{(x_1-x_2)(x_1-\mu)}f(x_1) + \frac{(x-x_1)(x-\mu)}{(x_2-x_1)(x_2-\mu)}f(x_2) + \frac{(x-x_1)(x-x_2)}{(\mu-x_1)(\mu-x_2)}f(\mu).$$

应用罗尔定理两次, 可知 $Q'(x) - f'(x)$ 在区间 (x_1, μ) 和 (μ, x_2) 里分别有一个零点. 第三次应用罗尔定理, 可知在这两个零点之间有 x^* 使得 $0 = Q''(x^*) - f''(x^*)$. 于是有 $Q''(x^*) = f''(x^*) \geqslant 0$. 但

$$Q''(x^*) = \frac{2f(x_1)}{(x_1-x_2)(x_1-\mu)} + \frac{2f(x_2)}{(x_2-x_1)(x_2-\mu)} + \frac{2f(\mu)}{(\mu-x_1)(\mu-x_2)}.$$

所以, 通过令 $p = (x_2-\mu)/(x_2-x_1)$, 以及 $q = (\mu-x_1)/(x_2-x_1)$ 并化简, 可发现最后一个不等式简化为 f 凸性的定义.

6.11 根据提示, 显然要考虑变量代换. 设 $\alpha = \tan^{-1}(a)$, $\beta = \tan^{-1}(b)$, $\gamma = \tan^{-1}(c)$. 条件 $a > 0$, $b > 0$, $c > 0$ 与 $a + b + c = abc$ 说明 $\alpha > 0$, $\beta > 0$, $\gamma > 0$ 且 $\alpha + \beta + \gamma = \pi$. 因而目标不等式变成 $\cos\alpha + \cos\beta + \cos\gamma \leqslant 3/2$. 这正是区间 $[0, \pi]$ 上余弦函数的凹性, $\cos(\pi/3) = 1/2$ 以及应用延森不等式的直接结果.

这个解法来源于 Andreescu 和 Feng (2000, 86 页). Hojoo Lee 给出的另一种解法使用了将在第十二章 (第 156 页) 讨论的齐次化技巧.

6.12 将多项式写成

$$P(z) = a_n(z-r_1)^{m_1}(z-r_2)^{m_2}\cdots(z-r_n)^{m_k},$$

其中 $r_1, r_2, \ldots, r_k$ 是 $P(z)$ 的不同的根, $m_1, m_2, \ldots, m_k$ 是对应的重数, 比较 $P'(z)$ 与 $P(z)$, 可得熟悉的公式

$$\frac{P'(z)}{P(z)} = \frac{m_1}{z-r_1} + \frac{m_2}{z-r_2} + \cdots + \frac{m_k}{z-r_n}.$$

设 z_0 为 $P'(z)$ 的根, 若它同为 $P(z)$ 的根, 则 z_0 就自动属于 H. 所以不失一般性, 可以假设 z_0 是 $P'(z)$ 的一个根但不是 $P(z)$ 的根, 在这种情况下我们有

$$
\begin{aligned}
0 &= \frac{m_1}{z_0 - r_1} + \frac{m_2}{z_0 - r_2} + \cdots + \frac{m_k}{z_0 - r_k} \\
&= \frac{m_1(\bar{z}_0 - \bar{r}_1)}{|z_0 - r_1|^2} + \frac{m_2(\bar{z}_0 - \bar{r}_2)}{|z_0 - r_2|^2} + \cdots + \frac{m_k(\bar{z}_0 - \bar{r}_k)}{|z_0 - r_k|^2}.
\end{aligned}
$$

令 $w_k = m_k/|z_0 - r_k|^2$, 则我们可以把这个等式重写为

$$
z_0 = \frac{w_1 r_1 + w_2 r_2 + \cdots + w_k r_k}{w_1 + w_2 + \cdots + w_k},
$$

这表明 z_0 是 $P(z)$ 根的凸组合.

6.13 按照重数重复写出 P 的根 $r_1, r_2, \ldots, r_n$. 对在凸包 H 之外的 z, 将 $z - r_j$ 写成极坐标形式 $z - r_j = \rho_j e^{i\theta_j}$. 我们有

$$
\frac{1}{z - r_j} = \rho_j^{-1} e^{-\theta_j i}, \qquad 1 \leqslant j \leqslant n,
$$

角 θ_j $(1 \leqslant j \leqslant n)$ 的扩张范围不超过 2ψ. 因此, 由复 AM–GM 不等式 (2.35) 可得不等式

$$
(\cos\psi) \left| \frac{1}{z - r_1} \frac{1}{z - r_2} \cdots \frac{1}{z - r_n} \right|^{1/n} \leqslant \frac{1}{n} \left| \sum_{j=1}^{n} \frac{1}{z - r_j} \right|.
$$

利用记号 P 和 P', 可得

$$
\left| \frac{a_n}{P(z)} \right|^{1/n} \leqslant \frac{1}{n \cos\psi} \left| \frac{P'(z)}{P(z)} \right|, \qquad z \notin H, \tag{14.54}
$$

这正是我们希望证明的.

6.14 设 2ψ 是由 U 决定的从 $z \notin U$ 看去的视角, 则有 $1 = |z| \sin\psi$. 由毕达哥拉斯定理, $\cos\psi = (1 - |z|^{-2})^{\frac{1}{2}}$. 由 Wilf 不等式 (6.26) 可直接得到目标不等式 (6.27).

6.15 这是 Y. Nievergelt 在《美国数学月刊》中提出的问题 10940. 考虑 A. Nakhash 给出的一个解. 圆盘 $D_0 = \{z : |1 - z| \leqslant 1\}$ 在极坐标下表示为 $\{r e^{i\theta} : 0 \leqslant r \leqslant 2\cos\theta, \ -\pi/2 < \theta < \pi/2\}$, 所以对每一个 j, 可以把 $1 + z_j$ 写成 $r_j e^{i\theta_j}$, 其中 $-\pi/2 < \theta < \pi/2$, $r_j \leqslant 2\cos\theta_j$. 因此, 直接可知 $z_0 = -1 + (r_1 r_2 \cdots r_n)^{1/n} \exp(i(\theta_1 + \theta_2 + \cdots + \theta_n)/n)$ 是 Nievergelt 方程 (6.28) 的一个解. 为证明 $z_0 \in D$, 只需要证明 $1 + z_0 \in D_0$. 这等价于证明

$$
(r_1 r_2 \cdots r_n)^{1/n} \leqslant 2\cos\left(\frac{\theta_1 + \theta_2 + \cdots + \theta_n}{n} \right). \tag{14.55}
$$

由于 $(r_1 r_2 \cdots r_n)^{1/n}$ 的上界是 $((2\cos\theta_1)(2\cos\theta_2) \cdots (2\cos\theta_n))^{1/n}$, 因而只需要证明

$$
((\cos\theta_1)(\cos\theta_2) \cdots (\cos\theta_n))^{1/n} \leqslant \cos\left(\frac{\theta_1 + \theta_2 + \cdots + \theta_n}{n} \right),
$$

而这可以从 $f(x) = \log(\cos x)$ 在 $-\pi/2 < \theta < \pi/2$ 的凹性以及延森不等式得到.

6.16 1999 年, Robert Israel 在新闻组 sci.math 给出了一个漂亮解法: 对 $f(x) = 1/x$ 应用延森不等式. 令 $S = a_1 + a_2 + a_3 + a_4$, 用 C 表示不等式 (6.29) 右边的和, 对 $p_j = a_j/S$, $x_1 = a_2 + a_3$, $x_2 = a_3 + a_4$, $x_3 = a_4 + a_1$ 和 $x_4 = a_1 + a_2$ 应用延森不等式, 可得 $C/S \geqslant \{D/S\}^{-1}$ 或 $C \geqslant S^2/D$, 其中

$$D = a_1(a_2 + a_3) + a_2(a_3 + a_4) + a_3(a_4 + a_1) + a_4(a_1 + a_2).$$

很容易验证 $S^2 - 2D = (a_1 - a_3)^2 + (a_2 - a_4)^2 > 0$, 这个幸运的事实足以完成问题的解答.

6.17 由插值与凸性, 有

$$x = \frac{b-x}{b-a}a + \frac{x-a}{b-a}b \quad \Rightarrow \quad f(x) \leqslant \frac{b-x}{b-a}f(a) + \frac{x-a}{b-a}f(b).$$

所以, 两边同时减去 $f(a)$, 可得

$$f(x) - f(a) \leqslant \frac{x-a}{b-a}\{f(b) - f(a)\}. \tag{14.56}$$

这给出 (6.30) 的第二个不等式, 同理可证另一个.

6.18 令 $g(h) = \{f(x + h) - f(x)\}/h$. 根据三弦引理, 可验证对任何 $0 < h_1 < h_2$, $g(h_1) \leqslant g(h_2)$. 选取 y 使得 $a < y < x$. 由三弦引理, 对任何 $h > 0$, $-\infty < \{f(x) - f(y)\}/\{x - y\} \leqslant g(h)$. $g(h)$ 的单调有界性保证当 $h \to 0$ 时, $g(h)$ 有有限极限. 这就证明了问题的前一半, 后一半几乎同样可证.

6.19 这个问题只不过比三弦引理更精细. 根据三弦引理, 对任何 $0 < s$ 和 $0 < t$, 只要 $y - s \in I := [a, b]$, $y + t \in I$, 则 $\{f(y) - f(y - s)\}/s \leqslant \{f(y + t) - f(y)\}/t$. 由习题 6.18 知, 当 $s, t \to 0$ 时, 上述不等式的两边有有限的极限, 分别为 $f'_-(y)$ 和 $f'_+(y)$. 因此, $f'_-(y) \leqslant f'_+(y)$. 其他不等式同样可证. 不等式 $f'_-(y) \leqslant f'_+(y)$ 可以看作三弦引理的 "无穷小" 版本.

设 $a < x \leqslant s \leqslant t \leqslant y < b$, $M = \max\{|f'_+(x)|, |f'_-(y)|\}$. 不等式 (6.31) 给出 $|f(t) - f(s)| \leqslant M|t - s|$. 它所包含的信息比要证明 f 连续所需的信息还要多.

第七章　积分间奏曲

7.1 题目中的代换给出

$$2f(x)f(y)g(x)g(y) \leqslant f^2(x)g^2(y) + f^2(y)g^2(x).$$

在 $[a, b] \times [a, b]$ 上积分可得不等式

$$2\int_a^b f(x)g(x)\,dx \int_a^b f(y)g(y)\,dy$$

$$\leqslant \int_a^b f^2(x)\,dx \int_a^b g^2(y)\,dy + \int_a^b f^2(y)\,dy \int_a^b g^2(x)\,dx,$$

用单哑变量写出, 就可认出上面的不等式就是施瓦茨不等式.

上面的推导是 Claude Dellacherie 想到的. 他还注意到, 从 $(u-v)^2 = u^2 + v^2 - 2uv$ 出发, 可以类似地得到连续版本的拉格朗日恒等式 (14.50).

7.2 令 $D(f,g) = A(fg) - A(f)A(g)$, 有等式

$$D(f,g) = \int_{-\infty}^{\infty} \{f(x) - A(f)\}\, w^{\frac{1}{2}}(x) \{g(x) - A(g)\}\, w^{\frac{1}{2}}(x)\,dx.$$

由施瓦茨不等式, 有 $D^2(f,g) \leqslant D(f,f)D(g,g)$. 由此可得目标不等式.

7.3 首先注意到, 不失一般性, 可设海森堡不等式右边的两个积分都是有限的, 否则是不证自明的. 问题 7.3 中的不等式 (7.11) 告诉我们, 当 $|x| \to \infty$ 时, $f^2(x) = o(x)$. 从一般分部积分公式

$$\int_{-A}^{B} f^2(x)\,dx = \Big|_{-A}^{B} xf^2(x) - -2\int_{-A}^{B} xf(x)f'(x)\,dx$$

出发, 令 $A, B \to \infty$, 可得

$$\int_{-\infty}^{\infty} |f(x)|^2\,dx = -2\int_{-\infty}^{\infty} xf(x)f'(x)dx \leqslant 2\int_{-\infty}^{\infty} |xf(x)|\,|f'(x)|\,dx.$$

再利用施瓦茨不等式就可完成证明.

7.4 对以下积分

$$\int_b^{b+1} \frac{dx}{x+y} > \frac{1}{b+\frac{1}{2}+y} \quad \text{和} \quad \int_a^{a+1} \frac{dy}{b+\frac{1}{2}+y} > \frac{1}{b+a+1}$$

依次应用延森不等式 (7.19) 即可.

7.5 在积分号里微分可得

$$\left|\frac{d^4}{dt^4}\frac{\sin t}{t}\right| = \left|\int_0^1 s^4 \cos(st)\,ds\right| \leqslant \int_0^1 s^4\,ds = \frac{1}{5}.$$

为完成证明, 还需要证明可以在积分号里微分. 对 $f(t) = \cos(st)$, 只要证明对任何 $0 \leqslant s \leqslant 1$ 和 $0 < h \leqslant 1$, 差商 $(f(t+h) - f(t))/h$ 是一致有界的.

7.6 根据问题 7.4 中的方法, 可得

$$(B-A)^2 \leqslant cB^2 \log B \int_A^B \frac{dx}{f(x)}.$$

令 $A = 2^j, B = 2^{j+1}$, 可得

$$\frac{1}{4c(j+1)\log 2} \leqslant \int_{2^j}^{2^{j+1}} \frac{dx}{f(x)} \quad \text{和} \quad \frac{1}{4c\log 2}\sum_{j=0}^{n}\frac{1}{j+1} \leqslant \int_1^{2^{n+1}} \frac{dx}{f(x)}.$$

由调和级数的发散性可得要证明的结论.

7.7 令 $\delta = f(t)/|f'(t)|$. 三个点 $(t, f(t))$, $(t, 0)$ 和 $(t, t+\delta)$ 确定的三角形 T 位于 f 的图像下面. 所以不等式 (7.26) 中的积分不小于 T 的面积 $\frac{1}{2}f^2(t)/|f'(t)|$.

7.8 在区间 $[0, \pi/2]$ 上, $0 \leqslant \sin t \leqslant 1$. 所以可以在积分里插入 $\sin t$ 来得到更小的积分:
$$I_n \geqslant \int_0^{\pi/2} (1 + \cos t)^n \sin t\, dt = \int_0^1 (1+u)^n\, du = \frac{2^{n+1}-1}{n+1}.$$
类似地, 因为在 $[x, \infty)$ 上, $u/x \geqslant 1$, 所以我们有不等式
$$I_n' \leqslant \frac{1}{x}\int_x^\infty u e^{-u^2/2}\, du = \frac{1}{x}e^{-x^2/2}.$$

在上面的每一种情况中, 都是插入一个因子来使问题变容易. 0 和 1 之间的因子可以帮助我们找到下界, 总是不小于 1 的因子可以帮助我们找到上界.

7.9 为用反证法, 不失一般性, 可设存在序列 $x_n \to \infty$, 使得 $f'(x_n) \geqslant \epsilon > 0$. 根据李特伍尔德的图 7.2 (或习题 7.7 中的三角下界), 注意到
$$f(x_n + \delta) - f(x_n) = \int_{x_n}^{x_n+\delta} f'(t)\, dt \geqslant \frac{1}{2}\epsilon^2/B,$$
其中 $B = \sup|f''(x)| < \infty$, $\delta = \epsilon/B$. 由这个不等式可得 $f(x) \neq o(1)$, 从而可得所需要的矛盾.

7.10 通过求导, 可以证明在区间 $(0,1)$ 上, 函数 $t \mapsto t^{-1}\log(1+t)$ 是递减的, 函数 $t \mapsto (1+t^{-1})\log(1+t)$ 是递增的. 由此可得不等式
$$\int_x^1 \log(1+t)\frac{dt}{t} < (1-x)x^{-1}\log(1+x)$$
$$= \frac{1-x}{1+x}(1+x^{-1})\log(1+x) \leqslant (2\log 2)\frac{1-x}{1+x}.$$
为证明 $2\log 2$ 不能用更小的常数代替, 只需注意到
$$\lim_{x\to 1}\frac{1}{1-x}\int_x^1 \log(1+t)\frac{dt}{t} = \log 2.$$
这是由于对所有满足 $|1-x| \leqslant \delta(\epsilon)$ 的 x, 都有 $|\log 2 - \log(1+t)/t| \leqslant \epsilon$.

7.11 设 $W(x)$ 是 w 在 $[a, x]$ 上的积分. 易知 $W(a) = 0$, $W(b) = 1$, 且 $W'(x) = w(x)$. 所以
$$\int_a^b \{\log W(x)\}w(x)\, dx = \int_0^1 \log v\, dv = -1.$$
注意到对任何 $x \in [a, b]$, $0 \leqslant W(x) \leqslant 1$, 应用延森不等式, 有
$$\exp\int_a^b \{\log f(x)\}w(x)\, dx = e\exp\int_a^b \{\log f(x)W(x)\}w(x)\, dx$$

$$\leqslant e \exp \int_a^b \{\log f(x)\} w(x) \, dx \leqslant e \int_a^b f(x) w(x) \, dx.$$

7.12 令 I_f 表示 f 的积分, 有

$$\int_0^1 (f(x) - I_f)^2 \, dx = (A - I_f)(I_f - \alpha) - \int_0^1 (A - f(x))(f(x) - \alpha) \, dx$$
$$\leqslant (A - I_f)(I_f - \alpha).$$

对 g 有类似的不等式. 由施瓦茨不等式, 有

$$\left| \int_0^1 f(x) g(x) \, dx - I_f I_g \right|^2 = \left| \int_0^1 (f(x) - I_f)(g(x) - I_g) \, dx \right|^2$$
$$\leqslant \int_0^1 (f(x) - I_f)^2 \, dx \int_0^1 (g(x) - I_g)^2 \, dx$$
$$\leqslant (A - I_f)(I_f - \alpha)(B - I_g)(I_g - \beta)$$
$$\leqslant \frac{1}{4}(A - \alpha)^2 \frac{1}{4}(B - \beta)^2,$$

其中最后一步用了如下事实: 对任何 $L \leqslant x \leqslant U$, $(U - x)(x - L) \leqslant \frac{1}{4}(U - L)^2$. 最后, 为证明 Grüss 不等式是最优的, 只要选择函数 f 使得对任何 $0 \leqslant x \leqslant 1/2$, $f(x) = 1$, 对 $1/2 < x \leqslant 1$, $f(x) = 0$; 再对任何 $0 \leqslant x \leqslant 1$, 取 $g(x) = 1 - f(x)$.

第八章 幂平均之梯

8.1 (a) 可以对 3 维向量 $(1/(y+z), 1/(x+z), 1/(x+y))$ 直接应用权重相等的调和平均–算术平均不等式得到. (b) 先注意到由切比雪夫序不等式可得 $1/3\{x^p/(y+z) + y^p/(x+z) + z^p/(x+y)\}$ 以如下乘积作为下界

$$\left\{ \frac{1}{3}(x^p + y^p + z^p) \right\} \left\{ \frac{1}{3}\left(\frac{1}{y+z} + \frac{1}{x+z} + \frac{1}{x+y} \right) \right\}.$$

然后对第一个因子应用幂平均不等式 ($s = 1$ 和 $t = p$), 对第二个因子应用 (a) 中的结论以得到下界.

8.2 由倒写 HM–AM 不等式 (8.16) 可得

$$\frac{n^2}{a_1 + a_2 + \cdots + a_n} \leqslant \frac{1}{a_1} + \frac{1}{a_2} + \cdots + \frac{1}{a_n}.$$

设 $a_k = 2S - x_k$, 则 $a_1 + a_2 + \cdots + a_n = 2nS - S = (2n-1)S$, 同时由 HM–AM 不等式可得

$$\frac{n^2}{(2n-1)S} \leqslant \frac{1}{2S - x_1} + \frac{1}{2S - x_2} + \cdots + \frac{1}{2S - x_n}.$$

8.3 不等式 (8.29) 的两边在 $(a_1, a_2, \ldots, a_n)$ 上是一阶齐次的, 故不失一般性可设 $a_1^{1/3} + a_2^{1/3} + \cdots + a_n^{1/3} = 1$. 由此只要证明特别容易得到的不等式 $a_1^{1/2} + a_2^{1/2} + \cdots + a_n^{1/2} \leqslant$

1. 由正则化, 对任何 $1 \leqslant k \leqslant n$, 有 $a_k \leqslant 1$. 因此对任何 $1 \leqslant k \leqslant n$, 也有 $a_k^{1/2} \leqslant a_k^{1/3}$. 只要做下求和就可以得到要证明的目标. 我们应该思考下是什么使得本习题与幂平均不等式 (8.10) 相比如此容易证明. 对 (b) 部分, 取 $f(x) = x^6$, 则易见假设的不等式 (8.30) 错误地给出了 $1/16 \leqslant 1/27$.

8.4 只要考虑 $p \in [a, b]$, 此时有

$$F(p) = \max \left\{ \frac{p-a}{a}, \frac{b-p}{b} \right\}.$$

利用恒等式

$$\frac{a}{a+b} \left\{ \frac{p-a}{a} \right\} + \frac{b}{a+b} \left\{ \frac{b-p}{b} \right\} = \frac{b-a}{a+b},$$

$(b-a)/(a+b)$ 是 $(p-a)/a$ 和 $(b-p)/b$ 的加权平均, 所以有不等式

$$F(p) = \max \left\{ \frac{p-a}{a}, \frac{b-p}{b} \right\} \geqslant \frac{b-a}{a+b}.$$

除非 $(p-a)/a = (b-p)/b$, 否则有严格不等式. 所以, 如同 Pólya (1950) 注意到的, $F(p)$ 的唯一最小值在 $p^* = 2ab/(a+b)$ 取到, 它是 a 和 b 的调和平均.

8.5 对任何 $\mathbf{x} \in D$, 根据 AM–GM 不等式可得不等式

$$(a_1 a_2 \cdots a_n)^{1/n} = (a_1 x_1 a_2 x_2 \cdots a_n x_n)^{1/n} \leqslant \frac{1}{n} \sum_{k=1}^{n} a_k x_k, \tag{14.57}$$

等号成立当且仅当 $a_k x_k$ 不依赖于 k. 若取 $x_k = a_k/(a_1 a_2 \cdots a_n)^{1/n}$, 则 $\mathbf{x} \in D$ 且 (14.57) 中等号成立. 这是证明恒等式 (8.33) 所需要的全部.

为证明不等式 (2.31), 因为两个选择比一个要好, 只需要注意到

$$\min_{\mathbf{x} \in D} \frac{1}{n} \sum_{k=1}^{n} a_k x_k + \min_{\mathbf{x} \in D} \frac{1}{n} \sum_{k=1}^{n} b_k x_k \leqslant \min_{\mathbf{x} \in D} \frac{1}{n} \sum_{k=1}^{n} (a_k + b_k) x_k.$$

此类讨论在 Beckenbach 和 Bellman (1965) 中有系统介绍, 其中公式 (8.33) 被称为几何平均的拟线性表示.

8.6 由正弦的半角公式可得

$$\begin{aligned}
\frac{\sin x}{x} &= \frac{2 \sin(x/2) \cos(x/2)}{x} = \cos(x/2) \left\{ \frac{\sin(x/2)}{x/2} \right\} \\
&= \cos(x/2) \cos(x/4) \left\{ \frac{\sin(x/4)}{x/4} \right\} \\
&= \cos(x/2) \cos(x/4) \cdots \cos(x/2^k) \left\{ \frac{\sin(x/2^k)}{x/2^k} \right\}.
\end{aligned}$$

当 $t \to 0$ 时, $\sin t = t + O(t^3)$. 所以当 $k \to \infty$ 时, 上式中花括号里的项趋于 1. 取 $x = \pi/2$, 用半角公式逐个计算余弦值, 可得第二个公式. Maor (1998, 139–143 页) 详细讨论了韦达公式, 其中还包括一个漂亮的几何证明.

8.7 由假设可知对任何 $h \in (0, \Delta]$, 有不等式 $(f(t_0 + h) - f(t_0))/h \geqslant 0$. 令 $h \to 0$ 就可证明第一个结论. 为证明第二个结论, 首先注意到由幂平均不等式或延森不等式, 有

$$f(t) = \sum_{k=1}^{n} p_k x_k^t - \left(\sum_{k=1}^{n} p_k x_k\right)^t \geqslant 0, \qquad t \in [1, \infty).$$

因为对 $1 \leqslant t$ 有 $0 = f(1) \leqslant f(t)$, 可得 $f'(1) \geqslant 0$, 它恰好就是不等式 (8.35).

8.8 使用反证法. 首先假设 $(a_{1k}, a_{2k}, \ldots, a_{nk})$ 并不收敛到某一个常值 $\vec{\mu} = (\mu, \mu, \ldots, \mu)$. 对任何 j, 序列 $\{a_{jk} : k = 1, 2, \ldots\}$ 是有界的, 因而可以找到一个子列 k_s, $s = 1, 2, \ldots$, 使得 $(a_{1k_s}, a_{2k_s}, \ldots, a_{nk_s})$ 收敛到 $\vec{\nu} = (\nu_1, \nu_2, \ldots, \nu_n)$, 且 $\vec{\nu} \neq \vec{\mu}$. 令 $s \to \infty$, 并利用 (i) 和 (ii), 可得

$$\frac{\nu_1 + \nu_2 + \cdots + \nu_n}{n} = \mu \quad \text{和} \quad \frac{\nu_1^p + \nu_2^p + \cdots + \nu_n^p}{n} = \mu^p.$$

根据问题 8.1, 从上面两个等式以及幂平均不等式中的等号成立的情形, 可以推出对于任何 j, $\nu_j = \mu$, 但这与假设 $\vec{\nu} \neq \vec{\mu}$ 矛盾, 证毕.

Niven 和 Zuckerman (1951) 只考虑了 $p = 2$ 的情形. 对这种情形, Knuth (1968, 135 页) 指出可以通过考虑 $\sum (a_{jk} - \mu)^2$ 轻易地证明. 子列论证的好处在于它可以应用于 ℓ^p, $p > 1$. 更一般地, 它提醒我们, 很多时候使得等式成立的情形可以用来证明极限定理.

假定比确定等式成立稍多的条件, 子列论证通常可导出定性的稳定性结果. 如果知道更多, 特别的论证可导出更强有力的定量的稳定性结果. 两个重要的例子是 AM–GM 不等式的稳定性结果 (第 27 页) 和赫尔德不等式的稳定性结果 (第 118 页).

8.9 首先注意假设包含伸缩关系,

$$\sum_{i=1}^{n-k} (x_{i+k} - x_i) = (x_n + x_{n-1} + \cdots + x_{n-k+1}) - (x_1 + x_2 + \cdots + x_k) \leqslant 2k,$$

因此倒写 HM–AM 不等式 (8.16) 给出信息丰富的不等式

$$\sum_{i=1}^{n-k} \frac{1}{x_{i+k} - x_i} \geqslant \frac{(n-k)^2}{2k}.$$

把它们加起来可得

$$\sum_{1 \leqslant j < k \leqslant n} \frac{1}{x_j - x_k} = \sum_{k=1}^{n-1} \sum_{i=1}^{n-k} \frac{1}{x_{i+k} - x_i}$$

$$\geqslant \sum_{k=1}^{n-1} \frac{(n-k)^2}{2k} = \frac{n^2}{2}\left(H_{n-1} - \frac{1}{2} + \frac{1}{2n}\right),$$

因此不等式 $H_{n-1} = 1 + \frac{1}{2} + \cdots + \frac{1}{n-1} > \int_1^n dx/x = \log n$ 证明了第一部分.

对第二部分, 注意对于任意排列 σ 有

$$\sum_{1\leqslant j<k\leqslant n}\frac{1}{x_j-x_k}=\sum_{1<k\leqslant n}\sum_{j=1}^{k-1}\frac{1}{|x_{\sigma(k)}-x_{\sigma(j)}|}$$

$$\leqslant(n-1)\max_{1<k\leqslant n}\sum_{j=1}^{k-1}\frac{1}{|x_{\sigma(k)}-x_{\sigma(j)}|}.$$

这个论证来自 Erdős (1961, 237 页), 它讲述了简单均值的丰富的可能性.

第九章 赫尔德不等式

9.1 对第一个不等式, 通过取 $p=5/4$, $q=5$ 来应用赫尔德不等式, 再应用裂项相消恒等式 $1/(1\cdot2)+1/(2\cdot3)+\cdots+1/\{n(n+1)\}=1-1/(n+1)$ 就可以完成证明.

对第二个不等式, 通过取 $p=3/4$ 和 $q=4$ 来应用赫尔德不等式, 再应用欧拉的经典求和公式 $1+1/2^2+1/3^2+\cdots=\pi^2/6$, 就可以完成证明.

对第三个不等式, 取 $p=3/2$, $q=3$ 来应用赫尔德不等式, 再应用几何求和公式 $1+x^3+x^6+\cdots=1/(1-x^3)$ 就可以完成证明.

9.2 考虑满足 $|z|>1$ 的 z. 由赫尔德不等式可得

$$\left|\sum_{j=0}^{n-1}a_jz^j\right|\leqslant A_p\left(\sum_{j=0}^{n-1}|z|^{jq}\right)^{1/q},$$

从而有

$$|P(z)|\geqslant|z|^n\left(1-A_p\left(\sum_{j=0}^{n-1}\frac{1}{|z|^{(n-j)q}}\right)^{1/q}\right).$$

求和可得

$$\sum_{j=0}^{n-1}\frac{1}{|z|^{(n-j)q}}<\sum_{j=0}^{\infty}\frac{1}{|z|^{jq}}=\frac{1}{|z|^q-1}.$$

所以, 若 $A_p/(|z|^q-1)^{1/q}\leqslant1$, 则 $|P(z)|>0$. 也就是说, 对任何满足条件 $|z|>(1+A_p^q)^{1/q}$ 的 z, 有 $|P(z)|>0$.

包含半径不等式 (9.29) 是 M. Kuniyeda 得到的, 它很好地告诉我们灵活应用赫尔德不等式的好处. 对给定的多项式, 灵活选取 p 所导出的包含半径可能大大小于直接选取 $p=2$ 所得的包含半径. 这个结论和其他很多不等式来自 Mignotte 和 Ştefănescu (1999).

9.3 这个方法值得理解, 但习题本身没有太多要做的. 设 $\alpha_j=a_jb_jc_jd_j$ 且 $\beta_j=e_jf_jg_jh_j$. 先对 $\alpha_j\beta_j$ 的和应用柯西不等式, 再两次使用自然的分裂方法. 很显然 (但仍易被忽视!), 任意 $p\in[1,\infty)$ 可由形如 $p=2^k/j(1\leqslant j<2^k)$ 的有理数逼近.

9.4 应用习题 9.7 中的赫尔德不等式: 取 $D=[0,\infty)$, $w(x)=\phi(x)$, 以及自然的选择 $f(x)=x^{(1-\alpha)t_0}$, $g(x)=x^{\alpha t_1}$, $p=1/(1-\alpha)$ 和 $q=1/\alpha$. 该不等式的一个推论是, 若 t 阶矩是无穷的, 则 t_0 阶和 t_1 阶矩也一定是无穷的.

9.5 由不等式 (9.30) 中的等式,

$$\left|\sum_{k=1}^{n} a_k b_k\right| = \sum_{k=1}^{n} |a_k b_k| = \left(\sum_{k=1}^{n} |a_k|^p\right)^{1/p} \left(\sum_{k=1}^{n} |b_k|^q\right)^{1/q}. \tag{14.58}$$

设 $|a_1|, |a_2|, \ldots, |a_n|$ 为非零序列, 根据第 111 页对实变量情形的刻画, 第二个等号成立当且仅当存在常数 $\lambda \geqslant 0$ 使得对任何 $1 \leqslant k \leqslant n$, $\lambda |a_k|^{1/p} = |b_k|^{1/q}$.

新问题是何时第一个等号成立. 设 $a_k b_k = \rho_k e^{i\theta}$, 其中 $\rho_k \geqslant 0$, $\theta_k \in [0, 2\pi)$. 另设 $p_k = \rho_k/(\rho_1 + \rho_2 + \cdots + \rho_n)$, 则第一个等号成立当 $p_1 e^{i\theta_1} + p_2 e^{i\theta_2} + \cdots + p_n e^{i\theta_n}$ 在单位圆盘的边界. 它成立当且仅当存在常数 θ 使得对任何满足 $p_k \neq 0$ 的 k, $\theta = \theta_k$. 换句话说, 第一个等号成立当且仅当对任何使 $\arg\{a_k b_k\}$ 有意义的 k, $\arg\{a_k b_k\}$ 都相等.

9.6 求导可得 $\phi''(x) = (1-p)x^{-2+1/p}(1+x^{1/p})^{-2+p}/p$. 因为 $p > 1$ 且 $x \geqslant 0$, 可知 $\phi''(x) < 0$. 取 $w_k = |a_k|^p$ 及 $x_k = |b_k|^p/|a_k|^p$, (对凹函数) 应用延森不等式, 剩下的就是计算. 这个奇妙的证明是一个生动的例子, 它表明若能灵活地选取"正确"的函数, 延森不等式所能取得怎样的成果.

9.7 不失一般性, 可设上界中的积分不为零. 分别记这两个积分为 I_1 和 I_2, 对 $u = |f(x)|/I_1^{1/p}$ 和 $|g(x)|/I_2^{1/q}$ 应用杨不等式 (9.6), 乘上 $w(x)$, 然后积分. 由此经过算术运算就可得到赫尔德不等式. 难一点的任务是回溯论证以得到等式成立的条件.

9.8 自然的计算可证明 $f(x) = x^p/p$ 的勒让德变换是 $g(y) = y^q/q$, 其中 $q = p/(p-1)$. 因此, 不等式 (9.33) 是杨不等式 (9.6) 的推广. 类似地可以求得勒让德变换对:

$$f(x) = e^x \mapsto g(y) = y \log y - y \quad \text{和} \quad \phi(x) = x \log x - x \mapsto \gamma(y) = e^y.$$

这个例子揭示了如下猜测: 凸函数的勒让德变换的勒让德变换是原来的函数. 这个猜想确实是对的. 最终, 对 (c) 部分, 令 $0 \leqslant p \leqslant 1$, 注意到 $g(py_1 + (1-p)y_2) = \sup_{x \in D}\{x(py_1 + (1-p)y_2) - f(x)\}$ 同时也等于 $\sup_{x \in D}\left(p\{(xy_1 - f(x)\} + (1-p)\{xy_2 - f(x)\}\right)$. 因为它有上界 $pg(y_1) + (1-p)g(y_2) = \sup_{x \in D} p\{(xy_1 - f(x)\} + \sup_{x \in D}(1-p)\{xy_2 - f(x)\}$, 可见 g 是凸的.

9.9 (a) 部分由赫尔德不等式得到: 分裂 $a_j^r \cdot b_j^r$, 并取共轭指数为 $(p/r, q/r)$. (b) 部分可通过应用两次相似的赫尔德不等式得到. 不过, 采用里斯的方法可以减少计算量并获得洞见. 根据 AM–GM 不等式, 有 $xyz \leqslant x^p/p + y^q/q + z^r/r$, 引入归一化的值 $\hat{a}_j, \hat{b}_j$ 和 $\hat{c}_j$ 之后, 我们能像以前那样解决问题.

9.10 历史上的赫尔德不等式可在加权延森不等式 (9.31) 中取 $\phi(x) = x^p$ 直接得到. 这是为什么赫尔德将不等式 (9.31) 视为他的主要结果的原因. 为从不等式 (9.34) 得到现代赫尔德不等式 (9.1), 可取 $w_k = b_k^q$ 且 $y_k = a_k/b_k^{q-1}$. 为从不等式 (9.1) 得到历史上的赫尔德不等式, 可应用分裂技巧 $a_k b_k = \{w_k^{1/p} y_k\}\{w_k^{1/q}\}$.

9.11 从题目中的提示可得

$$\sum_{k=1}^{n}\left\{\theta a_k^{p/s}+(1-\theta)b_k^{q/s}\right\}^s \leqslant \left\{\theta\left\{\sum_{k=1}^{n}a_j^p\right\}^{1/s}+(1-\theta)\left\{\sum_{k=1}^{n}b_k^q\right\}^{1/s}\right\}^s.$$

令 $s\to\infty$, 利用公式 (8.5) 可得

$$\sum_{k=1}^{n}a_k^{\theta p}b_k^{(1-\theta)q} \leqslant \left\{\sum_{k=1}^{n}a_k^p\right\}^{\theta}\left\{\sum_{k=1}^{n}b_k^q\right\}^{1-\theta}. \tag{14.59}$$

令 $\theta=1/p$ 就得到赫尔德不等式. 这个来自 Kedlaya (1999) 和 Maligranda (2000) 的推导提醒我们, 公式 (8.5) 给出了另一个 "由加法到乘法" 转换的办法. 这在不等式理论中是很重要的.

9.12 固定 m 且对 n 做数学归纳. 对 $n=1$, 有 $w_1=1$, 此时不等式自然成立. 对于归纳步, 应用赫尔德不等式于 $u_1v_1+u_2v_2+\cdots+u_mv_m$, 其中

$$u_j=\prod_{k=1}^{n-1}a_{jk}^{w_k}, \quad v_j=a_{jn}^{w_n}, \quad p=1/(w_1+w_2+\cdots+w_{n-1}), \quad q=1/w_n.$$

可得不等式

$$\sum_{j=1}^{m}\prod_{k=1}^{n}a_{jk}^{w_k} \leqslant \left\{\sum_{j=1}^{m}\prod_{k=1}^{n-1}a_{jk}^{w_k/(w_1+\cdots+w_{n-1})}\right\}^{w_1+\cdots+w_{n-1}}\left(\sum_{j=1}^{m}a_{jn}\right)^{w_n}.$$

对括号中的 $(n-1)$ 重乘积之和应用归纳假设就可以完成证明.

为证明不等式 (9.36), 先对矩阵

$$A=\begin{pmatrix} x & x & x \\ x & \sqrt{xy} & y \\ x & y & z \end{pmatrix}$$

及 $w_1=w_2=w_3=1/3$ 应用不等式 (9.35). 由此可得不等式 $x+(xy)^{\frac{1}{2}}+(xyz)^{\frac{1}{3}}\leqslant \{(3x)(x+y+\sqrt{xy})(x+y+z)\}^{1/3}$. 利用 $\sqrt{xy}\leqslant(x+y)/2$ 可得

$$3x(x+y+\sqrt{xy})(x+y+z)\leqslant 27x\cdot\frac{x+y}{2}\cdot\frac{x+y+z}{3},$$

而这完成了来自 Lozansky 和 Rousseau (1996, 127 页) 的不等式 (9.36) 的证明. 不等式 (9.36) 来自 Finbarr Holland. 他也猜测了自然的 n 元情形的不等式. 证明由 Kiran Kedlaya 得到.

9.13 考虑不等式 (9.38) 和不等式 (9.39) 的逆, 有

$$(S_s/S_r)^{S_s/(s-r)}\leqslant b_1^{a_1b_1^s}b_2^{a_2b_2^s}\cdots b_n^{a_nb_n^s}\leqslant (S_t/S_s)^{S_s/(t-s)}.$$

上面的不等式可以更简洁地写成

$$(S_s/S_r)^{1/(s-r)} \leqslant (S_t/S_s)^{1/(t-s)} \quad \text{或} \quad S_s^{t-r} \leqslant S_r^{t-s} S_t^{s-r}.$$

这正是要证明的.

9.14 类似于问题 9.6, 利用尺度变换和逆向赫尔德不等式, 只需证明不等式

$$\sum_{j=1}^{m} \sum_{k=1}^{n} c_{jk} x_k y_j \leqslant M_\theta, \qquad \|\mathbf{x}\|_s \leqslant 1, \ \|\mathbf{y}\|_{t'} \leqslant 1, \tag{14.60}$$

其中 $t' = t/(t-1)$ 是 t 的共轭指数 (因而 $1/t + 1/t' = 1$). 对任何 j, k, $c_{jk} \geqslant 0$ 这一假设条件使得我们只要考虑非负的 x_j 和 y_k 就够了. 为沿用之前的模式, 要使用分裂技巧. 有多种可能的办法, 盲目寻找会使人沮丧. 但有一些观察可以帮助我们找准方向.

首先我们知道, 最终要将 x_k^s 之和与 $y_j^{t'}$ 之和同 c_{jk} 分离, 因为这是能使用假设 $\|\mathbf{x}\|_s \leqslant 1$ 和 $\|\mathbf{y}\|_{t'} \leqslant 1$ 的唯一方法. 此外, 分裂的使用还要用到 s, t 和 θ 的定义关系 (9.42).

将上面的提示结合起来, 注意到

$$(1-\theta)\frac{s}{s_0} + \theta\frac{s}{s_1} = s\frac{1}{s} = 1.$$

对共轭指数 $t' = t/(t-1)$, $t'_0 = t_0/(t_0-1)$ 以及 $t'_1 = t_1/(t_1-1)$, 有相似的关系

$$(1-\theta)\frac{t'}{t'_0} + \theta\frac{t'}{t'_1} = t'\{(1-\theta)(1-1/t'_0) + \theta(1-1/t'_1)\} = t'\frac{1}{t'} = 1.$$

利用上述关系对 $c_{jk}x_k y_j$ 进行分裂. 应用赫尔德不等式之后, x_k^s 的求和, 以及 $y_j^{t'}$ 的求和将会出现. 稍做实验, 就可得到不等式

$$\sum_{j=1}^{m} \sum_{k=1}^{n} c_{jk} x_k y_j = \sum_{j=1}^{m} \sum_{k=1}^{n} (c_{jk} x_k^{s/s_0} y_j^{t'/t'_0})^{1-\theta} (c_{jk} x_k^{s/s_1} y_j^{t'/t'_1})^{\theta}$$

$$\leqslant \left(\sum_{j=1}^{m} \left\{ \sum_{k=1}^{n} c_{jk} x_k^{s/s_0} \right\} y_j^{t'/t'_0} \right)^{1-\theta}$$

$$\times \left(\sum_{j=1}^{m} \left\{ \sum_{k=1}^{n} c_{jk} x_k^{s/s_1} \right\} y_j^{t'/t'_1} \right)^{\theta}.$$

这个不等式是用分裂技巧做估计的伟大胜利. 在认清上面的不等式之后, 可以发现它就是以前使用过多次的方法的自然结论.

为完成我们的估计, 需要求后面两个因子的上界. 对第一个因子, 很自然地想到赫尔德不等式: 采用共轭指数 t_0 和 $t'_0 = t_0/(t_0-1)$, 可得

$$\sum_{j=1}^{m} \left(\sum_{k=1}^{n} c_{jk} x_k^{s/s_0} \right) y_j^{t'/t'_0} \leqslant \left(\sum_{j=1}^{m} \left(\sum_{k=1}^{n} c_{jk} x_k^{s/s_0} \right)^{t_0} \right)^{1/t_0} \left(\sum_{j=1}^{m} y_j^{t'} \right)^{1/t'_0}$$

$$\leqslant M_0 \Big(\sum_{k=1}^n x_k^s\Big)^{1/s_0} \Big(\sum_{j=1}^m y_j^{t'}\Big)^{1/t_0'} \leqslant M_0,$$

在上面第二个不等式中, 应用不等式 $\|T\mathbf{x}\|_{t_0} \leqslant M_0 \|\mathbf{x}\|_{s_0}$, 其中向量 $\mathbf{x} = (x_1^s, x_2^s, \ldots, x_n^s)$. 用相同的办法我们可以得到第二个因子的上界

$$\sum_{j=1}^m \Big\{ \sum_{k=1}^n c_{jk} x_k^{s/s_1} \Big\} y_j^{t'/t_1'} \leqslant M_1.$$

回到最初的不等式, 有估计

$$\sum_{j=1}^m \sum_{k=1}^n c_{jk} x_k y_j \leqslant M_1^\theta M_0^{1-\theta}.$$

这恰是我们要解决的问题.

9.15 我们可以空手上阵, 但利用之前的习题也不乏教益. 根据已有假设 $\|T\mathbf{x}\|_2 \leqslant \|\mathbf{x}\|_2$, 由 M 的定义, 有 $\|T\mathbf{x}\|_\infty \leqslant M \|\mathbf{x}\|_1$. 由于 $\theta = (2-p)/p \in [0,1]$ 是线性系统

$$\Big(\frac{1}{p}, \frac{1}{q}\Big) = \theta \Big(\frac{1}{1}, \frac{1}{\infty}\Big) + (1-\theta)\Big(\frac{1}{2}, \frac{1}{2}\Big),$$

的唯一解, 不等式 (9.43) 是习题 9.14 的推论.

第十章　希尔伯特不等式与补偿困难

10.1 证明只需一行: 只需注意到

$$\sum_{j,k=1}^n a_j a_k x^j x^k = \Big(\sum_{j=1}^n a_j x^j\Big)^2 \geqslant 0$$

和 $[0,1]$ 上的积分. 一般说来, 我们自然地会用到 $1/\lambda_j = \int_0^1 x^{\lambda_j}\, dx$ 这样的表达式.

这个问题提醒我们, 在很多情况中用恰当的积分代替一个数 (或一个函数) 可能取得显著的进展. 尽管这个例子以及习题 7.5 所给的例子都很简单, 但是这一基本主题有无数变化, 有些变化还相当深刻.

10.2 直接代入, 调换顺序, 应用不等式 (10.18), 再调换次序, 最后用柯西不等式就会发现

$$\Big| \sum_{j,k} a_{jk} h_{jk} x_j y_k \Big|$$

$$= \Big| \int_D \Big(\sum_{j,k} a_{jk} x_j f_j(x) y_k g_k(x) \Big)\, dx \Big|$$

$$\leqslant \int_D M \Big(\sum_j |x_j f_j(x)|^2 \Big)^{1/2} \Big(\sum_k |y_k g_k(x)|^2 \Big)^{1/2}\, dx$$

$$\leqslant M\bigg(\sum_j x_j^2 \int_D |f_j(x)|^2\,dx\bigg)^{1/2}\bigg(\sum_k y_k^2 \int_D |g_k(x)|^2\,dx\bigg)^{1/2}.$$

由假设 (10.21) 能推出 $\alpha\beta M\|\mathbf{x}\|_2\|\mathbf{y}\|_2$ 这一上界.

10.3 仿照对希尔伯特不等式的证明, 取 $\lambda>0$, 再用类似的裂项技巧得到

$$\sum_{m=1}^\infty\sum_{n=1}^\infty \frac{a_m b_n}{\max(m,n)} = \sum_{m=1}^\infty\sum_{n=1}^\infty \frac{a_m b_n}{\max(m,n)}\left(\frac{m}{n}\right)^\lambda\left(\frac{n}{m}\right)^\lambda$$
$$= \sum_{m=1}^\infty\sum_{n=1}^\infty \frac{a_m}{\max^{\frac12}(m,n)}\left(\frac{m}{n}\right)^\lambda\frac{b_n}{\max^{\frac12}(m,n)}\left(\frac{n}{m}\right)^\lambda.$$

根据柯西不等式, 这个双重求和的平方的上界是如下求和

$$\sum_{m=1}^\infty\sum_{n=1}^\infty \frac{a_m^2}{\max(m,n)}\left(\frac{m}{n}\right)^{2\lambda} = \sum_{m=1}^\infty a_m^2 \sum_{n=1}^\infty \frac{1}{\max(m,n)}\left(\frac{m}{n}\right)^{2\lambda}$$

与包含 $\{b_n^2\}$ 对应的求和的乘积. 取 $\lambda=1/4$, 则有

$$\sum_{n=1}^\infty \frac{1}{\max(m,n)}\left(\frac{m}{n}\right)^{\frac12} = \sum_{n=1}^m \frac1m\left(\frac{m}{n}\right)^{\frac12} + \sum_{n=m+1}^\infty \frac1n\left(\frac{m}{n}\right)^{\frac12}$$
$$\leqslant \frac{1}{\sqrt m}\sum_{n=1}^m \frac{1}{\sqrt n} + \sqrt m \sum_{n=m+1}^m \frac{1}{n^{3/2}}$$
$$\leqslant \frac{1}{\sqrt m}2\sqrt m + \sqrt m\, 2\frac{1}{\sqrt m} \leqslant 4.$$

为完成证明, 只需注意到关于 $\{b_n^2\}$ 的求和恰恰满足类似的不等式.

最后, 通常的"极限测试法"可以证明不能用更小的值取代 4. 设 $a_n=b_n=n^{-\frac12-\epsilon}$, 可以验证

$$\sum_{n=1}^\infty a_n = \frac{1}{2\epsilon}+O(1) \quad 和 \quad \sum_{m=1}^\infty\sum_{n=1}^\infty \frac{a_m a_n}{\max(m,n)} = \frac{2}{\epsilon}+O(1).$$

往前看——在习题 10.5 中取 $K(x,y)=1/\max(x,y)$, 将常数 4 解释为如下积分

$$4 = \int_0^\infty \frac{1}{\sqrt u}\frac{1}{\max(1,u)}\,du$$

可能是对不等式 (10.3) 里的常数 4 的最好的理解.

10.4 可以一行行地照搬离散情况下的证明, 实际上也值得花时间这样做. 离散版本和连续版本之间的相似程度真的相当惊人.

10.5 第一步通过齐次变量代换 $y=ux$, 利用条件中 $K(x,y)$ 的齐次性:

$$I = \int_0^\infty\int_0^\infty f(x)K(x,y)g(y)\,dxdy$$

$$= \int_0^\infty f(x) \left\{ \int_0^\infty K(x,y)g(y)\, dy \right\} dx$$

$$= \int_0^\infty f(x) \left\{ \int_0^\infty K(x,ux)g(ux)x\, du \right\} dx$$

$$= \int_0^\infty f(x) \left\{ \int_0^\infty K(1,u)g(ux)\, du \right\} dx$$

$$= \int_0^\infty K(1,u) \left\{ \int_0^\infty f(x)g(ux)\, dx \right\} du.$$

一旦 K 被提到一个积分号外, 就可以对内层积分使用希尔伯特不等式而得到

$$\int_0^\infty f(x)g(ux)\, dx \leqslant \left(\int_0^\infty |f(x)|^2\, dx \right)^{\frac{1}{2}} \left(\int_0^\infty |g(ux)|^2\, dx \right)^{\frac{1}{2}}$$

$$= \left(\int_0^\infty |f(x)|^2\, dx \right)^{\frac{1}{2}} \frac{1}{\sqrt{u}} \left(\int_0^\infty |g(v)|^2\, dv \right)^{\frac{1}{2}},$$

所以最后可得

$$I \leqslant \int_0^\infty K(1,u) \frac{1}{\sqrt{u}}\, du \cdot \left(\int_0^\infty |f(x)|^2\, dx \right)^{\frac{1}{2}} \left(\int_0^\infty |g(v)|^2\, dv \right)^{\frac{1}{2}}.$$

这完成了对习题中 C 等于三个列出的积分中的第一个值的解答. 同时, 做一个简单的变量替换可以验证这三个积分是相等的.

这一论证是舒尔在其 1911 年的出色论文中的另一个杰作. 实际上, 舒尔证明了更为巧妙的有限范围结果,

$$\int_a^b f(x)K(x,y)g(y)dxdy \leqslant c \left(\int_a^b |f(x)|^2\, dx \right)^{\frac{1}{2}} \left(\int_a^b |g(y)|^2\, dy \right)^{\frac{1}{2}},$$

其中 $0 \leqslant a < b < \infty$. 在这种情况, 积分区域会随变量替换而改变, 但原先的计划还是有用的.

10.6 (a) 由积分比较得到:

$$\frac{t}{t^2+1^2} + \frac{t}{t^2+2^2} + \cdots + \frac{t}{t^2+n^2} < \int_0^n \frac{t}{t^2+x^2}\, dx \leqslant \int_0^\infty \frac{dy}{1+y^2} = \pi/2,$$

对 (b), 注意到

$$\sum_{k=1}^n a_k^2 w_k(t) = t \sum_{k=1}^n a_k^2 + \frac{1}{t} \sum_{k=1}^n k^2 a_k^2 = tA + \frac{1}{t}B$$

在 $t = (B/A)^{\frac{1}{2}}$ 时取到最小值. (c) 就是把前面的结论综合起来.

10.7 因为 $t \in [0, 2\pi]$ 时 $|t - \pi| \leqslant \pi$, 有

$$
\begin{aligned}
|I| &\leqslant \pi \left\{ \frac{1}{2\pi} \int_0^{2\pi} \left| \sum_{k=1}^N a_k\, e^{ikt} \right| \left| \sum_{k=1}^N b_k\, e^{ikt} \right| dt \right\} \\
&\leqslant \pi \left\{ \frac{1}{2\pi} \int_0^{2\pi} \left| \sum_{k=1}^N a_k\, e^{ikt} \right|^2 dt \right\}^{1/2} \left\{ \frac{1}{2\pi} \int_0^{2\pi} \left| \sum_{k=1}^N b_k\, e^{ikt} \right|^2 dt \right\}^{1/2} \\
&= \pi \left\{ \sum_{k=1}^n a_k{}^2 \right\}^{1/2} \left\{ \sum_{k=1}^n b_k{}^2 \right\}^{1/2}.
\end{aligned}
$$

这个快速得到希尔伯特不等式的方法被称为托普利兹法. 希尔伯特最初的证明也用到三角积分, 但是希尔伯特用的方法不如这个有效. 根据托普利兹的论证, 更一般地, 如果 φ 是任一在 $[0, 2\pi]$ 上有界的函数, 而且有傅里叶系数 c_n, $-\infty < n < \infty$, 那么会有关系式

$$
\left| \sum_{m=1}^N \sum_{n=1}^N c_{m+n}\, a_m\, b_n \right| \leqslant \|\varphi\|_\infty \|a\|_2 \|b\|_2.
$$

积分表达也可以用来证明更有特色的希尔伯特不等式的推广问题. 比如, 如果 $\alpha \notin \mathbb{Z}$, 那么

$$
\frac{1}{2\pi} \int_0^{2\pi} e^{i(n+\alpha)t} dt = \frac{1}{\pi(n+\alpha)} e^{i\alpha\pi} \sin \alpha\, \pi,
$$

而且这个表达式可以用来证明

$$
\left| \sum_{m=1}^N \sum_{n=1}^N \frac{a_m\, b_n}{m+n+\alpha} \right| \leqslant \frac{\pi}{|\sin \alpha\pi|} \|a\|_2 \|b\|_2.
$$

10.8 由变量代换并交换积分次序, 可得:

$$
\begin{aligned}
\int_0^\infty \frac{1}{1+y} \frac{1}{y^{2\lambda}}\, dy &= \int_0^\infty \left\{ \int_0^\infty e^{-t(1+y)}\, dt \right\} \frac{1}{y^{2\lambda}}\, dy \\
&= \int_0^\infty e^{-t} \left\{ \int_0^\infty e^{-ty} \frac{1}{y^{2\lambda}}\, dy \right\} dt \\
&= \int_0^\infty e^{-t} \left\{ \frac{\Gamma(1-2\lambda)}{t^{1-2\lambda}} \right\} dt = \Gamma(2\lambda)\Gamma(1-2\lambda).
\end{aligned}
$$

第十一章 哈代不等式与消落

11.1 取 $p = \beta/\alpha$, $q = \beta/(\beta-\alpha)$, 对不等式 (11.19) 的右边应用赫尔德不等式可得不等式

$$
\int_0^T \varphi^\beta(x)\, dx \leqslant C \left(\int_0^T \varphi^\beta(x)\, dx \right)^{\alpha/\beta} \left(\int_0^T \psi^{\beta/(\beta-\alpha)}(x)\, dx \right)^{(\beta-\alpha)/\beta}.
$$

不失一般性, 假设上述不等式右边的第一个积分因子非零, 从而可以在不等式两边同时除以该因子. 然后对所得不等式两边同时取 $\beta/(\beta-\alpha)$ 次幂, 就得到目标不等式 (11.20).

仅仅在相除这一步运用了 φ 是有界的这一条件. 我们可以利用关于有界函数的不等式去证明相应的关于无界函数的不等式. 一般, 首先考虑对有界函数利用消落, 这样可以避免可能取值无穷的积分带来的计算不便.

11.2 由 AM–GM 不等式有 $2x^3 \leqslant y^3+y^2x+yx^2 \leqslant y^3+2y^3/3+x^3/3+y^3/3+2x^3/3 = 2y^3 + x^3$. 在这个例子中, 左边的高阶项使这种变换成为可能, 但对那些非平凡的变换, 需要好好利用常数项. 如果将原问题中的 2 用 1/2 替换, 仅能得到平凡的不等式 $-x^3 \leqslant 4y^3$.

11.3 由假设 (11.21) 和施瓦茨不等式可得

$$\int_{-\pi}^{\pi} v^4(\theta)\, d\theta \leqslant \int_{-\pi}^{\pi} u^4(\theta)\, d\theta + 6 \left\{ \int_{-\pi}^{\pi} u^4(\theta)\, d\theta \right\}^{\frac{1}{2}} \left\{ \int_{-\pi}^{\pi} v^4(\theta)\, d\theta \right\}^{\frac{1}{2}},$$

使用自然的对应, 这就是 $x^2 \leqslant c^2 + 6cx$. 求解等号成立的情形, 可知 $x = c(6 \pm \sqrt{40})/2$. 因此, 取 $A = \{(6+\sqrt{40})/2\}^2$ 就可由假设 (11.21) 得到不等式 (11.22).

11.4 只需要几个很显然的改变就可以将对 L^2 不等式 (11.1) 的证明变成相应的对 L^p 不等式 (11.23) 的证明. 通过类比, 有

$$I = \int_0^T \left\{ \frac{1}{x} \int_0^x f(u)\, du \right\}^p dx = -\frac{1}{p-1} \int_0^T \left\{ \int_0^x f(u)\, du \right\}^p (x^{1-p})'\, dx,$$

再由分部积分可得等式

$$I = \frac{p}{p-1} \int_0^T f(x) \left\{ \frac{1}{x} \int_0^x f(u)\, du \right\}^{p-1} dx - \left.\frac{x^{1-p}}{p-1} \left\{ \int_0^x f(u)\, du \right\}^p \right|_0^T.$$

与之前一样, 第二项在边界 0 处取值为 0, 在 T 处为非正的; 因此有不等式

$$I \leqslant \frac{p}{p-1} \int_0^T f(x) \left\{ \frac{1}{x} \int_0^x f(u)\, du \right\}^{p-1} dx,$$

这就是预消落 L^2 不等式 (11.4) 的 L^p 情形的类比. 同习题 11.1 的做法相同, 令 $\alpha = p-1$ 和 $\beta = p$ 就可恰好得到 L^p 消落.

11.5 不失一般性, 假设对任何 $n = 1, 2, \ldots$, $a_n \geqslant 0$. 令 $A_n = a_1 + a_2 + \cdots + a_n$, 先后应用柯西不等式和哈代不等式 (11.9) 可得

$$T = \sum_{n=1}^{\infty} a_n(A_n/n) \leqslant 2 \sum_{n=1}^{\infty} a_n^2.$$

再利用更加简单的不等式

$$T \geqslant \sum_{n=1}^{\infty} a_n \sum_{m=1}^{n} \frac{a_m}{m+n} = \sum_{1 \leqslant m \leqslant n < \infty} \frac{a_m a_n}{m+n} \geqslant \frac{1}{2} S$$

就可完成证明.

11.6 这个问题的解决并不是很简单, 这里采用 Richberg (1993) 的方法. 首先, 注意到

$$\int_x^1 \int_x^1 \frac{1-(st)^N}{1-st}\,dsdt = \sum_{j=1}^N \int_x^1 \int_x^1 (st)^{j-1}\,dsdt = \sum_{j=1}^N \left(\frac{1-x^j}{j}\right)^2,$$

因此目标不等式等价于

$$\int_x^1 \int_x^1 \frac{1-(st)^N}{1-x^{2N}}\frac{dsdt}{1-st} < (4\log 2)\frac{1-x}{1+x}.$$

这个不等式可由下面的不等式得到

$$\int_x^1 \int_x^1 \frac{dsdt}{1-st} < (4\log 2)\frac{1-x}{1+x}.$$

直接计算可得

$$\int_x^1 \int_x^1 \frac{dsdt}{1-st} = 2\int_x^1 \log(1+t)\frac{dt}{t},$$

所以对目标不等式的证明变成证明

$$\int_x^1 \log(1+t)\frac{dt}{t} < (2\log 2)\frac{1-x}{1+x}.$$

我们在习题 7.10 中已经讲解了这个不等式及其最优性, 至此证明完毕.

11.7 这个观察极其显然. 为完整起见, 证明似乎是必要的. 由假设, 有不等式 $b_1 \leqslant a_1$, $b_2 \leqslant a_2$, ..., $b_N \leqslant a_N$. 因此, 对任意的 $1 \leqslant n \leqslant N$, 有 $(b_1 b_2 \cdots b_n)^{1/n} \leqslant (a_1 a_2 \cdots a_n)^{1/n}$, 这比我们需要的结果更强. 对无穷置换, 类似的问题更为精细, 但本题不是这样的问题.

11.8 从级数收敛可知 $n \to \infty$ 时, 余项 $r_n = a_{n+1}/(n+1) + a_{n+2}/(n+2) + a_{n+3}/(n+3) + \cdots$ 一定收敛到 0. 把余项详细列出来, 有

$$
\begin{array}{llllllll}
r_0 & = a_1 & +a_2/2 & +a_3/3 & \cdots+\cdots+\cdots & +a_n/n & +r_n \\
r_1 & = & a_2/2 & +a_3/3 & \cdots+\cdots+\cdots & +a_n/n & +r_n \\
r_2 & = & & a_3/3 & \cdots+\cdots+\cdots & +a_n/n & +r_n \\
\vdots & \vdots\ \vdots & \vdots & \vdots & \vdots & \vdots & \vdots \\
r_{n-2} & = & & & a_{n-1}/(n-1) & +a_n/n & +r_n \\
r_{n-1} & = & & & & a_n/n & +r_n,
\end{array}
$$

对两边求和可得漂亮的等式

$$(a_1 + a_2 + \cdots + a_n)/n = -r_n + (r_0 + r_1 + \cdots + r_{n-1})/n, \tag{14.61}$$

对等式两边同时取极限便可以得到 (11.25).

第十二章 对称和

12.1 设 $P(x)$ 的根为 $x_1, x_2, \ldots, x_n$, 则 $a_{n-1}/a_n = (1/x_1 + 1/x_2 + \cdots + 1/x_n)$ 和 $a_1 = x_1 + x_2 + \cdots + x_n$, 由 HM–AM 不等式 (8.14) 可得 $(a_{n-1}/a_n)^{-1} \leqslant a_1/n$. 这道习题给出了一个基本的提示: 关于多项式系数与对称和的结论几乎一一对应.

12.2 (a) 通过展开与化简, 可见我们需要证明

$$6abc \leqslant ac^2 + ab^2 + ba^2 + bc^2 + ca^2 + cb^2 \overset{\text{def}}{=} R,$$

设 $a = x_1$, $b = x_2$ 和 $c = x_3$, 有

$$\sum_{\sigma \in \mathcal{S}(3)} x_{\sigma(1)} x_{\sigma(2)} x_{\sigma(3)} = 6abc \quad \text{和} \quad \sum_{\sigma \in \mathcal{S}(3)} x_{\sigma(1)} x_{\sigma(2)}^2 = R.$$

由 $(1,1,1) = \frac{1}{6}(2,1,0) + \frac{1}{6}(2,0,1) + \cdots + \frac{1}{6}(0,1,2)$ 可知 $(1,1,1)$ 在 $H[(2,1,0)]$ 中, 因此可应用 Muirhead 不等式.

(b) 由 $(1,1,0,\ldots,0) = \frac{1}{2}(2,0,0,\ldots,0) + \frac{1}{2}(0,2,0,\ldots,0)$ 可得 $(1,1,0,\ldots,0) \in H[(2,0,0,\ldots,0)]$, 注意到

$$\sum_{\sigma \in \mathcal{S}(n)} a_{\sigma(1)} a_{\sigma(2)} = 2(n-2)! \sum_{1 \leqslant j < k \leqslant n} a_j a_k \quad \text{与} \quad \sum_{\sigma \in \mathcal{S}(n)} a_{\sigma(1)}^2 = (n-1)! \sum_{j=1}^{n} a_j^2,$$

再由 Muirhead 不等式足以得出所要的结论.

(c) 由于

$$\{(1/2, 1/2, 0, \ldots, 0) + \cdots + (0, \ldots, 0, 1/2, 1/2)\} / \binom{n}{2} = (1/n, 1/n, \ldots, 1/n),$$

注意到

$$\sum_{\sigma \in \mathcal{S}(n)} a_{\sigma(1)}^{1/n} \cdots a_{\sigma(n)}^{1/n} = n!(a_1 a_2 \cdots a_n)^{1/n} \quad \text{与}$$

$$\sum_{\sigma \in \mathcal{S}(n)} a_{\sigma(1)}^{1/2} a_{\sigma(2)}^{1/2} = 2(n-2)! \sum_{1 \leqslant j < k \leqslant n} \sqrt{a_j a_k},$$

再应用 Muirhead 不等式即可.

12.3 将不等式 (12.23) 的左侧乘以 $(xyz)^{1/3}$, 然后考虑如下不等式

$$x^{7/3} y^{1/3} z^{1/3} + x^{1/3} y^{7/3} z^{1/3} + x^{1/3} y^{1/3} z^{7/3} \leqslant x^3 + y^3 + z^3. \tag{14.62}$$

它在某种意义上推广了原先的问题, 即如果能够证明不等式 (14.62) 对所有非负的 x, y, z 都成立, 则不等式 (12.23) 在 $xyz = 1$ 时必成立. 幸运的是, 这个新不等式 (14.62) 是 Muirhead 不等式与如下关系

$$(7/3, 1/3, 1/3) = \frac{7}{9}(3,0,0) + \frac{1}{9}(0,3,0) + \frac{1}{9}(0,0,3)$$

的一个推论. Kedlaya (1999) 也提出了齐次化方法的几个更为复杂的例子.

12.4 通过扩展不等式 (12.24), 可见简化后它等价于如下断言

$$\sum_{(j,k):j\neq k} x_j^m x_k^m \leqslant \sum_{(j,k):j\neq k} x_j^{m-1} x_k^{m+1},$$

由 $(m,m,0,\ldots,0) = \frac{1}{2}(m+1,m-1,0,\ldots,0) + \frac{1}{2}(m-1,m+1,0,\ldots,0)$, 因此不等式 (12.24) 可由 Muirhead 不等式推出.

12.5 令人惊讶的是, 本题的求解者可发现 Bunyakovsky (1854) 给出的一个同样的例子:

$$p(x,y) = \left\{x^2 + (1-y)^2\right\}\left\{y^2 + (1-x)^2\right\}.$$

它满足 $p(1,0) = 0$ 和 $p(0,1) = 0$, 在其他地方 $p(x,y)$ 严格为正. 因此, 尽管 p 是对称的, p 的最小值点并不在对角线 $D = \{(x,y) : x = y\}$ 上. 顺便说一句, 这个问题提醒我们, 求解猜想时, 留点时间找反例是很重要的. 这样常会很快地发现某个猜想需要更加精确的表述——或甚至不成立.

12.6 首先, 由 (循环) 对称性, 可以假设 $x \geqslant y, x \geqslant z$. 这使 x 变得 "特殊", 所以接下来很自然地要考虑 y 和 z 的对称性. 考虑差值

$$f(x,y,z) - f(x,z,y) = (y-z)(x-y)(x-z),$$

可见当 y 小于 z 时它是负的. 因此, 不失一般性, 可假设 $y \geqslant z$. 假设 $x \geqslant y \geqslant z$, 则 $f(x+z,y,0) - f(x,y,z) = z^2 y + yz(x-y) + xy(y-z) \geqslant 0$, 因此不妨假设 $z = 0$. 现在我们按题目中所给的提示完成本题的计算. 也可以应用 AM–GM 不等式验证. 如果 $x + y = 1$, 则

$$f(x,y,0) = \frac{x^2 y}{2} \leqslant \frac{1}{2}\left(\frac{x+x+2y}{3}\right)^3 = 4/27.$$

这道习题带给我们的一个启发是, 通常可以通过考虑如交换两个变量这样的简单变换时函数如何变化来取得逐步进展.

12.7 Pitman 通过下述方法解决了他的问题 3.1.24. 首先展开等式 $1 = (x+y+z)^3$, 然后注意到只要证明

当 $x + y + z = 1$ 时, $Q = x^2 y + x^2 z + y^2 x + y^2 z + z^2 x + z^2 y \leqslant 1/4$.

将 Q 写成 $Q = x\{x(y+z)\} + y\{y(x+z)\} + z\{z(x+y)\}$, 则只要注意到, 由 AM–GM 不等式可证三个花括号中的量都小于或等于 $1/4$. 其他求解方法可以利用习题 12.3 中的齐次化技巧, 或舒尔不等式 (第 69 页), 或习题 12.6 的简化策略.

12.8 这个基本 (但非常有用!) 的不等式提醒我们, 对称往往是成功裂项的关键. 由下面的裂项等式

$$a_1 a_2 \cdots a_n - b_1 b_2 \cdots b_n = \sum_{j=1}^{n} a_1 \cdots a_{j-1}(a_j - b_j) b_{j+1} \cdots b_n$$

可立即得到魏尔斯特拉斯不等式. 自然地, 该等式的推广可带给我们更强版本的魏尔斯特拉斯不等式.

第十三章　控制和舒尔凸

13.1 从下列等式中的任何一个

$$\begin{pmatrix} a \\ b \\ c \end{pmatrix} = \begin{pmatrix} 1/2 & 1/3 & 1/6 \\ 1/3 & 2/3 & 0 \\ 1/6 & 0 & 5/6 \end{pmatrix} \begin{pmatrix} x \\ y \\ z \end{pmatrix}, \qquad \begin{pmatrix} a \\ b \\ c \end{pmatrix} = \begin{pmatrix} 0 & 1/2 & 1/2 \\ 1/2 & 1/6 & 1/3 \\ 1/2 & 1/3 & 1/6 \end{pmatrix} \begin{pmatrix} x \\ y \\ z \end{pmatrix}$$

可知 $(a, b, c) \prec (x, y, z)$. 题目中的不等式分别来自映射 $(x, y, z) \mapsto xyz$ 的舒尔凹性以及 $(x, y, z) \mapsto 1/x^5 + 1/y^5 + 1/z^5$ 的舒尔凸性.

13.2 设 $s = (x_1 + x_2 + \cdots + x_n)/k$, 则 $(x_1, x_2, \ldots, x_n) \prec (s, s, \ldots, s, 0, 0, \ldots, 0)$, 其中有 k 个 s. 对凸函数 $\phi : [0, \infty) \to \mathbb{R}$, 由舒尔控制不等式 (13.18) 可得 $\phi(x_1) + \phi(x_2) + \cdots + \phi(x_n) \leqslant (n - k)\phi(0) + k\phi(s)$. 取 $\phi(x) = 1/(1 + x)$ 可得 (13.21).

13.3 设

$$y_k = \begin{cases} \mu + \delta/m, & 1 \leqslant k \leqslant m, \\ \mu - \delta/(n - m), & m < k \leqslant n, \end{cases}$$

其中 $\mu = (x_1 + x_2 + \cdots + x_n)/n$, 则从条件 (13.22) 很容易得到 $\mathbf{y} \prec \mathbf{x}$. 映射 $f(\mathbf{x}) = x_1^2 + x_2^2 + \cdots + x_n^2$ 是舒尔凸的, 所以有 $f(\mathbf{y}) \prec f(\mathbf{x})$. 将它展开正是所要的不等式 (13.23). 如果想知道它与塞迈雷迪正则性引理的联系, 请看 Komlós 和 Simonovits (1996).

13.4 两次应用消去, 等式 (13.24) 可将舒尔微分 (13.4) 简化为

$$-(x_s - x_t)^2 e_{k-2}(x_1, x_2, \ldots, x_{s-1}, x_{s+1}, \ldots, x_{t-1}, x_{t+1}, \ldots, x_n),$$

对 $\mathbf{x} \in [0, \infty)^n$, 该多项式显然是非正的.

13.5 只要利用舒尔微分准则 (13.4) 和

$$(x_j - x_k)(s_{x_j}(\mathbf{x}) - s_{x_k}(\mathbf{x})) = 2(x_j - x_k)^2/(n - 1) \geqslant 0 \quad \text{以及}$$

$$(p_j - p_k)(h_{p_j}(\mathbf{p}) - h_{p_k}(\mathbf{p})) = -(p_j - p_k)(\log p_j - \log p_k) \leqslant 0,$$

其中下标表示偏导数. 顺便说一下, 第二个式子证明不仅在 $(0, \infty)^n$ 上对 $\mathbf{p}$ 求和为 1 的子集上, $h(\mathbf{p})$ 是舒尔凹的, 在整个 $(0, \infty)^n$ 上, $h(\mathbf{p})$ 也是舒尔凹的.

13.6 由于 $(1/n, 1/n, \ldots, 1/n) \prec \mathbf{p}$, 设 $\phi(x) = (x + 1/x)^\alpha$, 则由于 $0 \leqslant x \leqslant 1, \alpha > 0$ 时

$$\phi''(x) = \alpha(x + 1/x)^\alpha (x + x^3)^{-2}\{(1 + x^2 - x^4) + \alpha(1 - x^2)^2\}$$

是正的, 可知待证结论是不等式 (13.18) 的特例. Marshall 和 Olkin (1979, 72 页) 发现舒尔凸和该问题的联系. 利用拉格朗日乘子的证明由 Mitrinović (1970, 282 页) 提出.

13.7 在均匀分布情形, 概率是

$$1 - (1 - 1/365) \cdot (1 - 2/365) \cdots (1 - 22/365) \sim 0.5079 \cdots .$$

在一般情形, 概率是 $1 - n!e_n(p_1, p_2, \ldots, p_{365})$, 其中 $e_n(\mathbf{p})$ 是 n 次对称多项式, p_k 是随机选取的一人出生于第 k 天的概率. 由习题 13.4, 多项式 $e_n(\mathbf{p})$ 是舒尔凹的, 这比所需要的更强. Clevenson, Watkins (1991), Proschan, Joag–Dev (1992) 给出了控制与出生问题的联系. McConnell (2001) 不经显式利用控制给出了非均匀概率情形的证明.

13.8 必要性的证明十分显然, 只需证明充分性. 按外尔的术语, 女孩 j 认识且只认识集合 S_j 中的男孩. 所以对给定的女孩集合 A, 集合 $\cup_{j \in A} S_j$ 中的任何男孩为集合 A 的某些女孩所认识. 现考虑两种情形.

情形 I. 假设对所有满足 $|A| < n$ 的 A, 不等式 (13.26) 是严格的. 第 n 个女孩嫁给任何一个她认识的男孩 b. 对任何 $1 \leqslant j \leqslant n-1$, 将 S_j 用 $S_j \setminus \{b\}$ 替换后, 对所有 $A \subset \{1, 2, \ldots, n-1\}$, 条件 (13.26) 仍成立, 剩下的女孩可以通过归纳法嫁给剩下的男孩.

情况 II. 假设对某 $|A_0| < n$, (13.26) 取等号. 令

$$B = \bigcup_{j \in A_0} S_j \quad \text{且设} \quad S_j' = S_j \setminus B, \qquad j \in A_0^c.$$

由归纳法, 集合 A_0 中的女孩可以嫁给在集合 B 中的男孩. 余下来只要证明在集合 A_0^c 中的女孩可以嫁给集合 B^c 中的男孩. 取任意 $A \subset A_0^c$ 有

$$\left| \bigcup_{j \in A_0 \cup A} S_j \right| \geqslant |A_0 \cup A| = |A| + |A_0|.$$

我们还有等式

$$\left| \bigcup_{j \in A_0 \cup A} S_j \right| = \left| \left\{ \bigcup_{j \in A_0} S_j \right\} \bigcup \left\{ \bigcup_{j \in A} S_j' \right\} \right| = |A_0| + \left| \bigcup_{j \in A} S_j' \right|.$$

因此, 对所有的 $A \subset A_0^c$, 有

$$\left| \bigcup_{j \in A} S_j' \right| \geqslant |A|;$$

即 A_0^c 中任何有 k 个女孩的子集至少认识 B^c 中的 k 个男孩. 由数学归纳法, A_0^c 的女孩可以嫁给 B^c 中的男孩. 本证明本质上由 Halmos 和 Vaughan (1950) 提出. 婚姻引理是匹配理论这一庞大而活跃的研究领域中的里程碑. 匹配理论的漂亮综述可以参考 Lovász 和 Plummer (1986).

13.9 可以对 D 中非零元素的数目用归纳法. 但找出算法计算所需的凸组合可能更加具体. 另外, 基本的思想是利用婚姻引理一步一步地推进. 对任何 $1 \leqslant j \leqslant n$, 用 S_j 表示所有满足 $d_{jk} > 0$ 的 k 的集合. 对任何一个 $A \subset \{1, 2, \ldots, n\}$, 有

$$|A| = \sum_{j \in A} \sum_{k \in S_j} d_{jk} \leqslant \sum_{k \in \cup_{j \in A} S_j} \sum_{1 \leqslant j \leqslant n} d_{jk} = \left| \bigcup_{j \in A} S_j \right|.$$

由婚姻引理, 存在 $\{S_1, S_2, \ldots, S_n\}$ 的 SDR 系. 所以可定义置换 σ 使得对每一个 $j = 1, 2, \ldots, n$, $\sigma(j)$ 是从 S_j 中取的代表. 令 P_σ 为 σ 的置换矩阵, $\alpha = \min d_{j\sigma(j)} > 0$. 如果 $\alpha = 1$, 则 D 是置换矩阵, 证明完毕. 另一方面, 如果 $\alpha < 1$, 考虑新的矩阵 $D' = (1 - \alpha)^{-1}(D - \alpha P_\sigma)$. 则 $D = \alpha P_\sigma + (1 - \alpha)D'$ 且 D' 是比 D 有更多零元素的双随机矩阵. 现在可以应用归纳假设于 D' 以完成证明. 也可以重复类似的步骤直到完成表示以得到计算所要求和, 这个过程至多需要 n^2 次计算.

第十四章 消去和聚合

14.1 为证明第二个不等式 (14.29), 对 $b_1 z_1 + b_2 z_2 + \cdots + b_n z_n$ 作分部求和, 可得

$$S_1(b_1 - b_2) + S_2(b_2 - b_3) + \cdots + S_{n-1}(b_{n-1} - b_n) + S_n b_n.$$

由

$$|S_1||b_1 - b_2| + |S_2||b_2 - b_3| + \cdots + |S_{n-1}||b_{n-1} - b_n| + |S_n|b_n$$
$$\leqslant \max_{1 \leqslant k \leqslant n} |S_k| \{ (b_2 - b_1) + (b_3 - b_2) + \cdots + (b_n - b_{n-1}) + b_n \}$$
$$= \{ (b_n - b_1) + b_n \} \max_{1 \leqslant k \leqslant n} |S_k| \leqslant 2b_n \max_{1 \leqslant k \leqslant n} |S_k|$$

可得 $|b_1 z_1 + b_2 z_2 + \cdots + b_n z_n|$ 的上界.

14.2 由 g 的非负性可得不等式

$$\min_{a \leqslant y \leqslant b} f(y) \int_a^b g(x)\, dx \leqslant \int_a^b f(x)g(x)\, dx \leqslant \max_{a \leqslant y \leqslant b} f(y) \int_a^b g(x)\, dx.$$

由 f 的连续性, f 可以取到它最小值与最大值之间的所有值. 由此观察可得第一积分中值公式 (14.30). 为证明积分第二中值公式, 取 Φ 使得 $\Phi(a) = 0$, $\Phi'(x) = \phi(x)$. 由分部积分, 并对 $f(x) = \Phi(x)$ 和 $g(x) = -\psi'(x) \geqslant 0$ 应用积分第一中值公式, 可得

$$\int_a^b \psi(x)\phi(x)\, dx = \int_a^b \psi(x)\Phi'(x)\, dx = \psi(b)\Phi(b) - \int_a^b \psi'(x)\Phi(x)\, dx$$
$$= \psi(b)\Phi(b) - \Phi(\xi) \int_a^b \psi'(x)\, dx$$
$$= \psi(a) \left\{ \frac{\psi(a) - \psi(b)}{\psi(a)} \Phi(\xi) + \frac{\psi(b)}{\psi(a)} \Phi(b) \right\}.$$

因为 $0 < \psi(b) \leqslant \psi(a)$, 括号中的量是 $\Phi(b)$ 和 $\Phi(\xi)$ 的平均. 由 Φ 的连续性, 存在 $\xi_0 \in [\xi, b] \subset [a, b]$ 使得这个平均值等于 $\Phi(\xi_0)$.

14.3 不等式 (14.32) 是积分第二中值公式 (14.31) 的直接推论. 取 $f(x) = 1/x$, $g(x) = \sin x$, 并注意到 g 在 $[a, b]$ 的积分是 $\cos b - \cos a$, 绝对值小于 2, 从而可得不等式 (14.33).

14.4 由条件可知 $\theta'(\cdot)$ 是单调的, 因此, 不失一般性, 可假设它是非减的. 由习题 14.2 中的积分第二中值公式, 可得

$$\int_a^b \cos\theta(x)\,dx = \int_a^b \frac{\theta'(x)\cos\theta(x)}{\theta'(x)}\,dx$$
$$= \frac{1}{\theta'(a)}\int_a^\xi \{\cos\theta(x)\}\theta'(x)\,dx = \frac{\sin\theta(\xi) - \sin\theta(a)}{\theta'(a)}.$$

最后的比的绝对值小于 $2/\nu$, 所以为完成证明, 只需要验证可对目标不等式 (14.34) 中虚部的积分应用完全类似的论述.

因为 $\theta'(x)$ 是严格单调的, 它在区间 $[a, b]$ 中最多只有一个零点. 不妨假设这个零点为 c. 为证明第二个不等式 (14.35), 将区间 $[a, b]$ 上的积分 I 写成求和 $I_1 + I_2 + I_3$, 它们分别表示在 $[a, c-\delta]$, $[c-\delta, c+\delta]$ 和 $[c+\delta, b]$ 上积分. 在区间 $[c+\delta, b]$ 上, 有 $\theta'(x) \geqslant \rho\delta$, 所以由不等式 (14.34), 有 $|I_3| \leqslant 4/\rho\delta$. 对 I_1 使用类似的不等式, 然而针对积分 I_2 有平凡的不等式 $|I_2| \leqslant 2\delta$. 综合起来, 可得

$$|I| \leqslant |I_1| + |I_2| + |I_3| \leqslant \frac{8}{\rho\delta} + 2\delta,$$

通过令 $\delta = 2/\sqrt{\rho}$ 来对上界极小化, 由此可得目标不等式 (14.35). 为百分百完成证明, 最后需要注意到如果 $c \pm 2/\sqrt{\rho} \notin [a, b]$ 或者说 $\theta'(x)$ 在 $[a, b]$ 中没有零点, 目标不等式依然成立.

14.5 用 W 表示目标和. 注意到

$$|W| = \left|\sum_{j\in A}\sum_{k\in B}\exp\left(\frac{2\pi ijk}{p}\right)\right| \leqslant \sum_{j\in A}\left|\sum_{k\in B}\exp\left(\frac{2\pi ijk}{p}\right)\right|,$$

由柯西不等式可得

$$|W|^2 \leqslant |A|\sum_{j\in A}\left|\sum_{k\in B}\exp\left(\frac{2\pi ijk}{p}\right)\right|^2.$$

现在我们要用一个很巧妙的技巧: 将外面的和扩充到全部 $\mathbb{F}_p = \{0, 1, \ldots, p-1\}$. 因为只是多加了些正的项, 所以是可行的. 这也是合理的, 因为这样我们就可以使用消去等式 (14.36). 为使代数看起来整洁一点, 首先定义函数 $\delta(x)$: $\delta(0) = 1$, 且对任何 $x \neq 0$, $\delta(x) = 0$. 因而有

$$|W|^2 \leqslant |A|\sum_{j\in\mathbb{F}_p}\left|\sum_{k\in B}\exp\left(\frac{2\pi ijk}{p}\right)\right|^2$$

$$= |A| \sum_{j \in \mathbb{F}_p} \sum_{k_1, k_2 \in B} \exp\left(\frac{2\pi i j (k_1 - k_2)}{p}\right)$$

$$= |A| \sum_{k_1, k_2 \in B} \sum_{j \in \mathbb{F}_p} \exp\left(\frac{2\pi i j (k_1 - k_2)}{p}\right)$$

$$= |A| p \sum_{k_1, k_2 \in B} \delta(k_1 - k_2) = p|A||B|.$$

这个问题及其描述"扩张再攻克"来自 Shparlinski (2002) 的翔实讨论. 从中还可见到多个如何充分利用完全和的例子. Shparlinski 建立了 (14.37) 此类型的不等式与维诺格拉朵夫 (I.M. Vinogradov) 工作的联系; Vinogradov (1954, 128 页) 中的习题 14 就是这种类型.

14.6 对任何 $1 \leqslant k \leqslant \lceil \log_2(x) \rceil = K$, 有不等式 $g(x/2^{k-1}) - g(x/2^k) \leqslant Ax/2^{k-1} + B$. 对它们求和可得 $g(x) - g(x/2^K) \leqslant Ax(1 + 1/2 + 1/2^2 + \cdots + 1/2^K) + KB$, 因而有 $g(x) \leqslant 2Ax + B\lceil \log_2(x) \rceil + \max_{0 \leqslant t \leqslant 1} g(t)$, 所以可取 $A' = 2A$, $B' = B$ 以及 $C' = B + \max_{0 \leqslant t \leqslant 1} g(t)$.

14.7 对任意 $A \subset \{1, 2, \ldots, n\}$, 有

$$\int_0^1 \left(\sum_{j \in A} c_j \psi_j(x) \, dx\right)^2 dx = \sum_{j \in A} \sum_{k \in A} c_j c_k a_{jk} \leqslant C \sum_{j \in A} c_j^2, \tag{14.63}$$

最后一个不等式应用了假设条件 (14.39): 对 $j \in A$, 取 $y_j = c_j$, 对 $j \notin A$, 设 $y_j = 0$. 接下来, 在实变量不等式 (14.26) 中用 $c_i \psi_i(x)$ 替换 a_i 并积分, 可得

$$\int_0^1 \max_{1 \leqslant k \leqslant n} \left(\sum_{i=1}^k c_i \psi_i(x)\right)^2 dx \leqslant \lceil \log_2(n) \rceil \sum_{B \in \mathcal{B}} \int_0^1 \left(\sum_{i \in B} \psi_i(x)\right)^2 dx$$

$$\leqslant \lceil \log_2(n) \rceil \sum_{B \in \mathcal{B}} C \sum_{i \in B} c_i^2$$

$$\leqslant \lceil \log_2(n) \rceil \lceil 1 + \log_2(n) \rceil C \sum_{i=1}^n c_i^2,$$

这比目标不等式 (14.40) 稍微强一点.

14.8 通过分裂

$$\rho^{-|j-k|} y_j y_k = \rho^{-|j-k|/2} y_j \cdot \rho^{-|j-k|/2} y_k,$$

可以用柯西不等式得到

$$\left(\sum_{j=1}^n \sum_{k=1}^n \rho^{-|j-k|} y_j y_k\right)^2$$

$$\leqslant \sum_{j=1}^n \sum_{k=1}^n \rho^{-|j-k|} y_j^2 \cdot \sum_{j=1}^n \sum_{k=1}^n \rho^{-|j-k|} y_k^2$$

$$\leqslant \sum_{j=1}^{n} y_j^2 \left(\max_{1 \leqslant j \leqslant n} \sum_{k=1}^{n} \rho^{-|j-k|} \right) \cdot \sum_{k=1}^{n} y_k^2 \left(\max_{1 \leqslant k \leqslant n} \sum_{j=1}^{n} \rho^{-|j-k|} \right).$$

由几何级数求和可得

$$\max_{1 \leqslant k \leqslant n} \sum_{j=1}^{n} \rho^{-|j-k|} \leqslant \sum_{j \in \mathbb{Z}} \rho^{-|j|} = \frac{1+\rho}{1-\rho},$$

因此我们的柯西估计可以简化为如下简单不等式

$$\left| \sum_{j=1}^{n} \sum_{k=1}^{n} \rho^{-|j-k|} y_j y_k \right| \leqslant \frac{1+\rho}{1-\rho} \sum_{k=1}^{n} y_k^2. \tag{14.64}$$

利用不等式 (14.64), 取 $M = (1+\rho)/(1-\rho)$, 则习题 14.8 的结论可由习题 14.7 得到.

14.9 由 S_θ 的定义可得

$$f(\theta) \stackrel{\text{def}}{=} \left| \sum_{z_k \in S_\theta} z_k \right| = \left| \sum_{z_k \in S_\theta} z_k e^{-i\theta} \right| \geqslant \left| \sum_{z_k \in S_\theta} \operatorname{Re}\left(z_k e^{-i\theta} \right) \right|$$

$$= \left| \sum_{z_k \in S_\theta} |z_k| \cos(\theta - \arg z_k) \right| = \sum_{z_k \in S_\theta} |z_k| \cos(\theta - \arg z_k).$$

下面只要证明 $\max f(\theta)$ 与不等式 (14.41) 的左边一样大. 为此, 计算均值

$$\frac{1}{2\pi} \int_0^{2\pi} f(\theta)\, d\theta \geqslant \frac{1}{2\pi} \int_0^{2\pi} \sum_{z_k \in S_\theta} |z_k| \cos(\theta - \arg z_k)\, d\theta$$

$$= \sum_{k=1}^{n} \frac{|z_k|}{2\pi} \int_{\arg(z_k)-\pi/2}^{\arg(z_k)+\pi/2} \cos(\theta - \arg z_k)\, d\theta = \frac{1}{\pi} \sum_{k=1}^{n} |z_k|.$$

因此, 确实存在 θ^* 使得 $f(\theta^*)$ 至少与最后的求和一样大. 对充分大的 N, 取 $\{z_k = \exp(ik2\pi/N) : 0 \leqslant k < N\}$, 可以证明常数 $1/\pi$ 不能被改进. 这里的证明来自 W.W. Bledsoe (1970). Mitrinović (1970, 331 页) 注意到类似的结果更早由 D.Ž. Djoković 得到.

14.10 用 L, R 分别表示目标不等式 (14.42) 的左边和右边. 通过平方, 调整顺序, 可得表示

$$L = \sum_{r=1}^{R} \sum_{s=1}^{R} \sum_{n=1}^{N} \sum_{m=1}^{N} \bar{a}_n\, \bar{y}_{nr}\, y_{ns}\, a_m\, y_{mr}\, \bar{y}_{ms}$$

$$= \sum_{n=1}^{N} \sum_{m=1}^{N} a_m \bar{a}_n \left\{ \sum_{r=1}^{R} \sum_{s=1}^{R} y_{mr}\, \bar{y}_{ms}\, \bar{y}_{nr}\, y_{ms} \right\}$$

$$= \sum_{n=1}^{N} \sum_{m=1}^{N} a_m\, \bar{a}_n \sum_{r=1}^{R} y_{mr}\, \bar{y}_{nr} \sum_{s=1}^{R} \bar{y}_{ms}\, y_{ms}$$

$$= \sum_{n=1}^{N} \sum_{m=1}^{N} a_m\, \bar{a}_n \left| \sum_{r=1}^{R} y_{mr}\, \bar{y}_{nr} \right|^2,$$

对右边的 R 作同样的计算可得

$$R = \sum_{n=1}^{N} \sum_{m=1}^{N} A_m A_n \left| \sum_{r=1}^{R} y_{mr} \bar{y}_{nr} \right|^2,$$

所以, 由假设可知 $L \leqslant R$. 不等式 (14.42) 给出了一类被称作控制原理的不等式的一般例子. 这里的处理方法来自 Montgomery (1994, 132 页) 中的定理 4.

14.11 最直接的证明需要很大的篇幅并适时地应用柯西不等式. 首先用向量分量 $u_{mj}(1 \leqslant j \leqslant d)$ 和 $v_{nk}(1 \leqslant k \leqslant d)$ 展开 $|\langle \mathbf{u}_m, \mathbf{v}_n \rangle|^2$. 然后改变求和顺序, 使得关于 j 和 k 的双重求和在最外面, 然后应用柯西不等式. 最后, 对最后所得两个带根号的表达式中的每一个, 改变求和顺序并用内积解释最内层的求和.

这个解答扩展了 Montgomery (1994, 144 页) 的注释——习题 14.10 的解答所使用的操作可以被用来证明 Enflo 不等式. 另外一个解答可基于如下观察: 函数 $\phi_{n,m}(x, y) = \mathbf{e}(mx)\mathbf{e}(ny)$ 在单位正方形区域 $[0,1]^2$ 上是标准正交的. 因此可以引入函数

$$f(x, y) \overset{\text{def}}{=} \sum_{m=1}^{M} \sum_{n=1}^{N} \langle \mathbf{u}_m, \mathbf{v}_n \rangle \mathbf{e}(mx)\mathbf{e}(ny)$$

并且充分利用以下事实: $|f(x, y)|^2$ 在 $[0,1]^2$ 上积分等于 Enflo 不等式的左边.

14.12 设 $\mathbf{z} = \mathbf{x} - (c_1 \mathbf{y}_1 + c_2 \mathbf{y}_2 + \cdots + c_n \mathbf{y}_n)$, 则有 $\langle \mathbf{z}, \mathbf{z} \rangle \geqslant 0$. 对任何 c_j, $1 \leqslant j \leqslant n$, 有

$$0 \leqslant \langle \mathbf{x}, \mathbf{x} \rangle - \sum_{j=1}^{n} c_j \overline{\langle \mathbf{x}, \mathbf{y}_j \rangle} - \sum_{j=1}^{n} \bar{c}_j \langle \mathbf{x}, \mathbf{y}_j \rangle + \sum_{j=1}^{n} \sum_{k=1}^{n} c_j \bar{c}_k \langle \mathbf{y}_j, \mathbf{y}_k \rangle.$$

由基本不等式 $|c_j \bar{c}_k| \leqslant \frac{1}{2}|c_j|^2 + \frac{1}{2}|c_k|^2$ 可得

$$0 \leqslant \langle \mathbf{x}, \mathbf{x} \rangle - \sum_{j=1}^{n} c_j \overline{\langle \mathbf{x}, \mathbf{y}_j \rangle} - \sum_{j=1}^{n} \bar{c}_j \langle \mathbf{x}, \mathbf{y}_j \rangle$$
$$+ \frac{1}{2} \sum_{j=1}^{n} \sum_{k=1}^{n} |c_j|^2 |\langle \mathbf{y}_j, \mathbf{y}_k \rangle| + \frac{1}{2} \sum_{j=1}^{n} \sum_{k=1}^{n} |c_k|^2 |\langle \mathbf{y}_j, \mathbf{y}_k \rangle|,$$

令 $c_j = \langle \mathbf{x}\mathbf{y}_j \rangle / \sum_{k=1}^{n} |\langle \mathbf{y}_j, \mathbf{y}_k \rangle|$, 则通过简单的代数变形可得到不等式 (14.43). 这里的证明基于 E. Bombieri (1974) 的经典论述.

各章注释

第一章　从柯西不等式讲起

布尼亚科夫斯基的 *Mémoire* 于 1859 年出版, 共 18 页, 以 25 戈比的价格作为单行本发行. 25 戈比是一个银币, 大小约相当于现在的 25 美分硬币. 现存 *Mémoire* 只有几本, 其中之一藏于耶鲁大学图书馆. 该书的标题页的作者用的是他名字的法文音译——Bouniakowsky; 参考文献里用的也是这个拼写, 但在本书 (英文版) 中其他地方我们用的是更常见的拼写——Bunyakovsky.

魏尔斯特拉斯 60 岁生日纪念文集中有施瓦茨于 1885 年的文章. 后来, 施瓦茨到柏林接替魏尔斯特拉斯任柏林大学数学系掌门.

Dubeau (1990) 是介绍归纳法证明柯西不等式的少数几篇文章之一. 归纳法是本章偏爱的方法.

习题 1.15 中的克莱姆–劳不等式表明柯西–施瓦茨不等式也可以用来得到下界. Matoušek (1999) 的第 6 章对几何偏差理论中的几个深刻例子给出了有洞见的发展. 专著 Dragomir (2003) 对离散不等式做了详尽综述, 这些不等式对柯西不等式有改进与推广.

第二章　柯西第二不等式: AM–GM 不等式

有证据表明 AM–GM 不等式是世界上最古老的非平凡不等式. 如习题 2.6 所示, 古人已经发现了两变量的 AM–GM 不等式. 在微积分发展初期, n 个变量的 AM–GM 不等式已为人所知, 如 1729 年的麦克劳林不等式这样精细的改进也已得到. Bullen, Mitrinović 和 Vasić (1987, 56–89 页) 按时间顺序列出了 AM–GM 不等式的 52 个证明.

Duncan 和 McGregor (2004) 总结了卡莱曼不等式的一些证明方法, 其中包括了卡莱曼自己给出的原始方法. Pečarić 和 Stolarsky (2001) 做了全面的历史回顾.

波利亚 1926 年的文章用一页纸证明了他在 1949 年用 8 页纸得到的结论. 但他在 1949 年的文章因对他的证明思路的解释而成为数学经典. 很难找到更好的方式来解释如何通过理解不等式中等号成立条件来探索不等式. 第 18 页中波利亚的引言摘自

Alexanderson (2000, 75 页).

第三章　拉格朗日恒等式与闵可夫斯基猜想

Stillwell (1998, 216 页) 援引《算术》卷 III 中的问题 19 来说明丢番图已经知道 $n = 2$ 情形的拉格朗日恒等式. Stillwell 还给出相关事实及参考文献, 包括与斐波那契 (Leonardo Pisano Fibonacci, 1175 − 1250), 婆罗摩笈多以及 Abu Ja'far al-Khazin 的联系. 习题 3.2 来源于 Stillwell (1998, 218 页) 中一道类似的习题. Bashmakova (1997) 对丢番图及以其名字命名的方程做了有趣的介绍.

Lagrange (1771, 662–663 页) 中包含了 $n = 3$ 时的拉格朗日恒等式, 但它被一族重复的类似恒等式所掩盖, 难以识别. 对现代读者来说, 拉格朗日的文章最令人震撼的特点是其中大量使用如 $ab − cd$ 这样现在包含于行列式或外积中的表达式.

我们在文中用到了 Rudin (2000) 中的 Motzkin 方法, 平方和表示理论现在已经有了大量文献, Rajwade (1993) , Prestel 和 Delzell (2001) 这两篇文章梳理了这方面的文献. 习题 3.5 曾出现在 1957 年的普特南数学竞赛和 Bush (1957) 中.

第四章　几何与平方和

冯·诺伊曼的话 (第 43 页) 引自 G. Zukav (1979, 226 页的脚注). 图 4.1 所示例子在贝尔实验室有长久的口头传说. 我是在那第一次听说. 令人喜爱的 Richard W. Hamming (1997, 第 9 章, 图 9.IV) 中也提到了这个例子. 针对复内积的不等式 (4.8) 是 Buzano (1971/1973) 提出的, 它引用了更早的 R.U. Richards 所提出的在实内积空间上的结果. Magiropoulos 和 Karayannakis (2002) 使用格拉姆–施密特过程给出了另一个证明, 但本书的证明方法更接近于 Fuji 和 Kubo (1993). 在 Fuji 和 Kubo (1993) 中, 读者还可以找到线性乘积不等式对多项式零点排除区域的应用.

光锥不等式 (第 52 页) 的证明来自 Aczél (1961, 243 页). van Lint 和 Wilson (1992, 96–98 页) 给出了光锥不等式的一个推广, 它被用来证明范·德·瓦尔登猜想. 希尔伯特挂黑板的故事 (第 46 页) 是老生常谈. 这个故事应该有文字记载, 但还没能找到.

第五章　序的推论

不等式 (5.5) 被称为 Diaz–Metcalf 不等式, 本书对它的讨论基于 Diaz–Metcalf (1963) 以及 Mitrinović (1970, 61 页) 的评注. 波利亚和赛格 (Szegő) 的原始方法较为复杂, 但 Henrici (1961) 指出波利亚和赛格的方法适用范围更广.

戴维斯 (Philip Davis) 的书《数学线》[1]带领读者从学者的角度探讨了切比雪夫的名字"Pafnuty Chebyshev"的起源与音译.

序到二次不等式的转换 (第 64页) 也可以用来证明奈曼–皮尔逊引理 (Neyman-

---

[1]Davis, P. (1983),The thread: a mathematical yarn, Harcourt.

Pearson) 引理.

许多人认为奈曼 – 皮尔逊引理是统计决策理论的基石之一.

第六章 凸性——第三支柱

赫尔德很清楚地将他的延森不等式形式视为其 1889 年文章的最主要贡献. 赫尔德也引用了罗杰斯在 1888 年的文章, 但即使在那时, 赫尔德似乎认为罗杰斯的主要贡献是加权版本的 AM–GM 不等式. 赫尔德和罗杰斯都不会想到他们的不等式将成为数学的主要支柱. 默默无闻地探索的人可从中得到鼓舞. 关于凸性的早期历史的进一步细节, 可以参考 Pečarić, Proschan 和 Tong (1992, 44 页).

本章讨论的是凸函数不等式, 没有介绍凸集不等式, 特别遗憾的是略去了 Prékopa–Leindler 不等式和 Brunn–Minkowski 不等式. 在篇幅更长、内容稍深入的著作中, 这些内容都是可以独立成章的. 幸运的是, Ball (1997) 对这些不等式做了很好的入门介绍. Burago 和 Zalgaller (1988) 以及 Scheidner (1993) 给出了权威讲解.

第七章 积分间奏曲

Hardy, Littlewood 和 Pólya (1952, 228 页) 注意到不等式 (7.4) 在 $\alpha = 0$, $\beta = 2$ 时的情形是高斯 (C.F. Gauss, 1777 − 1855) 给出的, 但可以推测高斯使用的论证并没有借用 Schwarz (1885) 或 Bunyakovsky (1859) 中的不等式. 问题 7.1 基于 Bennett 和 Sharpley (1988, 91 页) 中的习题 18. 问题 7.3 和习题 7.3 将 George (1984, 297 页) 中的习题 7.132 进行了分解和推广. 习题 7.3 中的不等式有时被称为海森堡测不准原理, 但可能有人会注意到一些其他不等式 (甚或恒等式) 也如此命名. Weyl (1909, 239 页) 曾用问题 7.4 的离散版本证明了一个更一般的引理.

第八章 幂平均之梯

Narkiewicz (2000, xi 页) 注意到 Landau (1909) 也提出了 $o(\cdot)$ 记号. 他同时注意到兰道只推广普及了相关的 $O(\cdot)$ 记号. P. Bachmann 更早提出 $O(\cdot)$ 记号. Bullen, Mitrinović 和 Vasić (1987) 全面详细地介绍了幂平均的理论, 其中包括了大量原始资料.

第九章 赫尔德不等式

Maligranda 和 Persson (1992, 193 页) 证明了对于复数 $a_1, a_2, \ldots, a_n$ 和 $p \geqslant 2$, 有不等式

$$\left| \sum_{j=1}^{n} a_j \right|^p + \sum_{1 \leqslant j < k \leqslant n} |a_j - a_k|^p \leqslant n^{p-1} \sum_{j=1}^{n} |a_j|^p. \tag{14.65}$$

这是对第 118 页的 1 技巧不等式 $\delta(\mathbf{a}) \geqslant 0$ 的改进. 由它很容易得到赫尔德不等式的稳定结果, 这是对问题 9.5 的补充.

问题 9.6 和随后的习题 9.14 和 9.15 打开了通向线性算子插值理论的大门. 线性

算子插值理论是不等式理论中最广泛、最重要的分支之一. 在这些问题中我们考虑了 $S = [0,1] \times [0,1]$ 上倒数数对 $(1/s_1, 1/t_1)$ 和 $(1/s_0, 1/t_0)$ 的插值不等式. 不过, 我们在这里也做了一个较强的假设, 即对所有 j, k 有 $c_{jk} \geqslant 0$.

1927 年, 弗里杰什·里斯 (Frigyes Riesz, 1880 − 1956)(我们已经在一些章节里见到了他的部分工作) 的弟弟马塞尔·里斯 (Marcel Riesz, 1886 − 1969) 证明了: 如果倒数数对 $(1/s_1, 1/t_1)$ 和 $(1/s_0, 1/t_0)$ 都是图 9.3 中上三角空白区域中的点, 则可以去掉 $c_{jk} \geqslant 0$ 这个条件. 马塞尔·里斯的证明只用到很基本的方法, 但不可否认的是他的证明很巧妙. 令人奇怪的是里斯的证明不能应用于整个矩形区域, 但这是不可避免的. 简单的例子表明, 插值不等式 (9.41) 对下三角灰色区域中的倒数对不成立.

马赛尔·里斯证明插值定理几年后, 他的学生托林 (G.O. Thorin) 取得了突破性进展. 他证明在一重要附加条件——本质上要考虑用复的赋范线性空间 ℓ^p 代替实的 ℓ^p 空间——下, 插值不等式在整个空间 S 上都成立.

托林的关键想法是将插值问题和解析函数理论中的最大模原理联系起来. 多年以来, 它们之间的联系已成为不等式理论中最强有力的工具, 并在数百篇文章中得到研究. Bennett 和 Sharpley (1988, 185–216 页) 在当代理论背景下有启发性地讨论了里斯与托林的证明.

第十章 希尔伯特不等式与补偿困难

希尔伯特不等式与一特殊积分方程的特征值有直接的联系. de Bruijn 和 Wilf (1962) 曾用这个关系证明对 $n \times n$ 数组, 希尔伯特不等式中的 π 可以替换为较小的数: $\lambda_n = \pi - \pi^5/\{2(\log n)^2\} + O((\log\log n/\log n)^2)$. Wilf (1970) 对许多不等式的有限维版本做了系统介绍.

Mingzhe 和 Bichen (1998) 证明可以用欧拉–麦克劳林展开式改进第 129 页的估计. 在用积分估计求和时, 总能做出类似的改进, 但魔鬼总存在于细节中.

不等式中的"极限测试法"是 Hardy, Littlewood 和 Pólya (1952, 232–233 页) 提出的. 这个方法总是能奏效, 不能被成功应用反倒是稀奇的.

Chung, Hajela 和 Seymour (1988) 在自组织表分析这一理论计算机科学的重要分支中使用了不等式 (10.22). Hardy (1936) 简明扼要地给出了习题 10.6 的结论. Maligranda 和 Persson (1993) 指出卡尔松曾在他自己最初的文章中表明不等式 (10.24) 不能通过赫尔德不等式 (或柯西不等式) 直接导出, 但哈代很快就给出了一种方法.

第十一章 哈代不等式与消落

1920 年, 哈代只给出了离散不等式 (11.2) 的不完美版本. 他当时主要关心的是习题 11.5 中描述的定性希尔伯特不等式的定量版. 哈代提出了不等式但没有找到最优的常数, 虽然他在脚注里引用了舒尔的非常接近的结果.

Hardy (1920, 316 页) 还有一个有趣的注释. 他以里斯版本之前的形式应用了 Rogers (1888) 和 Hölder (1889) 的不等式 (9.34). 哈代说:"这个著名的不等式似乎是赫尔德提出的."为此, 哈代引用了 Landau (1907). 这可能是罗杰斯的贡献被埋没的关键点. 哈代、李特伍尔德和波利亚写《不等式》时, 已经读过赫尔德的文章, 他们知道赫尔德并没有说这个不等式是自己发现的. 不幸的是,《不等式》出版之际, 罗杰斯只成了脚注.

正文给出的不等式 (11.1) 的证明方法是 Elliot (1926) 在 L^p 空间上的相应不等式证明的简化版本. 如果使用 (如 Claude Dellacherie 所说的) 斯蒂尔切斯 (Stieltjes) 积分, 离散哈代不等式的证明可以大大简化. 在 B. Opic 和 A. Kufner (1990), Grosse-Erdmann (1998) 这两本书中可以看到, 本章所讨论的问题是如何发展为一个研究领域的.

第十二章 对称和

对牛顿不等式的处理采用了 Rosset (1989) 中的方法. Niculescu (2000) 漂亮地发展了 Rosset (1989) 的论证.

Waterhouse (1983) 讨论了由如习题 12.5 等问题发展而来的对称问题. 对称多项式是分析和代数中许多重要结果的核心, 可想而知, 相关的文献浩如烟海. 仅 Macdonald (1995) 一书的前几章就有上百个相关的恒等式.

第十三章 控制和舒尔凸

问题 13.1 中的舒尔判别准则主要参考 Marshall 和 Olkin (1979, 54–58 页) 中的处理方法.

HLP 表示的发展是哈代、李特伍尔德和波利亚在其《不等式》一书中的证明的改写.

第十四章 消去和聚合

指数和有着悠久的历史, 但人们公认是赫尔曼·外尔在 1916 年的文章创造了指数和估计这一数学分支. 外尔的文章中有多个原创成果, 特别是它提出了外尔方法, 这个方法递归地应用不等式 (14.10) 估计与一个一般多项式有关的指数和. 对二次不等式 (14.7) 的讨论引入了外尔方法的一些最基本的思想, 但它只在一般情形的精细出处给了提示. 范德科皮特不等式 (14.17) 比较特别, 但范德科皮特在 1931 年给出的证明必定是历史上纯粹使用柯西–施瓦茨不等式技艺的最佳例子之一.

拉德马赫–梅尼绍夫不等式的写法 (14.23) 是相当标准的, 但在 Rademacher (1922) 与 Menchoff (1923) 的基本工作中, 这个不等式并没有如此显式给出. 这种写法似乎最早由斯特凡·卡茨马尔兹 (Stefan Kaczmarz, 1895 — 1939) 与胡果·施坦豪斯 (Hugo Steinhaus, 1887 — 1972) 给出. 在他们撰于 1935 年的专著 (1951 年第二版) 中的引理 534 中出现了这种现代写法. 目前查不到更早的来源.

参考文献

Aczél, J. (1961/1962). Ungleichungen und ihre Verwendung zur elementaren Lösung von Maximum- und Minimumaufgaben, *Enseign. Math. (2)*, **7**, 214–249.

Alexanderson, G. (2000). *The Random Walks of George Pólya*, Mathematical Association of America, Washington, D.C.

Andreescu, T. and Feng, Z. (2000). *Mathematical Olympiads: Problems and Solutions from Around the World*, Mathematical Association of America, Washington, D.C.

Andrica, D. and Badea, C. (1988). Grüss' inequality for positive linear functional, *Period. Math. Hungar.*, **19**, 155–167.

Artin, E. (1927). Über die Zerlegung definiter Funktionen in Quadrate, *Abh. Math. Sem. Univ. Hamburg*, **5**, 100–115.

Bak, J. and Newman, D.J. (1997). *Complex Analysis*, 2nd Edition, Springer-Verlag, Berlin.

Ball, K. (1997). An elementary introduction to modern convex geometry, in *Flavors of Geometry* (S. Levy, ed.), *Math. Sci. Res. Inst. Publ.*, **31**, 1–58, Cambridge University Press, Cambridge, UK.

Bashmakova, I.G. (1997). *Diophantus and Diophantine Equations* (translated by Abe Shenitzer, originally published by Nauka, Moscow, 1972), Mathematical Association of America, Washington D.C.

Beckenbach, E.F. and Bellman, R. (1965). *Inequalities* (2nd revised printing), Springer-Verlag, New York.

Bennett, C. and Sharpley, R. (1988). *Interpolation of Operators*, Academic Press, Orlando, FL.

Bombieri, E. (1974). *Le grand crible dans la théorie analytique des nombres*, 2nd Edition, *Astérisque*, **18**, Soc. Math. de France, Paris.

Bouniakowsky, V. (1859). Sur quelques inégalités concernant les intégrales ordinaires et les intégrales aux différences finies. *Mémoires de l'Acad. de St.-Pétersbourg* (ser. 7) 1, No. 9.

Bradley, D. (2000). Using integral transforms to estimate higher order derivatives, *Amer. Math. Monthly*, **107**, 923–931.

Bullen P.S., Mitrinović, D.S., and Vasić, P.M. (1988). *Means and Their Inequalities*, Reidel Publishers, Boston.

Burago, Yu. D. and Zalgaller, V.A. (1988). *Geometric Inequalities*, Springer-Verlag, Berlin.

Bush, L.E. (1957). The William Lowell Putnam mathematical competition, *Amer. Math. Monthly*, **64**, 649–654.

Bushell, P. J. (1994). Shapiro's "Cyclic Sums," *Bull. London Math. Soc.*, **26**, 564–574.

Buzano, M.L. (1971/1973). Generalizzazione della disegualianza di Cauchy–Schwarz, *Rend. Sem. Mat. Univ. e Politech. Trino*, **31**, 405–409.

Carleman, T. (1923). Sur les fonctions quasi-analytiques, in the *Proc. of the 5th Scand. Math. Congress*, 181–196, Helsinki, Finland.

Carleson, L. (1954). A proof of an inequality of Carleman, *Proc. Amer. Math. Soc.*, **5**, 932–933.

Cartan, H. (1995). *Elementary Theory of Analytic Functions of One or Several Complex Variables* (translation of *Théorie élémentaire des fonctions analytiques d'une ou plusieurs vairable complexes*, Hermann, Paris, 1961) reprinted by Dover Publications, Mineola, New York.

Cauchy, A. (1821). *Cours d'analyse de l'École Royale Polytechnique, Première Partie. Analyse algébrique*, Debure frères, Paris. (Also in *Oeuvres complètes d'Augustin Cauchy, Série 2, Tome 3*, Gauthier-Villars et Fils, Paris, 1897.)

Cauchy, A. (1829). *Leçon sur le calcul différentiel, Note sur la détermi-nation approximative des racine d'une équation algébrique ou transcendante*. (Also in *Oeuvres complètes d'Augustin Cauchy (Série 2, Tome 4)*, 573–609, Gauthier-Villars et Fils, Paris, 1897.)

Chong, K.-M. (1976). An inductive proof of the A.M.–G.M. inequality, *Amer. Math. Monthly*, **83**, 369.

Chung, F.R.K., Hajela, D., and Seymour, P.D. (1988). Self-organizing sequential search and Hilbert's inequalities, *J. Computing and Systems Science*, **36**, 148–157.

Clevenson, M.L., and Watkins, W. (1991). Majorization and the birthday problem, *Math. Mag.*, **64**, 183–188.

D'Angelo, J.P. (2002). *Inequalities from Complex Analysis*, Mathematical Association of America, Washington, D.C.

de Bruijn, N.G. and Wilf, H.S. (1962). On Hilbert's inequality in n dimensions, *Bull. Amer. Math. Soc.*, **69**, 70–73.

Davis, P.J. (1989). *The Thread: A Mathematical Yarn*, 2nd Edition, Harcourt, Brace, Javonovich, New York.

Diaz, J.B. and Metcalf, R.T. (1963). Stronger forms of a class of inequalities of G. Pólya–G. Szegő, and L.V. Kantorovich, *Bull. Amer. Math. Soc.*, **69**, 415–418.

Diaz, J.B. and Metcalf, R.T. (1966). A complementary triangle inequality in Hilbert and Banach spaces, *Proc. Amer. Math. Soc.*, **17**, 88–97.

Dragomir, S.S. (2000). On the Cauchy–Buniakowsky–Schwarz inequality for sequences in inner product spaces, *Math. Inequal. Appl.*, **3**, 385–398.

Dragomir, S.S. (2003). *A Survey on Cauchy–Buniakowsky–Schwarz Type Discrete Inequalities*, School of Computer Science and Mathematics, Victoria University, Melbourne, Australia (monograph preprint).

Dubeau, F. (1990). Cauchy–Bunyakowski–Schwarz Inequality Revisited, *Amer. Math. Monthly*, **97**, 419–421.

Duncan, J. and McGregor, C.A. (2003). Carleman's inequality, *Amer. Math. Monthly*, **110**, 424–431.

Dunham, W. (1990). *Journey Through Genius: The Great Theorems of Mathematics*, John Wiley and Sons, New York.

Elliot, E.B. (1926). A simple extension of some recently proved facts as to convergency, *J. London Math. Soc.*, **1**, 93–96.

Engel, A. (1998). *Problem-Solving Strategies*, Springer-Verlag, Berlin.

Erdős, P. (1961). Problems and results on the theory of interpolation II, *Acta Math. Acad. Sci. Hungar.*, **12**, 235–244.

Flor, P. (1965). Über eine Ungleichung von S.S. Wagner, *Elem. Math.*, **20**, 165.

Fujii, M. and Kubo, F. (1993). Buzano's inequality and bounds for roots of algebraic equations, *Proc. Amer. Math. Soc.*, **117**, 359–361.

George, C. (1984). *Exercises in Integration*, Springer-Verlag, New York.

Grosse-Erdmann, K.-G. (1998). *The Blocking Technique, Weighted Mean Operators, and Hardy's Inequality*, Lecture Notes in Mathematics No. 1679, Springer-Verlag, Berlin.

Halmos, P.R. and Vaughan, H.E. (1950). The marriage problem, *Amer. J. Math.*, **72**, 214–215.

Hammer, D. and Shen, A. (2002). A Strange Application of Kolmogorov Complexity, Technical Report, Institute of Problems of Information Technology, Moscow, Russia.

Hamming, R. W. (1997). *The Art of Doing Science and Engineering: Learning to Learn*, Gordon and Breach Science Publishers.

Hardy, G.H. (1920). Note on a theorem of Hilbert, *Math. Zeitschr.*, **6**, 314–317.

Hardy, G.H. (1925). Notes on some points in the integral calculus (LX), *Messenger of Math.*, **54**, 150–156.

Hardy, G.H. (1936). A note on two inequalities, *J. London Math. Soc.*, **11**, 167–170.

Hardy, G.H. and Littlewood, J.E. (1928). Remarks on three recent notes in the Journal, *J. London Math. Soc.*, **3**, 166–169.

Hardy, G.H., Littlewood, J.E., and Pólya, G. (1928/1929). Some simple inequalities satisfied by convex functions, *Messenger of Math.*, **58**, 145–152.

Hardy G.H., Littlewood, J.E., and Pólya, G. (1952). *Inequalities*, 2nd Edition, Cambridge University Press, Cambridge, UK.

Havil, J. (2003). *Gamma: Exploring Euler's Constant*, Princeton University Press, Princeton, NJ.

Henrici, P. (1961). Two remarks on the Kantorovich inequality, *Amer. Math. Monthly*, **68**, 904–906.

Hewitt, E. and Stromberg, K. (1969). *Real and Abstract Analysis*, Springer-Verlag, Berlin.

Hilbert, D. (1888). Über die Darstellung definiter Formen als Summe von Formenquadraten, *Math. Ann.*, **32**, 342–350. (Also in *Gesammelte Abhandlungen*, Volume 2, 154–161, Springer-Verlag, Berlin, 1933; reprinted by Chelsea Publishing, New York, 1981.)

Hilbert, D. (1901). Mathematische Probleme, *Arch. Math. Phys.*, **3**, 44–63, 213–237. (Also in *Gesammelte Abhandlungen*, **3**, 290–329, Springer-Verlag, Berlin, 1935; reprinted by Chelsea, New York, 1981; translated by M.W. Newson in *Bull. Amer. Math. Soc.*, 1902, **8**, 427–479.)

Hölder, O. (1889). Über einen Mittelwerthssatz, *Nachr. Akad. Wiss. Göttingen Math.-Phys. Kl.* 38–47.

Jensen, J.L.W.V. (1906). Sur les fonctions convexes et les inégalités entre les valeurs moyennes, *Acta Math.*, **30**, 175–193.

Joag-Dev, K. and Proschan, F. (1992). Birthday problem with unlike probabilities, *Amer. Math. Monthly*, **99**, 10–12.

Kaczmarz, S. and Steinhaus, H. (1951). *Theorie der Orthogonalreihen*, second Edition, Chelsea Publishing, New York (1st Edition, Warsaw, 1935).

Kaijser, J., Persson, L-E., and Örberg, A. (2003). On Carleman's and Knopp's Inequalities, Technical Report, Department of Mathematics, Uppsala University.

Kedlaya, K. (1999). $A < B$ (A is less than B), manuscript based on notes for the Math Olympiad Program, MIT, Cambridge MA.

Knopp, K. (1928). Über Reihen mit positive Gliedern, *J. London Math. Soc.*, **3**, 205–211.

Knuth, D. (1969). *The Art of Computer Programming: Seminumerical Algorithms, Vol. 2*, Addison Wesley, Menlo Park, CA.

Komlós, J. and Simomovits, M. (1996). Szemeredi's regularity lemma and its applications in graph theory, in *Combinatorics, Paul Erdős is Eighty*, Vol. II (D. Miklós, V.T. Sos, and T. Szőnyi, eds.), 295–352, János Bolyai Mathematical Society, Budapest.

Lagrange, J. (1773). Solutions analytiques de quelques problèmes sur les pyramides triangulaires, *Acad. Sci. Berlin*.

Landau, E. (1907). Über einen Konvergenzsatz, *Göttinger Nachrichten*, 25–27.

Landau, E. (1909). *Handbuch der Lehre von der Verteilung der Primzahlen*, Leipzig, Germany. (Reprinted 1953, Chelsea Publishing Co., New York.)

Lee, H. (2002). Note on Muirhead's Theorem, Technical Report, Department of Mathematics, Kwangwoon University, Seoul, Korea.

Littlewood, J.E. (1986). *Littlewood's Miscellany* (B. Bollobás, ed.), Cambridge University Press, Cambridge, UK.

Lovász, L. and Plummer M.D. (1986). *Matching Theory*, North-Holland Mathematics Studies, Annals of Discrete Mathematics, vol. 29, Elsevier Science Publishers, Amsterdam, and Akadémiai Kiadó, Budapest.

Love, E.R. (1991). Inequalities related to Carleman's inequality, in *Inequalities: Fifty*

Years on from Hardy, Littlewood, and Pólya (W.N. Everitt, ed.), Chapter 8, Marcel Decker, New York.

Lozansky, E. and Rousseau, C. (1996). *Winning Solutions*, Springer-Verlag, Berlin.

Lyusternik, L.A. (1966). *Convex Figures and Polyhedra* (translated from the 1st Russian edition, 1956, by D.L. Barnett), D.C. Heath and Company, Boston.

Macdonald, I.G. (1995). *Symmetric Functions and Hall Polynomials*, 2nd Edition, Clarendon Press, Oxford.

Maclaurin, C. (1729). A second letter to Martin Folkes, Esq.; concerning the roots of equations, with the demonstration of other rules in algebra, *Phil. Transactions*, **36**, 59–96.

Magiropoulos, M. and Karayannakis, D. (2002). A "Double" Cauchy–Schwarz type inequality, Technical Report, Technical and Educational Institute of Crete, Heraklion, Greece.

Maligranda, L. (1998). Why Hölder's inequality should be called Rogers' inequality, *Math. Inequal. Appl.*, **1**, 69–83.

Maligranda, L. (2000). Equivalence of the Hölder–Rogers and Minkowski inequalities, *Math. Inequal. Appl.*, **4**, 203–207.

Maligranda, L. and Persson, L.E. (1992). On Clarkson's inequalities and interpolation, *Math. Nachr.*, **155**, 187–197.

Maligranda, L. and Persson, L.E. (1993). Inequalities and interpolation, *Collect. Math.*, **44**, 181–199.

Maor, E. (1998). *Trigonometric Delights*, Princeton University Press, Princeton, NJ.

Marshall, A.W. and Olkin, I. (1979). *Inequalities: Theory of Majorization and Its Applications*, Academic Press, New York.

Matoušek, J. (1999). *Geometric Discrepancy — An Illustrated Guide*, Springer-Verlag, Berlin.

Mazur, M. (2002). Problem number 10944, *Amer. Math. Monthly*, **109**, 475.

McConnell, T.R. (2001). An Inequality Related to the Birthday Problem, Technical Report, Department of Mathematics, University of Syracuse.

Menchoff, D. (1923). Sur les séries de fonctions orthogonales (première partie), *Fundamenta Mathematicae*, **4**, 82–105.

Mignotte, M. and Ştefănescu, S. (1999). *Polynomials: An Algorithmic Approach*, Springer-Verlag, Berlin.

Mingzhe, G. and Bichen, Y. (1998). On the extended Hilbert's inequality, *Proc. Amer. Math. Soc.*, **126**, 751–759.

Mitrinović, D.S. and Vasić, P.M. (1974). History, variations and generalizations of the Čebyšev inequality and the question of some priorities, *Univ. Beograd Publ. Elec-trotehn. Fak. Ser. Mat. Fiz.*, **461**, 1–30.

Mitrinović, D.S. (with Vasić, P.M.) (1970). *Analytic Inequalities*, Springer-Verlag, Berlin.

Montgomery, H.L. (1994). *Ten Lectures on the Interface Between Analytic Number Theory and Harmonic Analysis*, CBMS Regional Conference Number 84, Conference Board of the Mathematical Sciences, American Mathematical Society, Providence, RI.

Motzkin, T.S. (1967). The arithmetic-geometric inequality, in *Inequalities* (O. Shisha, ed.), 483–489, Academic Press, Boston.

Nakhash, A. (2003). Solution of a Problem 10940 proposed by Y. Nievergelt, *Amer. Math. Monthly*, **110**, 546–547.

Needham, T. (1997). *Visual Complex Analysis*, Oxford University Press, Oxford, UK.

Nesbitt, A.M. (1903). Problem 15114, *Educational Times*, **2**, 37–38.

Niculescu, C.P. (2000). A new look at Newton's inequalities, *J. Inequalities in Pure and Appl. Math.*, **1**, 1–14.

Niven, I. and Zuckerman, H.S. (1951). On the definition of normal numbers, *Pacific J. Math.*, **1**, 103–109.

Nivergelt, Y. (2002). Problem 10940 The complex geometric mean, *Amer. Math. Monthly*, **109**, 393.

Norris, N. (1935). Inequalities among averages, *Ann. Math. Stat.*, **6**, 27–29.

Oleszkiewicz, K. (1993). An elementary proof of Hilbert's inequality, *Amer. Math. Monthly*, **100**, 276–280.

Opic, B. and Kufner, A. (1990). *Hardy-Type Inequalities*, Longman-Harlow, New York.

Petrovitch, M. (1917). Module d'une somme, *L'Enseignement Math.*, **19**, 53–56.

Pečarić, J.E., Proschan, F., and Tong, Y.L. (1992). *Convex Functions, Partial Order-ings, and Statistical Applications*, Academic Press, New York.

Pečarić, J.E. and Stolarsky, K.B. (2001). Carleman's inequality: history and new generalizations, *Aequationes Math.*, **61**, 49–62.

Pitman, J. (1997). *Probability*, Springer-Verlag, Berlin.

Pólya, G. (1926). Proof of an inequality, *Proc. London Math. Soc.*, **24**, 57.

Pólya, G. (1949). With, or without, motivation, *Amer. Math. Monthly*, **56**, 684–691.

Pólya, G. (1950). On the harmonic mean of two numbers, *Amer. Math. Monthly*, **57**, 26–28.

Pólya, G. and Szegő, G. (1954). *Aufgaben und Lehrsätze aus der Analysis, Vol. I*, 2nd edition, Springer-Verlag, Berlin.

Polya, G. (1957). *How to Solve It*, 2nd edition, Princeton University Press, Princeton, NJ.

Prestel, A. and Delzell, C.N. (2001). *Positive Polynomials: From Hilbert's 17th Problem to Real Algebra*, Springer-Verlag, Berlin.

Rademacher, H. (1922). Einige Sätze über Reihen von allgemeinen Orthogonalfunktionen, *Math. Annalen*, **87**, 112–138.

Rajwade, A.R. (1993). *Squares*, London Mathematical Lecture Series, **171**, Cambridge University Press, Cambridge, UK.

Richberg, R. (1993). Hardy's inequality for geometric series (solution of a problem by Walther Janous), *Amer. Math. Monthly*, **100**, 592–593.

Riesz, F. (1909). Sur les suites de fonctions mesurables, *C. R. Acad. Sci. Paris*, **148**, 1303–1305.

Riesz, F. (1910). Untersuchungen über Systeme integrierbare Funktionen, *Math. Annalen*, **69**, 449–497.

Riesz, M. (1927). Sur les maxima des formes bilinéaires et sur les fonctionnelles linéaires, *Acta Math.*, **49**, 465–487.

Roberts, A.W. and Varberg, D.E. (1973). *Convex Functions*, Academic Press, New York.

Rogers, L.J. (1888). An extension of a certain theorem in inequalities, *Messenger of Math.*, **17**, 145–150.

Rosset, S. (1989). Normalized symmetric functions, Newton's inequalities, and a new set of stronger inequalities, *Amer. Math. Monthly*, **96**, 815–819.

Rudin, W. (1987). *Real and Complex Analysis*, 3rd edition, McGraw-Hill, Boston.

Rudin, W. (2000). Sums of squares of polynomials, *Amer. Math. Monthly*, **107**, 813–821.

Schneider, R. (1993). *Convex Bodies: The Brunn-Minkowski Theory*, Cambridge University Press, Cambridge, UK.

Schur, I. (1911). Bemerkungen zur Theorie der beschränkten Bilinearformen mit unendlich vielen Veränderlichen, *J. Reine Angew. Math.*, **140**, 1–28.

Schwarz, H.A. (1885). Über ein die Flächen kleinsten Flächeninhalts betreffendes Problem der Variationsrechnung, *Acta Soc. Scient. Fenn.*, **15**, 315–362.

Shklarsky, D.O., Chentzov, N.N., and Yaglom, I.M. (1993). *The USSR Olympiad Problem Book: Selected Problems and Theorems of Elementary Mathematics*, Dover Publications, Mineola, N.Y.

Shparlinski, I.E. (2002). Exponential Sums in Coding Theory, Cryptology, and Algorithms, in *Coding Theory and Cryptology* (H. Niederreiter, ed.), Lecture Notes Series, Institute for Mathematical Sciences, National University of Singapore, Vol. I., World Scientific Publishing, Singapore.

Siegel, C.L. (1989). *Lectures on the Geometry of Numbers* (Notes by B. Friedman rewritten by K. Chandrasekharan with assistance of R. Suter), Springer-Verlag, Berlin.

Sigillito, V.G. (1968). An application of Schwarz inequality, *Amer. Math. Monthly*, **75**, 656–658.

Steiger, W. L. (1969). On a generalization of the Cauchy–Schwarz inequality, *Amer. Math. Monthly*, **76**, 815–816.

Stillwell, J. (1998). *Numbers and Geometry*, Springer, New York.

Szegő, G. (1914). Lösung eine Aufgabe von G. Pólya, *Archiv für Mathematik u. Physik*, Ser. 3, **22**, 361–362.

Székeley, G.J., editor (1996). *Contests in Higher Mathematics: Miklós Schweitzer Competition 1962–1991*, Springer-Verlag, Berlin.

Tiskin, A. (2002). A Generalization of the Cauchy and Loomis–Whitney Inequalities, Technical Report, Oxford University Computing Laboratory, Oxford, UK.

Toeplitz, O. (1910). Zur Theorie der quadratischen Formen von unendliche vielen Veränderlichen, *Göttinger Nach.*, 489–506.

Treibergs, A. (2002). Inequalities that Imply the Isoperimetric Inequality, Technical Report, Department of Mathematics, University of Utah.

van Dam, E.R. (1998). A Cauchy–Khinchin matrix inequality, *Linear Algebra Appl.*, **280**, 163–172.

van der Corput, J.G. (1931). Diophantische Ungleichungen I. Zur Gleicheverteilung Modulo Eins, *Acta Math.*, **56**, 373–456.

van Lint, J.H. and Wilson, R.M. (1992). *A Course in Combinatorics*, Cambridge University Press, Cambridge, UK.

Vince, A. (1990). A rearrangement inequality and the permutahedron, *Amer. Math. Monthly*, **97**, 319–323.

Wagner, S.S. (1965). Untitled, *Notices Amer. Math. Soc.*, **12**, 20.

Waterhouse, W. (1983). Do symmetric problems have symmetric solutions? *Amer. Math. Monthly*, **90**, 378–387.

Weyl, H. (1909). Über die Konvergenz von Reihen, die nach Orthogonalfunktionen fortschreiten, *Math. Ann.*, **67**, 225–245.

Weyl, H. (1916). Über die Gleichverteilung von Zahlen mod Eins, *Math. Ann.*, **77**, 312–352.

Weyl, H. (1949). Almost periodic invariant vector sets in a metric vector space, *Amer. J. Math.*, **71**, 178–205.

Wilf, H.S. (1963). Some applications of the inequality of arithmetic and geometric means to polynomial equations, *Proc. Amer. Math. Soc.*, **14**, 263–265.

Wilf, H.S. (1970). *Finite Sections of Some Classical Inequalities*, Ergebnisse der Mathematik und ihrer Grenzgebiete, **52**, Springer-Verlag, Berlin.

Vinogradov, I.M. (1954). *Elements of Number Theory* (translated by Saul Kravetz from the 5th revised Russian edition, 1949), Dover Publications, New York.

Zukav, G. (1979). *The Dancing Wu Li Masters: An Overview of the New Physics*, William Morrow and Company, New York.

索引

译后记

　　译稿对常见或书中多次出现的外文人名用了中文译名. 已翻译的外文人名在首次出现时, 保留了外文并加了索引, 同时附以译名.

　　译稿基于原著作者提供的勘误表以及译者的一些发现做了订正.

　　本译稿历经多年才得以完成. 感谢徐佩教授介绍我翻译本书, 联系作者和高等教育出版社并对译稿提供建议. 特别感谢邵美悦、张浩博士阅读全书并提出许多有益的建议. 作者还感谢黄金泽、邱佳鑫、邓昌、陈洁雨等的协助, 以及高等教育出版社编辑李鹏与和静的支持.

　　本书内容非常精彩. 相信读者朋友能从中获益. 因时间、能力所限, 译文难免有不少错漏之处, 敬请读者朋友批评指正 (可以通过邮箱 ouyangshx@hotmail.com 与译者联系).

欧阳顺湘

2021 年 2 月 10 日

译者简介: 欧阳顺湘, 湖南平江人, 2001 年毕业于北京师范大学数学系, 之后分别从北京师范大学、德国比勒费尔德大学获得硕士、博士学位. 曾在北京师范大学珠海分校、南方科技大学、哈尔滨工业大学 (深圳) 任教, 从事概率论的研究与教学.

郑重声明